Die Elektromagnete

Grundlagen für die Berechnung des magnetischen
Feldes und der darin wirksamen Kräfte
insbesondere an Eisenkörpern

von

Erich Jasse

Mit 117 Abbildungen im Text

Springer-Verlag Berlin Heidelberg GmbH
1930

ISBN 978-3-642-51276-6   ISBN 978-3-642-51395-4 (eBook)
DOI 10.1007/978-3-642-51395-4

Vorwort.

Das Gebiet der Elektromagnete ist derart umfangreich, daß an eine
vollständige Bearbeitung der gesamten Anwendungen nicht gedacht
werden konnte, da sonst der Umfang des Buches außerordentlich vergrößert worden wäre. So mußten leider die vielfachen Sonderaus-
führungen fortbleiben, die in der Telephonie, der Telegraphie und der
Instrumententechnik ausgebildet worden sind, zumal es hier auch an
den entsprechenden Versuchsunterlagen mangelte. Es wurde daher vor
allem darauf Wert gelegt, daß die Grundgesetze, die zur Berechnung
der Magnete und der in ihnen auftretenden Kräfte dienen, möglichst
klar gegeben wurden. An Hand einiger Beispiele, für welche ganz
besonders sorgfältige Versuche vorlagen, wurde dann die Berechnungs-
methode zahlenmäßig durchgeführt. Dabei habe ich es als leitenden
Gedanken angesehen, bei Messungen das Verhalten des Magneten zu
erklären, soweit es nach unserer bisherigen Kenntnis möglich ist, und
wenn irgend möglich die Vorausberechnung mit der Messung verglichen.
Wenn dies nicht überall in dem wünschenswerten Maße geschehen ist,
so hat das darin seinen Grund, daß bei der meist schwer erfaßbaren
Feldverteilung recht umfangreiche Rechnungen nötig gewesen wären.
Diese erfordern einen recht erheblichen Raum und wirken auf den
Leser leicht ermüdend, vor allem wenn die besonders untersuchte
Magnetform nicht gerade zu den von ihm bevorzugten gehört.

Ich habe es vermieden, an allen Stellen gebrauchsfertige Formeln zu
geben. Die Magnete treten in außerordentlich viel Formen auf, so daß
dem Konstrukteur immer die Möglichkeit bleiben muß, die gegebenen
Formeln wieder auf neue Ausführungen anwenden zu können. Auch
soll der Ingenieur sich daran gewöhnen, eine Formel nicht als etwas
Unumstößliches anzusehen, wie es bisher leider mit der bekannten
„Maxwellschen Formel" geschehen ist und wohl auch noch geschieht.
Sonst läuft er zu leicht Gefahr, die Formel auf Fälle anzuwenden, für
die sie nicht gilt und nicht gelten kann, da die Voraussetzungen fehlen.
Der Ingenieur soll die Formel verstehen lernen und stets wachsam bleiben,
damit er die Anwendungsgrenzen im Auge behält. Meist bin ich sofort
auf das praktische Maßsystem übergegangen, also Watt, Sekunden,
Kilogramm und die damit zusammenhängenden Größen. Dabei habe
ich die Zahlenkonstanten für die Umrechnung in ihrer ursprünglichen
Form stehengelassen, um die Herkunft anzudeuten.

Im Quellenverzeichnis sind möglichst alle Schriften angeführt, soweit sie sich nach meiner Kenntnis mit Elektromagneten oder mit den vom elektromagnetischen Feld erzeugten Kräften befassen. Einen Teil der Schriften habe ich nicht selbst einsehen können, da sie mir nicht zugänglich waren, sondern sie nur auf Grund von kurzen Berichten in deutschen Zeitschriften aufgeführt. Soweit es im Text angebracht erschien, habe ich an den betreffenden Stellen auf das Quellenverzeichnis durch Beifügung eines Q. und der laufenden Nummer hingewiesen.

In beträchtlichem Maße hat mich Herr Professor Dr.-Jng. Fritz Emde unterstützt, als er auf meine Anregung hin sich sofort bereit erklärte, einige Elektromagnete von Diplom-Kandidaten durchprüfen zu lassen. Die betreffenden Herren haben diese Aufgabe nach einigen Richtlinien von mir mit großer Sorgfalt durchgeführt. Ferner hat Herr Emde eine schon vorliegende Diplomarbeit mir bereitwilligst zur Verfügung gestellt. Ich spreche daher vor allem Herrn Professor Emde, sowie den Herren Diplom-Ingenieuren Rosenberg, Hutt, Melchinger und Fecker meinen besten Dank für die Unterstützung aus. Großen Dank schulde ich auch den beiden Firmen F. Klöckner, Köln-Bayenthal, und Emag, Elektrizitäts-Aktien-Gesellschaft, Frankfurt am Main, dafür, daß sie diese vier Magnete für die Untersuchung zur Verfügung gestellt haben. Schließlich danke ich auch der Verlagsbuchhandlung für das große Entgegenkommen, das sie jederzeit gezeigt hat.

Mülheim-Ruhr, im März 1930.

E. Jasse.

Inhaltsverzeichnis.

I. Das elektromagnetische Feld.

1. Die Erzeugung des Feldes.

Fließt ein elektrischer Strom durch einen Leiter, so erzeugt er um diesen Leiter ein magnetisches Feld. Da nun ein Strom nur fließen kann, wenn der Leiter in sich selbst zurückläuft, so muß der Leiter eine geschlossene Kurve bilden, etwa einen Kreis. Dies ist die einfachste geschlossene Kurve und hiervon hat sich die Bezeichnung auf alle in sich zurücklaufenden Leiter übertragen, die einen Strom führen können. Man spricht daher von einem Stromkreis und denkt dabei gar nicht mehr an den mathematischen Kreis. Unterstützt wurde diese Bezeichnungsweise dadurch, daß man die Kreisform früher gern wählte, um die Wirkung des Stromes auf eine Magnetnadel zu beobachten, die sich im Mittelpunkt befand. Der Magnet hatte dann von allen Teilen des Leiters gleiche Entfernung, wodurch leichter die Wirkung der Stromstärke auf den Magneten und das dafür gültige Gesetz bestimmt werden konnte.

Um diese Wirkung zu erhöhen, kann man zunächst die Stromstärke vergrößern. Legt man jedoch den einen bestimmten Strom führenden Leiter zweimal um die Fläche, so ist die Wirkung auf den Magneten doppelt so groß und man hat es in der Hand, diese Wirkung beliebig zu vergrößern, indem man den Leiter entsprechend oft herumlegt. Man spricht von Windungen, die man dem Leiter gibt. Das auf diese Weise entstandene Leitergebilde aus Windungen, deren Zahl beliebig ist, nennt man eine Spule. Durch eine solche Spule wollen wir jetzt einen Schnitt parallel zur Spulenachse legen, der die einzelnen Leiter senkrecht zu ihrer Achse zerschneidet. Betrachten wir diesen Querschnitt, so sehen wir den Strom durch jeden Leiter in derselben Richtung hindurchtreten. Alle diese Einzelströme könnten wir auch durch einen starken Strom ersetzen, der gleich der Summe aller Einzelströme ist. Diesen Gesamtstrom, der die Einzelströme ersetzen kann, nennt man die Durchflutung des Spulenquerschnitts. Hat etwa der Leiterstrom die Größe J und sind n Leiter vorhanden, so beträgt die Durchflutung

$$\vartheta = n \cdot J. \tag{1}$$

Hier kann man den Strom etwa in Ampere (A) messen und erhält dann die Durchflutung in Amperewindungen (AW). Die Durchflutung mit $0{,}4\,\pi$ multipliziert wird auch als magneto-motorische Kraft bezeichnet. Wir wollen dafür das Zeichen M benutzen.

Damit haben wir die Ursache, die Erzeugung des magnetischen Feldes festgelegt und wollen jetzt die Wirkung betrachten. Wie schon erwähnt, wird von dem Strome eine in der Nähe befindliche Magnetnadel in gewisser Weise beeinflußt, und zwar stellt sich die Nadel in eine ganz be-

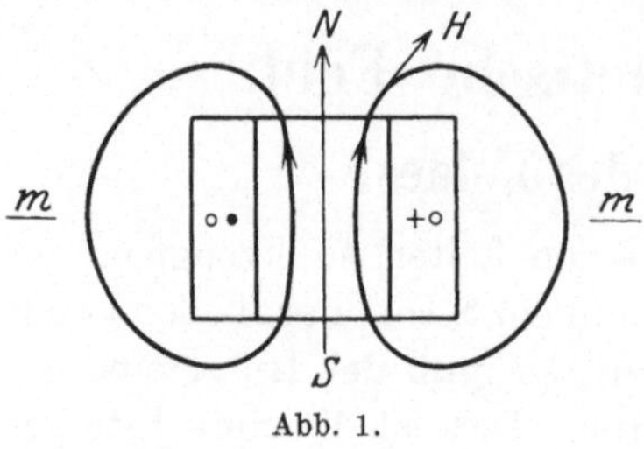

Abb. 1.

stimmte Richtung ein. Versucht man die Nadel aus dieser herauszudrehen, so setzt sie diesem Bestreben Widerstand entgegen. Dies kommt daher, daß an dieser Stelle von dem elektrischen Strome ein magnetisches Feld von bestimmter Richtung und Stärke erzeugt wird und daß die Magnetnadel sich so einstellt, daß ihr eigenes Feld genau in der Richtung des aufgedrückten Feldes liegt. Folgt man von einem gegebenen Punkt aus der Richtung des Feldes und zeichnet den zurückgelegten Weg auf, so erhält man eine Kurve, die sich um den Spulenquerschnitt herumschließt, etwa wie in Abb. 1 angedeutet. Solche Kurven kann man beliebig viele einzeichnen.

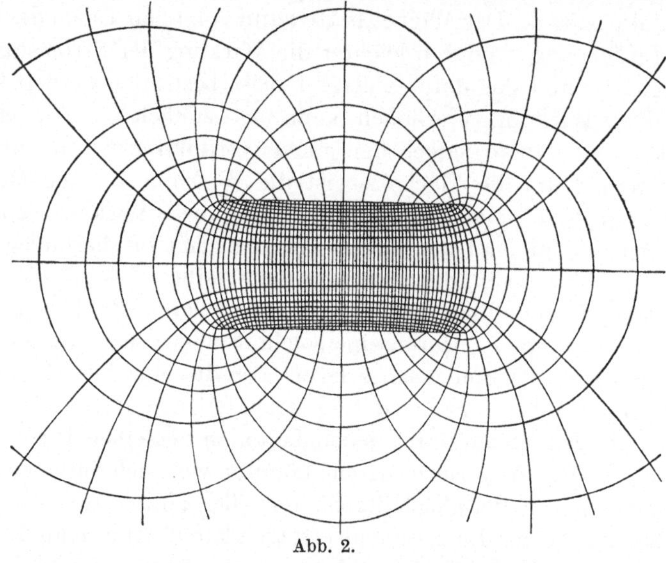

Abb. 2.

Eine solche Kurve verläuft längs der Spulenachse in beiden Richtungen unbegrenzt. Diese Kurven hat man auch Kraftlinien genannt. In Abb. 2 sind die Kraftlinien und Äquipotentiallinien für eine kreisförmige Spule von unendlich dünner radialer Abmessung dargestellt[1].

---

[1] Das Bild ist von Herrn Prof. R. Emden berechnet und aus der Enzyklopädie der Mathematischen Wissenschaften (B. G. Teubner, Leipzig), 5. Bd., 2. Teil, S. 440 entnommen.

Die Länge der Spule ist gleich dem doppelten Durchmesser. Wenn man sich dieses Bild um die Spulenachse drehend vorstellt, so beschreiben die einzelnen Kraftlinien Drehflächen. Der zwischen je zwei solchen aufeinanderfolgenden Drehflächen hindurchtretende Kraftfluß ist konstant.

Die Richtung des Feldes hat man wie folgt festgelegt: Blickt man so die Spulenachse entlang, daß der erzeugende Strom im Sinne des Uhrzeigers fließt, so sieht man in der Richtung des Feldes. (Die Richtungen sind in Abb. 1 angegeben, wobei in üblicher Weise der vom Beschauer fortfließende Strom durch Kreuz, der zuströmende durch Punkt dargestellt ist.) Dasjenige Ende der Spule, an welchem das Feld heraustritt, nennt man den magnetischen Nordpol, das andere den Südpol.

Es handelt sich jetzt noch darum, die Feldstärke ihrer Größe nach mit dem Strome in Beziehung zu bringen. Wir zeichnen eine beliebig gestaltete Kurve, die sich um den Spulenquerschnitt herumschließt. Die Feldstärke in einem bestimmten Punkte bezeichnen wir mit H, ihre Komponente in der Richtung der gezeichneten Kurve mit H_s; dann gilt das folgende Gesetz: Wenn man die Komponente H_s mit dem unendlich kleinen Wegelement der Kurve ds multipliziert und dies Produkt längs der gewählten Kurve integriert, so erhält man die magneto-motorische Kraft (in Zukunft kurz MMK genannt), die von dem Strome herrührt, der von derselben Kurve eingeschlossen wird. In Zeichen ausgedrückt wird daher

$$M = 0,4\,\pi \cdot \vartheta = \int_s H_s \cdot ds. \tag{2}$$

Dies ist das erste Maxwellsche Gesetz und wird auch kurz wie folgt beschrieben: Die magnetische Umlaufspannung längs einer beliebigen Kurve ist gleich der von dieser Kurve eingeschlossenen 0,4 πfachen Durchflutung. Dieses Gesetz gilt ganz allgemein, also auch, wenn wir die Kurve nicht um den ganzen Spulenquerschnitt, sondern nur um einen Teil herumlegen. Nur müssen wir die eine Voraussetzung machen, daß keine permanenten Magnete innerhalb der Kurve vorhanden sind, also auch keine Hysterese.

Jetzt legen wir in Abb. 1 einen Schnitt $m-m$ durch die Mitte der Spule, senkrecht zu deren Achse, also auch zur Papierebene. Dann sehen wir, daß in dieser Schnittebene im Spuleninnern die Richtung des magnetischen Feldes von unten nach oben ist. Dies gilt auch noch für einen gewissen Bereich innerhalb der stromdurchflossenen Wicklung, bis wir zu einer Linie (bei einer kreisförmigen Spule ist dies natürlich ein Kreis) kommen, von welcher ab sich die Feldrichtung umkehrt. Die Durchtrittspunkte dieser Linie sind in Abb. 1 durch kleine Kreise angedeutet. Den so begrenzten Teil der Schnittfläche bezeichnen wir mit F. Das gesamte magnetische Feld, das durch diese Fläche F tritt, nennt man den Kraftfluß der Spule. Bezeichnet man die Dichte dieses Flusses, die natürlich an verschiedenen Punkten der Fläche verschieden ist oder sein kann, auf dem Flächenelement $\mathrm{d}F$ mit B, so ergibt sich die Beziehung für den Fluß

$$\Phi = \int_{F} B \cdot \mathrm{d}F. \tag{3}$$

Die Größe B nennt man die Induktion des magnetischen Feldes. Das Verhältnis der Induktion zur Feldstärke nennt man die Permeabilität und bezeichnet sie mit μ. Es besteht also die Gleichung

$$B = \mu \cdot H. \tag{4}$$

Diese Größe μ ist zunächst von dem Stoff abhängig, in welchem sich das Feld ausbildet. Sie ist in Luft gleich eins und in den meisten anderen Stoffen konstant und nicht sehr von eins verschieden. In den ferromagnetischen Stoffen (Eisen, Nickel und einige andere) nimmt μ jedoch sehr bedeutende Werte an und ist außerdem noch mit der Feldstärke stark veränderlich. In dem elektromagnetischen und ebenso in dem davon abgeleiteten technischen Maßsystem ist μ eine dimensionslose Zahl, B und H können also mit gleichem Maße gemessen werden. Unserer oben gegebenen Definition entsprechend wollen wir jedoch die Feldstärke H als die für die Längeneinheit (cm) aufgewendete MMK festhalten und die Induktion B als die Flußdichte (bezogen auf den cm^2) auffassen. Die Maßeinheit für diese, also für den auf 1 cm^2 entfallenden Fluß, ist das Gauß. Beim Fluß ist die Maßeinheit im elektromagnetischen Maßsystem das Maxwell. Zur Umrechnung in das technische Maßsystem ist zu beachten, daß 10^8 Maxwell gleich einer Voltsekunde sind. Die Feldstärke wird in der elektrotechnischen Praxis in der oben definierten Form nicht verwendet; man rechnet nicht mit der MMK, sondern mit der Durchflutung, und daher benutzt man auch statt H die für 1 cm aufgewendete Durchflutung, also die Größe $H/0{,}4\,\pi$ und mißt sie in AW/cm. Man kann nun auch noch weiter gehen, wie es neuerdings vielfach geschieht, und diese Größe $H/0{,}4\,\pi$ als magnetische Feldstärke bezeichnen.

Wie schon erwähnt, ist bei ferromagnetischen Stoffen, vor allem bei dem technisch viel benutzten Eisen die Permeabilität sehr stark veränderlich. Um nun rechnen zu können, muß diese Veränderlichkeit festgelegt werden. Es hat nicht an Versuchen gefehlt, den Zusammenhang zwischen der Induktion und der Feldstärke analytisch zu erfassen und zwar ist dies zum Teil auf Grund von theoretischen physikalischen Überlegungen geschehen, teils auf rein empirischem Wege; doch sind diese Versuche noch nicht zu einem abschließenden Ergebnis gekommen. Auch sind die erhaltenen analytischen Funktionen zu umständlich, um ihre praktische Anwendung im allgemeinen zu ermöglichen. Man hat sich daher seit jeher darauf beschränkt, die erwähnte Abhängigkeit durch Versuch zu bestimmen und in Kurven aufzutragen, die dann für die Berechnung unmittelbar verwendet werden. In Abb. 3 sind

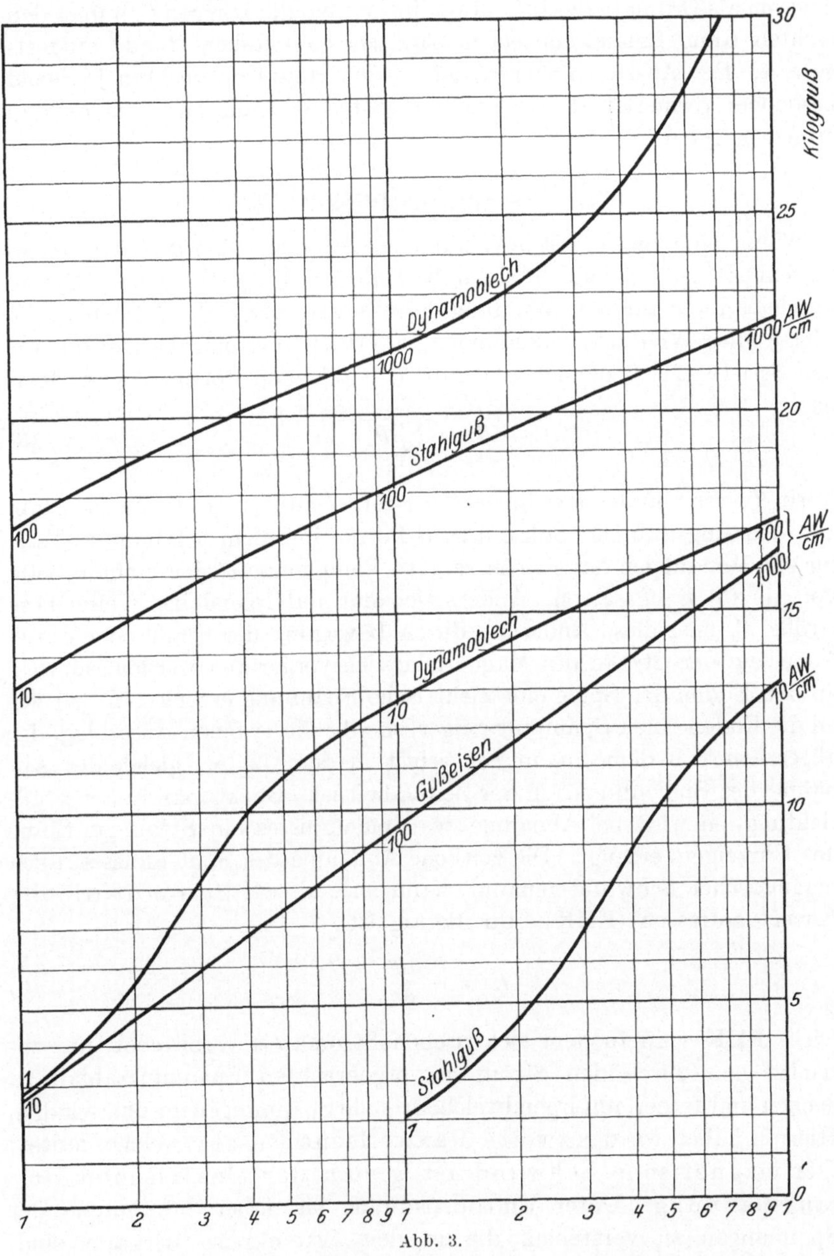

Abb. 3.

solche Kurven für Dynamoblech, Stahlguß und Gußeisen gegeben und entsprechen etwa den Mittelwerten der in der heutigen Fabrikation verwendeten Werkstoffe. Die Kurven sind einseitig logarithmisch dargestellt, d. h. als Abszisse ist der Logarithmus der AW/cm aufgetragen, dagegen als Ordinate die Induktion linear. Wo die Kurven sich über den rechten Rand hinaus erstrecken, sind sie vom linken Rande an fortgesetzt. Der Abszissenmaßstab ist an den Hauptsenkrechten jedesmal besonders vermerkt; der Ordinatenmaßstab ist einheitlich am rechten Rande gegeben.

2. Das Induktionsgesetz.

Wenn eine Spule mit n Windungen in einem Magnetfeld liegt, so umschließt jede Windung einen bestimmten Fluß Φ, dessen Betrag durchaus nicht für jede Windung derselbe sein braucht. Zählt man die Flüsse aller Windungen zusammen, so erhält man eine Größe, die wir den Spulenfluß nennen und mit Ψ bezeichnen wollen. Es ist demnach

$$\Psi = \sum_{\nu=1}^{n} \Phi_\nu . \tag{5}$$

worin Φ_ν der von der jeweiligen, der ν-ten Windung umschlungene Fluß, der Windungsfluß ist. Sollte dessen Betrag in einem bestimmten Falle für alle Windungen der gleiche sein, so kann man auf der rechten Seite von Gl. (5) $n \cdot \Phi$ setzen. Ändert sich nun auf irgendeine Weise diese Größe Ψ, mag diese Änderung durch Bewegung der Spule oder durch Änderung der Stärke des Magnetfeldes hervorgerufen werden, so wird an den Enden der Spule eine elektrische Spannung erzeugt. Legen wir an die Enden einen Spannungszeiger, so gibt dieser einen Ausschlag, der abgesehen von dem Spannungsverlust in dem Leiter, gleich der Abnahme des Spulenflusses in der Zeiteinheit ist. Blickt man in der Flußrichtung, so wird bei Abnahme des Spulenflusses ein Strom im Sinne des Uhrzeigers erzeugt. Die zeitliche Abnahme des Spulenflusses, auch magnetischer Schwund genannt, kann man als elektromotorische Kraft auffassen (EMK). Ihr Betrag ist

$$E = - \frac{d\Psi}{dt} . \tag{6}$$

Diese EMK wird in dem elektrischen Stromkreis verbraucht, um zunächst den durch den Strom hervorgebrachten Spannungsabfall zu decken und ferner, um irgendwelche fremde Spannungen zu überwinden. Hiermit haben wir das zweite Maxwellsche Gesetz, welches lautet: Der magnetische Schwund ist gleich der elektrischen Umlaufspannung. Unter Umlaufspannung ist dabei die Summe der Spannungen zu verstehen, die in dem Stromkreise wirksam sind. Soll die EMK in Volt gegeben werden, so ist auf der rechten Seite der Faktor 10^{-8} hinzuzufügen, wenn der Fluß in Maxwell gegeben ist.

3. Das magnetische Brechungsgesetz.

In Abb. 4 ist die Grenzfläche zwischen zwei magnetisch verschiedenartigen Stoffen senkrecht zum Papier gedacht und durch die Gerade MM gekennzeichnet. Durch diese Grenzfläche soll parallel zur Papierfläche ein Kraftfluß treten und aus diesem Fluß sei eine kleine Röhre, eine Kraftröhre von beliebiger Breite, herausgeschnitten, deren Begrenzungslinien in der Abbildung CD und $C'D'$ sein mögen. Der Winkel zwischen der Kraftröhrenrichtung und der Normalen zur Grenzfläche sei α_1 bzw. α_2 in den beiden Stoffen. Der Querschnitt der Röhre sei q_1 bzw. q_2, in der Abbildung dargestellt durch A_1O' bzw. OA_2 und die Durchtrittsfläche habe die Größe q (durch OO' dargestellt). Die Abmessung senkrecht zur Zeichenebene sei konstant, etwa gleich der Längeneinheit, angenommen. Nehmen wir jetzt einmal an, die Trennungsfläche der beiden Stoffe liege in der Richtung des Kraftflusses, so ist offenbar, daß die Feldstärke in unmittelbarer Nähe dieser Fläche in beiden Stoffen denselben Wert haben muß, während die Induktion je nach der Permeabilität verschiedene Werte hat. Genau dasselbe gilt aber bei beliebiger Richtung des Flusses für diejenige Komponente der Feldstärke, die in der Richtung der Fläche liegt, also für die Tangentialkomponente. Bezeichnen wir diese Komponente durch den Index t, so haben wir also als erste Bedingung

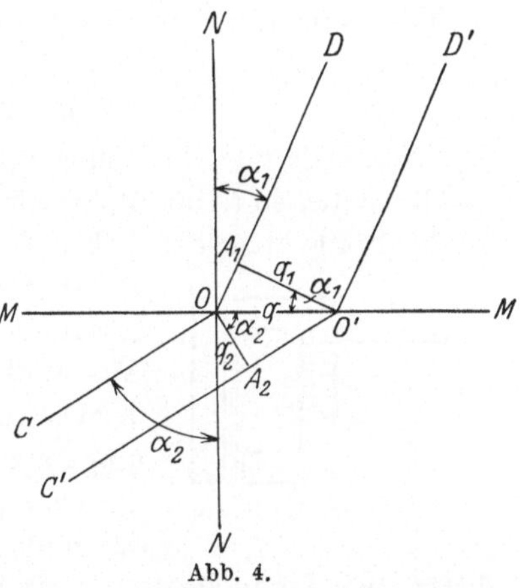

Abb. 4.

$$H_{1t} = H_{2t}. \tag{7}$$

Die Tangentialkomponente der Feldstärke wird nun in Abb. 4 durch $H\sin\alpha$ gegeben, wie ohne weiteres zu erkennen ist, so daß wir die Bedingung erhalten

$$H_1 \sin\alpha_1 = H_2 \sin\alpha_2. \tag{7a}$$

Der Fluß, der aus dem einen Stoff austritt, muß in den anderen eintreten, daher muß der Inhalt der Kraftröhre auf beiden Seiten der Grenzfläche der gleiche sein. Hieraus folgt

$$B_1 q_1 = B_2 q_2.$$

Nun ergibt sich aus Abb. 4

$$q_1 = q\cos\alpha_1; \quad q_2 = q\cos\alpha_2$$

und damit erhalten wir

$$B_1 \cos\alpha_1 = B_2 \cos\alpha_2. \tag{8}$$

Die linke Seite $B_1 \cos \alpha_1$ ist diejenige Komponente der Induktion, die in der Richtung der Normalen NN liegt, die Normalkomponente für den ersten Stoff und ebenso ist $B_2 \cos \alpha_2$ die Normalkomponente der Induktion für den zweiten Stoff. Wir wollen diese Komponenten durch den Index n kennzeichnen und erhalten

$$B_{n1} = B_{n2}. \tag{8a}$$

Nach Gl. (4) ist nun $B_1 = \mu_1 H_1$ und $B_2 = \mu_2 H_2$ und daher ergibt sich aus Gl. (7a) und (8) durch Division und Ordnung

$$\operatorname{tg} \alpha_1 : \operatorname{tg} \alpha_2 = \mu_1 : \mu_2. \tag{9}$$

Diese Beziehung nennt man das Brechungsgesetz des magnetischen Feldes. Für Luft ist $\mu = 1$ zu setzen.

4. Die magnetische Energie.

Wenn wir nun die Spule mit ihren Enden etwa an eine Gleichstromquelle schließen (Abb. 5), so wird von dieser eine gewisse Menge Energie an die Spule abgegeben. Ein Teil davon wird offenbar durch den Widerstand des Leiters verzehrt und in Wärme umgewandelt. Ist genügend lange Zeit seit dem Anschluß verstrichen, so wird die gesamte von der Gleichstromquelle gelieferte Energie in Wärme umgesetzt. Zu Beginn des Vorganges ist jedoch die erzeugte Wärmemenge geringer als die von der Spule aufgenommene Energie. Dieser Differenzbetrag wird nun dazu verwandt, das magnetische Feld der Spule aufzubauen; es ist dies Energie, welche sich in die magnetische Energie umsetzt, die nachher in der Spule aufgespeichert ist. Diesen Vorgang wollen wir jetzt analytisch verfolgen, um die Möglichkeit zu erhalten, die magnetische Energie zahlenmäßig zu bestimmen. Es sei U die Spannung der Gleichstromquelle, J der auftretende Strom und r der Widerstand der Spule; da nun die aufgedrückte Spannung gleich dem Spannungsverbrauch, also der Umlaufspannung, der Spule sein muß, so erhalten wir die Gleichung

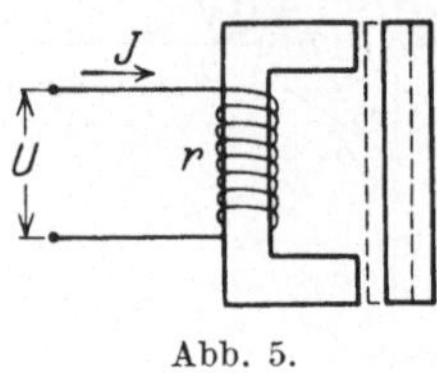

Abb. 5.

$$U = J r - E = J r + \frac{\mathrm{d}\Psi}{\mathrm{d}t} \tag{10}$$

Die EMK ist mit negativem Zeichen einzusetzen, da sie dem Strome entgegenwirkt. Diese Gleichung multiplizieren wir mit dem Strom und nehmen das Zeitintegral. Dann erhalten wir

$$\int_0^t U J \,\mathrm{d}t = \int_0^t J^2 r \,\mathrm{d}t + \int_0^\Psi J \cdot \mathrm{d}\Psi \tag{11}$$

oder

$$\int_0^t [U J - J^2 r] \,\mathrm{d}t = \int_0^\Psi J \cdot \mathrm{d}\Psi \equiv W \tag{11a}$$

Ist das Magnetfeld aufgebaut, so hat Ψ seinen Endwert erreicht; das zweite Glied von Gl. (10) verschwindet, J nimmt seinen bekannten Endwert U/r an. Beide Seiten der Gl. (11a) müssen einen endlichen Wert W haben, wie groß auch die Zeit werden möge. Diese Größe W ist aber die in der Spule aufgespeicherte magnetische Energie.

Wir wollen uns jetzt diese Größe W graphisch darstellen. Zu dem Zweck wollen wir eine Kennlinie der Spule aufnehmen. Dies machen wir dadurch, daß wir Wechselstrom hindurchschicken und dabei diesen, sowie die an den Enden auftretende Spannung messen. Die Spannung U müssen wir um den durch den Widerstand hervorgerufenen (Ohmschen) Spannungsabfall Jr vermindern und erhalten dann die EMK E. Die drei Größen U, J und E sind hier die Amplituden des als sinusförmig vorausgesetzten Wechselstromes und in Abb. 6 in der üblichen Weise als Spannungsdiagramm aufgetragen. Der Strom liegt in der Richtung des Spulenflusses Ψ und eilt um den Winkel φ der Klemmenspannung nach[1].

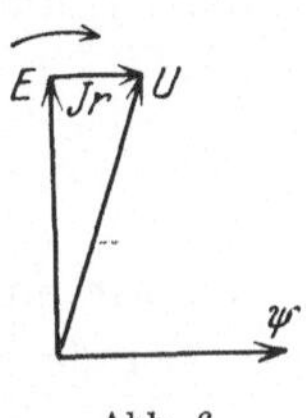
Abb. 6.

Durch eine Wattmetermessung kann man φ bestimmen. Die EMK eilt um $90°$ dem Spulenfluß voraus und kann aus diesem durch Multiplikation mit der Kreisfrequenz $\omega = 2\pi f$ berechnet werden. Um auf das technische Maßsystem zu kommen, muß man noch den Faktor 10^{-8} hinzufügen, sodaß man erhält

$$E = \omega\,\Psi\,10^{-8} \text{ in Volt.} \qquad (12)$$

Jetzt tragen wir den aus der Messung ermittelten Spulenfluß in einem Achsenkreuz als Ordinate über dem Strom als Abszisse auf. Dann erhalten wir eine Kurve, wie sie etwa in Abb. 7 dargestellt ist. Es ist hierbei gleichgültig, ob wir die Größen als Augenblickswerte wie bisher auffassen oder als Amplituden, wie wir sie eben für das Spannungsdiagramm brauchten. In der Praxis pflegt man meist die Effektivwerte zu benutzen; man trägt also die Werte $E/\sqrt{2}$ über $J/\sqrt{2}$ als Kennlinie auf.

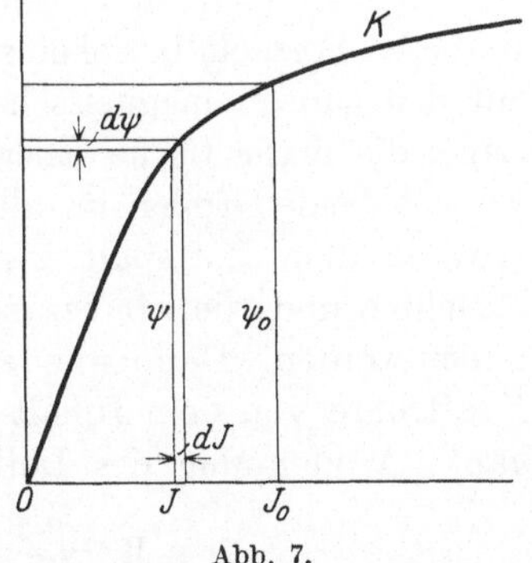
Abb. 7.

Wenn wir uns jetzt den Ausdruck unter dem Integralzeichen für W in Gl. (11a) ansehen, so erkennen wir, daß er durch einen schmalen Streifen zwischen Krve und Ordinatenachse dargestellt werden kann, wie in Abb. 7 angedeutet. Das Integral Gl. (11a) ist daher durch die Fläche zwischen der Kurve und der Ordinatenachse gegeben, gerechnet

---

[1] Die Eintragung des Winkels φ ist in Abb. 6 versehentlich unterblieben. Es ist dies der Winkel zwischen U und Ψ bzw. zwischen U und Jr.

bis zu einer Parallelen zur Abszissenachse durch den Kurvenpunkt $J_0 = U/r$, welcher den im stationären Zustande erreichten Strom angibt.

Es ist ganz zweckmäßig, die magnetische Energie noch in einigen anderen Formen darzustellen, die allerdings nicht die bisherige allgemeine Geltung haben. Zunächst wollen wir annehmen, daß wir den Spulenfluß einfach durch einen mittleren Windungsfluß Φ ersetzen können, den wir nur mit der Windungszahl n der Spule multiplizieren brauchen, um den Spulenfluß zu erhalten. Dann wird

$$W = \int_0^\Phi J n \, d\Phi = \int_0^\Phi \vartheta \, d\Phi = \frac{1}{4\pi} \int_0^\Phi M \, d\Phi. \tag{13}$$

Wenn wir nun insbesondere annehmen, daß die Kennlinie der Spule eine Gerade ist, so können wir schreiben

$$M = w \cdot \Phi = \frac{\Phi}{\lambda}, \tag{14}$$

worin w der magnetische Widerstand und sein reziproker Wert λ, der magnetische Leitwert, als konstant angenommen werden. Dann kann das Integral ausgerechnet werden und man erhält

$$W = \frac{w}{8\pi} \Phi^2 = \frac{1}{8\pi} \lambda M^2 = \frac{1}{8\pi} M \Phi = \frac{1}{2} \vartheta \Phi. \tag{15}$$

In diesen Formeln beziehen sich die Größen M, ϑ und Φ wie stets bisher auf den ganzen magnetischen Kreis. Nun kommt man häufig in die Lage, die magnetische Energie in einem Raum berechnen zu müssen, wo sich beide Größen im allgemeinen von Punkt zu Punkt ändern, wie etwa in dem Luftspalt zwischen Pol und Anker einer elektrischen Maschine und wie wir es auch später bei der Berechnung der Magnete haben werden. Dann wenden wir die Gl. (15) auf eine unendlich dünne Kraftröhre von dem Inhalt $d\Phi$ an und integrieren tangential über die ganze Ausdehnung des Luftspalts. Wir erhalten

$$W = \frac{1}{8\pi} \int M \, d\Phi = \frac{1}{2} \int \vartheta \, d\Phi. \tag{16}$$

Dies Integral ist, abgesehen von der 2 im Nenner, in seinem Aufbau dem in Gl. (13) gegebenen ganz ähnlich. Wir wollen uns aber wohl daran erinnern, daß zwischen beiden ein grundlegender Unterschied besteht. In Gl. (13) ändert sich der Fluß als Funktion von J und M und die Integration erfolgt längs der magnetischen Kennlinie; dagegen bezieht sich das Integral (16) auf einen bestimmten gegebenen Punkt der Kennlinie und die Integration erfolgt über einen Raum. Es kann ferner vorkommen, daß uns das magnetische Feld nicht unmittelbar in Kraftröhren gegeben ist, daß uns aber etwa die Feldstärke und Induktion für jeden

Punkt des Feldes analytisch oder graphisch gegeben ist; dann ist also M noch nicht bekannt und wir müssen daher in Gl. (16) ein Doppelintegral schreiben. Nun erinnern wir uns an unsere Gl. (2) und (3). Danach ist die Zunahme der MMK auf einem Wege $\mathrm{d}s$ durch $\mathrm{d}M = H\mathrm{d}s$ gegeben und der Inhalt der Kraftröhre beträgt $\mathrm{d}\Phi = B\mathrm{d}F$. Diese Werte setzen wir in Gl. (16) ein und beachten, daß $\mathrm{d}s \cdot \mathrm{d}F = \mathrm{d}v$ das Raumelement ist. Somit erhalten wir schließlich

$$W = \frac{1}{8\pi} \int H B \, \mathrm{d}v. \tag{16a}$$

In dieser Form ist der Ausdruck sofort als Raumintegral erkennbar. Wir haben hier die Kennlinie als gerade angenommen. Diese Voraussetzung ist aber für das letzte Integral nicht notwendig, sondern dieses gilt auch bei Eisenkörpern, also bei gekrümmter Kennlinie.

Vielfach wird auch gern die Selbstinduktivität verwendet. Diese wird durch die Gleichung definiert

$$L \cdot J = \Psi = n\Phi. \tag{17}$$

Damit erhält man aus Gl. (15) die bekannte Gleichung

$$W = \tfrac{1}{2} L J^2. \tag{15a}$$

Es sei noch bemerkt, daß im technischen Maßsystem J in Ampere, Φ bzw. Ψ in Voltsekunden und L in Henry einzusetzen ist, woraus sich W in Wattsekunden oder Joule ergibt.

5. Die Energieumformung bei Änderung der Kennlinie.

Bei Elektromagneten handelt es sich im allgemeinen darum, daß durch das erzeugte magnetische Feld auf einen beweglichen Teil des Systems, Anker genannt, Kräfte ausgeübt werden. Durch diese Kräfte wird der Anker bewegt, also wird mechanische Arbeit geleistet. Es ist nun zu untersuchen, wo diese Arbeit herkommt. Nehmen wir als Beispiel einen Magneten an, wie in Abb. 5 gezeichnet, dessen Spule an Gleichstrom angeschlossen sei. Läßt man den in der ausgezogen gezeichneten Stellung festgehaltenen Anker frei, wenn der Strom seinen stationären Wert erreicht hat, so wird er angezogen und kann irgendeine Arbeit leisten, etwa eine Feder spannen, eine Masse, also etwa eine Klinke bewegen, ein Gewicht heben, die Reibung überwinden und ähnliches. Am Ende seiner Bewegung nimmt er etwa die gestrichelt gezeichnete Stellung ein. Der Gleichstrom hat seinen Wert nicht geändert; vor und nach der Ankerbewegung wird die ganze der Gleichstromquelle entnommene Energie dazu verbraucht, die Spule zu heizen. Wo kommt also die Energie her, die in die offensichtlich geleistete mechanische Arbeit umgewandelt ist?

Um diese Frage zu beantworten, wollen wir zunächst eine zweite stellen. Was hat sich denn eigentlich geändert? Wir sehen, daß der Anker eine andere Stellung einnimmt, der Abstand von dem Joch, der Luftraum, hat sich geändert, und zwar verkleinert. Damit muß aber das magnetische Feld einen anderen Wert angenommen haben, entweder die Durchflutung oder der Kraftfluß oder beide. Von der ersteren wissen wir, daß sie denselben Wert behalten hat, denn der Strom ist derselbe geblieben. Also muß der Fluß jetzt einen anderen Wert haben, und zwar ist er größer geworden, wie wir ohne weiteres erkennen. Das Magnetsystem hat eine neue Kennlinie erhalten.

In Abb. 8 sind zwei Kennlinien K_1 und K_2 für die Anfangs- und Endlage des Ankers eingezeichnet. Wir wollen jetzt die Aufgabe verallgemeinern und annehmen, daß der Strom während der Ankerbewegung von dem Anfangswert J_1 auf den Endwert J_2 ansteigt, und zwar soll das auf der Kurve $b_1 b_2$ geschehen. Bei der Berechnung der magnetischen Energie haben wir zwar eine Gleichstromquelle vorausgesetzt, doch ist dabei nicht notwendig, daß die angelegte Spannung während des Vorganges konstant bleibt. Die gegebenen Gl. (10) und (11) sind also ganz allgemein gültig, ohne Rücksicht darauf, ob die Spannung U oder vielleicht auch der Widerstand r sich ändern und in welcher Weise das geschieht.

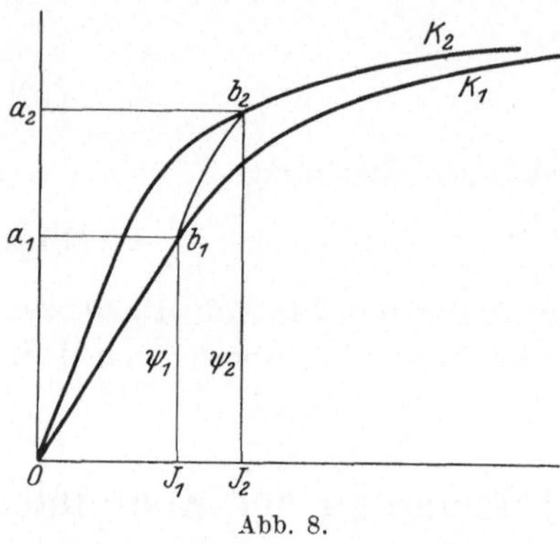

Abb. 8.

Die linke Seite der Gl. (11a) enthält nun die von der Stromquelle gelieferte Energie, abzüglich derjenigen, welche in Wärme umgesetzt wird. Dieser Überschuß ist nun gleich der rechten Seite der Gl. (11a), deren Wert wir W genannt haben, und wird in magnetische Energie verwandelt. Diese Größe W trägt demnach entweder zum Aufbau oder zur Vermehrung des magnetischen Feldes bei oder sie wird wieder in irgendeiner Weise umgeformt.

Wir wollen jetzt das in Gl. (11a) durch W bezeichnete Integral auf unsere Abb. 8 anwenden. Das Magnetsystem hat zuerst die Kennlinie K_1 und wird durch den Strom J_1 erregt. Dann besitzt es die magnetische Energie

$$W_1 = \int_0^{\Psi_1} J \, \mathrm{d}\Psi \ (\text{längs Kurve } K_1) = \text{Fläche } O b_1 a_1. \tag{18}$$

Nun soll sich der Anker bewegen und der Strom sich von J_1 auf J_2 vergrößern, wobei die Änderung längs der Kurve $b_1 b_2$ von der Kennlinie K_1

zur neuen Kennlinie K_2 der Endlage erfolgt. Für diesen Vorgang nimmt das Integral den Wert an

$$\Omega = \int\limits_{\Psi_1}^{\Psi_2} J\,\mathrm{d}\Psi \;(\text{längs Kurve } b_1 b_2) \;=\; \text{Fläche } a_1 b_1 b_2 a_2 . \tag{19}$$

In der Endlage hat ferner das Magnetsystem die magnetische Energie

$$W_2 = \int\limits_{0}^{\Psi_2} J\,\mathrm{d}\Psi \;(\text{längs Kurve } K_2) \;=\; \text{Fläche } O b_2 a_2 \tag{20}$$

wie ebenfalls aus Gl. (11) folgt. Wir wissen also, in der Anfangslage war die magnetische Energie W_1 vorhanden, während der Bewegung des Ankers ist die Energie Ω dazu gekommen, in der Endlage ist die magnetische Energie W_2 vorhanden. Wenn nun diese letztere nicht gleich $W_1 + \Omega$ ist und das ist offenbar nicht der Fall, wie Abb. 8 zeigt, so muß ein Teil Energie verschwunden sein. Wir haben aber schon gesehen, daß wir mechanische Arbeit gewonnen haben und da andere Energieformen hier offenbar nicht auftreten, so können wir mit gutem Recht sagen, der Überschuß an zugeführter Energie ist in mechanische Arbeit umgeformt. Bezeichnen wir diese mit A, so erhalten wir also die Beziehung

$$A = W_1 + \Omega - W_2 . \tag{21}$$

Wenn wir an Hand dieser Gleichung uns die Abb. 8 betrachten, so erkennen wir, daß die mechanische Arbeit durch die Fläche $O b_1 b_2$ zwischen den Kennlinien K_1 und K_2 und der Übergangskurve $b_1 b_2$ dargestellt wird.

Es ist von Interesse, einige Sonderfälle noch zu untersuchen, die praktisch von Bedeutung sind. Hierfür soll eine gerade Kennlinie vorausgesetzt werden, also sehr schwach gesättigtes Eisen.

a) Der Strom soll sich während der Ankerbewegung nicht ändern (Abb. 9). Dann können wir nach den Gl. (18) bis (20) die Werte der Energien sofort hinschreiben.

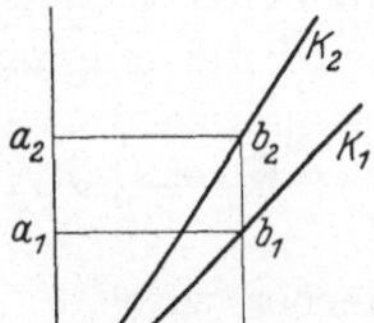

$$W_1 = \tfrac{1}{2} J \Psi_1 ; \quad \Omega = J(\Psi_2 - \Psi_1); \quad W_2 = \tfrac{1}{2} J \Psi_2 ;$$

somit wird die mechanische Arbeit

$$A = \tfrac{1}{2} J(\Psi_2 - \Psi_1) = W_2 - W_1 . \tag{22}$$

Abb. 9.

„Die geleistete Arbeit ist gleich der Zunahme der magnetischen Energie und die vom Netz zu liefernde Energie ist doppelt so groß."

Wenn wir nach Gl. (14) den magnetischen Leitwert einführen, so wird

$$A = 2\pi\vartheta^2 \cdot (\lambda_2 - \lambda_1), \tag{22a}$$

d. h. die mechanische Arbeit ist proportional der Zunahme des magnetischen Leitwertes. Mit Benutzung der Induktivität kann man auch schreiben

$$A = \tfrac{1}{2} J^2 (L_2 - L_1),\qquad\qquad (22\,\mathrm{b})$$

woraus der zuvor nach Gl. (22) aufgestellte Satz ebenfalls erkennbar ist.

b) Der Spulenfluß soll während der Bewegung unverändert bleiben (Abb. 10). Die Energiemengen betragen hier

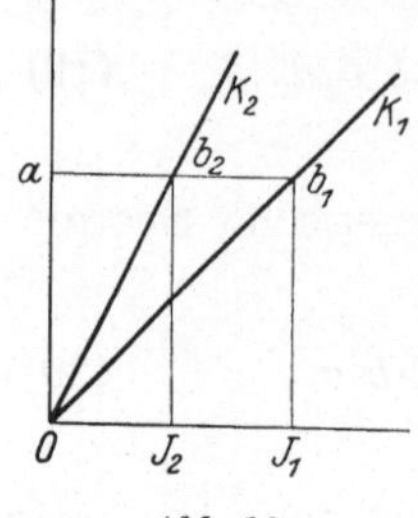

Abb. 10.

$$W_1 = \tfrac{1}{2} J_1 \Psi; \quad \Omega = 0; \quad W_2 = \tfrac{1}{2} J_2 \Psi$$

und daher wird die mechanische Arbeit

$$A = \tfrac{1}{2}(J_1 - J_2)\,\Psi = -(W_2 - W_1).\qquad\qquad (23)$$

Die mechanische Arbeit ist also gleich der Abnahme der magnetischen Energie, vom Netz wird keine weitere Energie geliefert. Die Einführung des magnetischen Widerstandes nach Gl. (14) gibt

$$A = \frac{1}{8\pi}\,\Phi^2 (w_1 - w_2),\qquad\qquad (23\,\mathrm{a})$$

d. h. die mechanische Arbeit ist proportional der Abnahme des magnetischen Widerstandes.

c) Das Magnetsystem liegt an konstanter Wechselspannung mit der Kreisfrequenz ω. Aus Abb. 6 folgt

$$U \cos\varphi = J \cdot r, \qquad U \sin\varphi = \omega\Psi,\qquad\qquad (24)$$

in welchen Gleichungen U, r und ω sich nicht ändern sollen. Zunächst wird die magnetische Energie

$$W_1 = \frac{1}{2}\,J_1\,\Psi_1 = \frac{U^2}{4r\omega}\sin 2\varphi_1, \qquad W_2 = \frac{1}{2}\,J_2\,\Psi_2 = \frac{U^2}{4r\omega}\sin 2\varphi_2,$$

ferner wird

$$\Omega = \int J\,\mathrm{d}\Psi = \frac{U^2}{r\omega}\int_{\varphi_1}^{\varphi_2}\cos^2\varphi\,\mathrm{d}\varphi = \frac{U^2}{2r\omega}\left[\varphi_2 - \varphi_1 + \tfrac{1}{2}\sin 2\varphi_2 - \tfrac{1}{2}\sin 2\psi_1\right].$$

Daher erhält man die mechanische Arbeit zu

$$A = \frac{U^2}{2r\omega}(\varphi_2 - \varphi_1),\qquad\qquad (25)$$

sie ist also in diesem Falle proportional der Zunahme der Phasenverschiebung zwischen Strom und Spannung.

6. Beschränkung auf den Luftspalt.

Wenn man die oben gefundenen Formeln auf einen bestimmten Fall anwenden will, so findet man bald große Schwierigkeit in der Berücksichtigung der Eisensättigung. Hierzu kommt dann noch die Streuung, d. h. derjenige Fluß, der zwar von der Spule erzeugt wird, aber nicht durch den Anker geht, also nicht nutzbar verwendet wird. Wäre nur die Eisensättigung, das soll heißen der Verlust an magnetischer Spannung im Eisen, in Betracht zu ziehen, so könnte man leicht an Hand der allbekannten Magnetisierungskurven für Dynamoblech oder Massiveisen ihren Einfluß berücksichtigen. Da es ja nach unseren Ableitungen für die Berechnung der mechanischen Arbeit nicht auf den Wert der magnetischen Energie selbst ankommt, sondern auf ihre Änderung und diese Änderung hauptsächlich im Luftspalt stattfindet, so wird die Genauigkeit der Rechnung vor allem davon abhängen, mit welcher Sicherheit man die magnetische Energie des Luftspaltes erfassen kann. Nun wird aber von der Spule noch ein weiterer Fluß erzeugt, der sich durch die Luft schließt. Dieser Streufluß beträgt bei den üblichen offenen Magnetsystemen etwa 100% des Nutzflusses und noch mehr und trägt dadurch, daß er durch die Spulenmitte geht, recht erheblich zu der Erhöhung der Sättigung des Eisenkerns an dieser Stelle bei. Die Bestimmung dieses Streuflusses begegnet nun außerordentlichen Schwierigkeiten, zeichnerische und rechnerische Methoden führen hier im allgemeinen überhaupt nicht oder nur mit einem in der Praxis in den seltensten Fällen gerechtfertigten Zeitaufwande zum Ziel. Nur in wenigen besonderen Fällen läßt sich dies Streufeld mehr oder weniger bequem erfassen. Es bleibt daher meist nur der Weg übrig, dieses Feld durch einen Vorversuch zu bestimmen, um dann auf Grund dieses Versuchs die endgültige Berechnung durchzuführen.

Wir wollen deshalb einmal untersuchen, ob und unter welchen Bedingungen die Berechnung eines Magnetsystems bei starkem Streufluß und hoher Sättigung genau oder angenähert durchführbar ist. Es soll dabei unter Streufluß ein solcher verstanden werden, der nicht den Anker (den beweglichen Teil des Systems) trifft, sondern außerhalb desselben sich schließt. Dieser Fluß wird sich bei einem Versuch mit Wechselstrom dadurch zeigen, daß die angelegte Spannung größer wird als dem Ankerfluß entspricht und man kann ihn dadurch bestimmen, daß man auf dem Anker eine Hilfsspule anbringt und den hiermit bestimmten Ankerfluß, den Nutzfluß, von dem Gesamtfluß abzieht. In Abb. 11 ist für ein Magnetsystem, das wir später noch genauer betrachten wollen, der Fluß als Funktion des Stromes aufgetragen und zwar für zwei verschiedene Ankerstellungen. Die Kurven G_1 und G_2 geben den Gesamtfluß, wie er bei Beschickung mit Wechselstrom aus der Klemmenspannung der Spule nach Gl. (12) errechnet wird, nötigenfalls unter Berücksichtigung des Ohmschen Spannungsabfalls. Die Kurven K_1 und K_2 zeigen den durch den Anker tretenden Fluß, der durch eine kleine Hilfsspule ermittelt werden kann. Hiervon sind die Kurven K_1 und G_1 aus einer Meßreihe an einem ausgeführten Magneten abgeleitet. Der Strahl S_1 soll von der Kurve K_1 denjenigen Strom abgrenzen, der

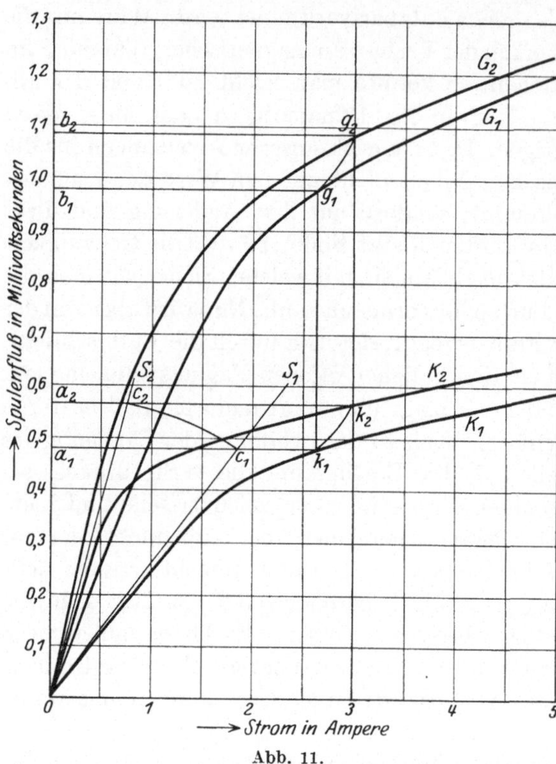

Abb. 11.

notwendig ist, um den Ankerfluß durch den Luftspalt zu treiben. Nun möge der Anker in die Stellung 2 gelangen, wobei gleichzeitig Strom und Fluß sich ändern, und zwar soll der Arbeitspunkt von k_1 auf der eingezeichneten Kurve nach k_2 gelangen. Die zugehörige Kennlinie ist K_2 und der für den Luftspalt maßgebende Strahl S_2. Die Übergangskurve ist $c_1 c_2$. Jetzt wollen wir unsere Energiebeziehung aus Gl. (21) auf diese beiden Kurvengruppen anwenden und den Größen den Index l für den

Luftspalt und den Index 0 für den Nutzfluß geben. Nehmen wir für den Augenblick einmal an, daß eine Streuung überhaupt nicht vorhanden wäre. Dann stellen die Kurven K unser gesamtes magnetisches Feld dar und wir haben nun die folgenden Energiemengen:

Kurve K_1: W_{01}, Fläche $O k_1 a_1$: magnetische Energie der Anfangslage,

Kurve K_2: W_{02}, Fläche $O k_2 a_2$: magnetische Energie der Endlage,

Ω_0, Fläche $a_1 k_1 k_2 a_2$: von der Stromquelle gelieferte magnetische Energie,

A_0, Fläche $O k_1 k_2 O$: mechanische Arbeit.

Daß die Bedingung der Gl. (21) erfüllt ist, ergibt sich aus dem Bild ohne weiteres. Ferner haben wir

Strahl S_1: W_{l_1}, Fläche $O c_1 a_1$: magn. Luftspaltenergie der Anfangslage,

Strahl S_2: W_{l_2}, Fläche $O c_2 a_2$: magn. Luftspaltenergie der Endlage,

Ω_l, Fläche $a_1 c_1 c_2 a_2$: zugeführte magn. Luftspaltenergie,

A_l, Fläche $O c_1 c_2 O$:

Welche Bedeutung hat jetzt diese Größe A_l, die eine gleiche Bedingung, wie sie Gl. (21) gibt, für die beiden Strahlen S, also für den Luftspalt erfüllt? Nun haben wir

$$W_{01} = \int_0^{\Phi_{01}} \vartheta \, d\Phi_0 = \int_0^{\Phi_{01}} \vartheta_e \, d\Phi_0 + \int_0^{\Phi_{01}} \vartheta_l \, d\Phi_0 = W_{l_1} + \int_0^{\Phi_{01}} \vartheta_e \, d\Phi_0,$$

$$W_{02} = \int_0^{\Phi_{02}} \vartheta \, d\Phi_0 = \int_0^{\Phi_{02}} \vartheta_e \, d\Phi_0 + \int_0^{\Phi_{02}} \vartheta_l \, d\Phi_0 = W_{l_2} + \int_0^{\Phi_{02}} \vartheta_e \, d\Phi_0,$$

$$\Omega_0 = \int_{\Phi_{01}}^{\Phi_{02}} \vartheta \, d\Phi_0 = \int_{\Phi_{01}}^{\Phi_{02}} \vartheta_e \, d\Phi_0 + \int_{\Phi_{01}}^{\Phi_{02}} \vartheta_l \, d\Phi_0 = \Omega_l + \int_{\Phi_{01}}^{\Phi_{02}} \vartheta_e \, d\Phi_0.$$

Für ein bestimmtes Magnetsystem gibt es aber nur eine Abhängigkeit zwischen der für das Eisen notwendigen Durchflutung ϑ_e und dem Fluß Φ_0. Wir haben also nur eine Kurve $\Phi_0 = f(\vartheta_e)$, unabhängig von den Vorgängen im Luftspalt, und daher können wir schreiben

$$\int_0^{\Phi_{02}} \vartheta_e \, d\Phi_0 + \int_{\Phi_{01}}^{\Phi_{02}} \vartheta_e \, d\Phi_0 = \int_0^{\Phi_{02}} \vartheta_e \, d\Phi_0.$$

Wenn wir jetzt diese Größen in die Gl. (21) einsetzen, so heben sich die Integrale fort und wir erhalten

$$A = W_{l_1} + \Omega_l - W_{l_2} = A_l. \tag{26}$$

Die Fläche $O c_1 c_2 O$ stellt also die mechanische Arbeit dar und wir können daher für die Berechnung der Zugkräfte uns auf die Berechnung der Luftspaltenergie beschränken, müssen nur immer darauf achten, daß infolge der Eisensättigung die für den Luftspalt notwendige Durchflutung mehr oder weniger von der Gesamtdurchflutung abweicht.

Nun stellen wir uns die weitere Frage, welchen Einfluß der Streufluß auf unsere Rechnung ausübt. In Abb. 11 tragen wir uns zu dem Zwecke die Kurve G_2 ein, indem wir zu K_2 den Streufluß hinzufügen. Die Übergangskurve wird jetzt $g_1 g_2$ mit ihrer Projektion $b_1 b_2$ auf der Ordinatenachse. Die oben verwendeten Bezeichnungen lassen wir bestehen, beachten nur, daß die dort genannten Energiemengen sich auf den Nutzfluß beziehen. Für das Gesamtfeld, also die Kurven G, haben wir entsprechend

Kurve $G_1 : W_1$, Fläche Og_1b_1 : magnetische Energie der Anfangslage,
Kurve $G_2 : W_2$, Fläche Og_2b_2 : magnetische Energie der Endlage,
$\quad\quad\quad \Omega$, Fläche $b_1g_1g_2b_2$: von der Stromquelle gelieferte magnetische Energie,
$\quad\quad\quad A$, Fläche Og_1g_2O : mechanische Arbeit.

Da wir es jetzt mit dem Gesamtfeld zu tun haben, so entsprechen die soeben bestimmten Größen durchaus den früher entwickelten Begriffen und wir müssen feststellen, was wir unter den entsprechenden Größen für den Nutzfluß zu verstehen haben, vor allem was A_0 bedeutet. Wir erhalten nun

$$W_1 = \int_0^{\Phi_1}\vartheta\,\mathrm{d}\Phi = \int_0^{\Phi_{01}}\vartheta\,\mathrm{d}\Phi_0 + \int_0^{\Phi_{s1}}\vartheta\,\mathrm{d}\Phi_{s1} = W_{01} + \int_0^{\Phi_{s1}}\vartheta\,\mathrm{d}\Phi_s = W_{01} + \vartheta_1\Phi_{s1} - \int_0^{\vartheta_1}\Phi_s\,\mathrm{d}\vartheta,$$

$$W_2 = \int_0^{\Phi_2}\vartheta\,\mathrm{d}\Phi = \int_0^{\Phi_{02}}\vartheta\,\mathrm{d}\Phi_0 + \int_0^{\Phi_{s2}}\vartheta\,\mathrm{d}\Phi_s = W_{02} + \int_0^{\Phi_{s2}}\vartheta\,\mathrm{d}\Phi_s = W_{02} + \vartheta_2\Phi_{s2} - \int_0^{\vartheta_2}\Phi_s\,\mathrm{d}\vartheta,$$

$$\Omega = \int_{\Phi_1}^{\Phi_2}\vartheta\,\mathrm{d}\Phi = \int_{\Phi_{01}}^{\Phi_{20}}\vartheta\,\mathrm{d}\Phi_0 + \int_{\Phi_{s1}}^{\Phi_{s2}}\vartheta\,\mathrm{d}\Phi_s = \Omega_0 + \int_{\Phi_{s1}}^{\Phi_{s2}}\vartheta\,\mathrm{d}\Phi_s = \Omega_0 + \vartheta_2\Phi_{s2} - \vartheta_1\Phi_{s1} - \int_{\vartheta_2}^{\vartheta_2}\Phi_s\,\mathrm{d}\vartheta.$$

Die Betrachtung von Abb. 11 ergibt, daß wir Gl. (21) ohne weiteres auf die Kurven G sowie auch auf die Kurven K anwenden dürfen. Wenn wir daher gemäß Gl. (21) die zuletzt gefundenen Ausdrücke zusammenfassen und dasjenige streichen, was sich forthebt, so erhalten wir die Beziehung

$$A - A_0 = \int_0^{\vartheta_2}\Phi_s\,\mathrm{d}\vartheta - \int_0^{\vartheta_1}\Phi_s\,\mathrm{d}\vartheta - \int_{\vartheta_1}^{\vartheta_2}\Phi_s\,\mathrm{d}\vartheta. \tag{27}$$

Diese Gleichung wollen wir uns wieder in Abb. 11 veranschaulichen und finden, daß die Integrale wieder durch Flächen dargestellt werden können. Wir schreiben daher Gl. (27) nochmals mit Einsetzung der entsprechenden Flächen hin:

$$Og_1g_2O - Ok_1k_2O = Ok_2g_2O - Ok_1g_1O - k_1k_2g_2g_1,$$

und erkennen ohne weiteres, daß die Gl. (27) zu Recht besteht. Was sagt uns jetzt diese Beziehung? Um diese Frage zu beantworten, müssen wir etwas Näheres über den Streufluß wissen. Wir wollen daher einige Annahmen machen und zusehen, welchen Einfluß diese auf die Gl. (27) haben.

1. Es ist vielfach üblich, mit Streufaktoren zu rechnen. Darunter versteht man, daß das Verhältnis von Gesamtfluß zum Nutzfluß konstant

ist. Besteht diese Annahme zu Recht, so muß dieses Verhältnis unabhängig von dem Strom und der Ankerstellung sein. Ist dies aber der Fall, so muß auch der Streufluß im Verhältnis zum Nutzfluß konstant sein und wir setzen daher $\Phi_s = k \cdot \Phi_0$. Dies führen wir auf der rechten Seite von Gl. (27) ein und können die Konstante k aus sämtlichen Integralen herausziehen. Die übrigbleibenden Integrale, die jetzt Φ_0 statt Φ_s enthalten, ergeben aber, wie wir leicht an Hand von Abb. 11 feststellen können, zusammen wieder A_0 und wir erhalten die Beziehung

$$A - A_0 = k \cdot A_0 \qquad \text{oder} \qquad A = (1 + k) \cdot A_0. \qquad (27\,\text{a})$$

Der Streufluß leistet ebenfalls eine gewisse Arbeit, und zwar offenbar durch seinen Einfluß auf die Sättigung des Eisens.

2. Als andere Möglichkeit wollen wir annehmen, der Streufluß soll dem Strom proportional, aber nicht von der Ankerstellung abhängig sein. Dann aber können wir die Integrale in Gl. (27) sofort ausrechnen und sie ergeben für jede beliebige Grenze den Wert null. Wir erhalten also

$$A = A_0. \qquad (27\,\text{b})$$

Dieser Schluß ist auch rückwärts möglich, denn es folgt aus $A = A_0$, daß Φ_s nur von ϑ abhängig sein muß, da sonst die drei Integrale für beliebige Grenzen nicht zusammen den Wert null ergeben können. Diesen Fall erhalten wir sicher, sobald wir das Eisen als so schwach gesättigt voraussetzen, daß Proportionalität zwischen Fluß und Strom besteht, daß also die Kennlinie eine Gerade ist.

Wir wollen uns jedoch noch erinnern, daß wir für unsere ganze Entwicklung vorausgesetzt haben, der Streufluß solle nicht durch den Anker gehen und dies ist wichtig, da sonst unser einfaches Gesetz Gl. (27b) nicht erfüllt werden könnte. In Wirklichkeit wird natürlich weder die eine noch die andere Annahme genau zutreffen und ob wir die zweite einfachere Annahme machen dürfen, muß letzten Endes der Versuch entscheiden.

II. Die Kräfte im magnetischen Feld.

1. Ableitung aus den Energiebeziehungen.

Wir haben gefunden, daß eine gewisse Menge Energie bei der Bewegung des Ankers in mechanische Arbeit umgesetzt wird. Diese kommt nun dadurch zustande, daß eine Kraft K auf einem vorgeschriebenen Wege x wirkt. Es sei dabei der Einfachheit halber angenommen, daß der Anker nur einen Freiheitsgrad besitzt wie das bei praktischen Ausführungen wohl allgemein der Fall ist. Die mechanische Arbeit wird demnach durch die Gleichung definiert

$$A = \int\limits_{x_1}^{x_2} K \cdot \mathrm{d}x, \qquad (1)$$

wobei x_1 der Anfangsstellung, x_2 der Endstellung entspricht. In den vorigen Abschnitten haben wir einen gewissen Ausdruck gefunden, welcher die mechanische Arbeit darstellt. Diesen Ausdruck wollen wir uns als Differenz der beiden Werte einer und derselben Funktion für die Anfangs- und Endlage vorstellen. Nennen wir also diese Funktion F, so wäre demnach

$$A = F_2 - F_1. \tag{2}$$

Vergleichen wir dies mit unserer allgemeinsten Gl. I (21), so können wir F wie folgt definieren:

$$F = \int^{\Psi} J\,\mathrm{d}\Psi - W, \tag{3}$$

wobei die untere Grenze des Integrals beliebig gewählt werden darf. Dabei soll die Integration längs der Übergangskurve und deren Verlängerung erfolgen. Unter W ist die magnetische Energie für die obere Integralgrenze zu verstehen. Im Falle des konstanten Stromes (Abb. 9) wählt man beispielsweise zweckmäßig als untere Grenze $\Psi = 0$ und erhält dann als Integralwert das Rechteck $J \cdot \Psi$, so daß also bei gerader Kennlinie

$$F = J\Psi - \tfrac{1}{2}J\Psi = \tfrac{1}{2}J\Psi$$

wird. Die durch Gl. (3) bestimmte Funktion F kann nun bei der Berechnung durch die Koordinate x der Ankerstellung ausgedrückt werden oder mit anderen Worten: F ist eine Funktion von x. Wir können also auch schreiben

$$A = F(x_2) - F(x_1). \tag{2a}$$

Aus Gl. (1) und (2a) folgt weiter

$$F(x_2) - F(x_1) = \int_{x_1}^{x_2} K \cdot dx. \tag{4}$$

Aus dem Arbeitsbereich können wir einen beliebigen Teil herausgreifen, indem wir etwa von der festgehaltenen unteren Grenze x_1 bis zu einer veränderlichen Grenze x rechnen, die Gl. (4) gilt auch dann. Wir können aber auch noch einen Schritt weiter gehen und die Gl. (4) nach der oberen Grenze differenzieren, womit wir erhalten

$$K = \frac{\mathrm{d}F}{\mathrm{d}x}. \tag{5}$$

Hiermit haben wir eine sehr wichtige Beziehung gewonnen, die uns noch manchen guten Dienst leisten wird: **Die von dem Anker ausgeübte Kraft ist gleich dem Differentialquotienten der Funktion F nach dem vom Anker zurückgelegten Wege.** Diese Regel haben wir der vor uns liegenden Aufgabe der Berechnung von Elektromagneten angepaßt. Sie hat jedoch viel allgemeinere Bedeutung. Es ist nicht nötig, daß wir es mit dem Anker eines Elektromagneten zu tun haben, sondern es mag sich um ein vom elektrischen Strom durchflossenes Leitergebilde handeln, ja um einen beliebigen Körper, der unter dem Einfluß eines Magnetfeldes sich bewegt.

Jetzt wollen wir der Formel für die Kraft noch einige andere Formen geben, die sich für die spätere unmittelbare Anwendung besser eignen. Hierbei wollen wir wieder eine gerade Kennlinie voraussetzen und erhalten für die oben näher besprochenen Sonderfälle die folgenden Beziehungen, die sich zwanglos aus unseren Überlegungen ergeben.

a) Der Strom ist konstant

$$K = \frac{\mathrm{d}W}{\mathrm{d}x} = 2\,\pi\,\vartheta^2\,\frac{\mathrm{d}\lambda}{\mathrm{d}x} = \frac{1}{2}\,J^2\,\frac{\mathrm{d}L}{\mathrm{d}x}\,. \tag{6a}$$

b) Der Fluß ist konstant

$$K = -\frac{\mathrm{d}W}{\mathrm{d}x} = -\frac{1}{8\pi}\,\Phi^2\,\frac{\mathrm{d}w}{\mathrm{d}x}\,. \tag{6b}$$

c) Die Wechselspannung ist konstant

$$K = \frac{U^2}{2\,r\omega}\cdot\frac{\mathrm{d}\varphi}{\mathrm{d}x}\,. \tag{6c}$$

Wie diese Bezeichnungen in praktischen Fällen zur Berechnung von Elektromagneten anzuwenden sind, werden wir später an Beispielen kennenlernen. Ehe wir dazu übergehen, wollen wir aber noch etwas verweilen und einige allgemeine Untersuchungen anstellen.

2. Andere Darstellung der Kraft.

Wir wollen nochmals zu unserer Gl. I (11a) zurückkehren. Die linke Seite dieser Gleichung gibt uns die von der Stromquelle gelieferte Energie, abzüglich desjenigen Betrages, der in Wärme umgesetzt wird. Die rechte Seite, die wir mit W bezeichnet haben, zeigt uns, was mit diesem Überschuß geschieht. Er wird, solange am Magnetsystem alles in Ruhe bleibt, zum Aufbau des Feldes verwandt. Wir wollen jetzt annehmen, das Feld sei schon bis zu einem gewissen Punkte aufgebaut und nun beginne der Anker des Magneten sich zu bewegen. Der Weg des Ankers sei durch die Koordinate x gekennzeichnet. Es sind jetzt also zwei voneinander vollständig unabhängige Koordinaten vorhanden, nämlich der Weg x und der Strom J, denn für diesen müssen wir ebenfalls im allgemeinen eine Änderung erwarten. Zu Beginn des Vorganges habe die magnetische Energie den Betrag

$$W = \int\limits_{0}^{J} J\cdot\frac{\partial\Psi}{\partial J}\cdot\mathrm{d}J\,. \tag{7}$$

Es soll durch diese Schreibweise des Ausdruckes, der der rechten Seite von Gl. I (11a) durchaus gleichwertig ist, gekennzeichnet werden, daß J

die unabhängige Veränderliche ist. Wenn sich nun der Anker um den Weg $\mathrm{d}x$ fortbewegt, so ändert W seinen Wert um

$$\mathrm{d}W = \frac{\partial W}{\partial J} \cdot \mathrm{d}J + \frac{\partial W}{\partial x} \cdot \mathrm{d}x. \tag{8}$$

Da in Gl. (7) der Strom, der sich ändern soll, als obere Integralgrenze enthalten ist, so müssen wir, um das erste Glied der Gl. (8) zu erhalten, nach dieser differenzieren und erhalten

$$\frac{\partial W}{\partial J} = J \cdot \frac{\partial \Psi}{\partial J}. \tag{9}$$

Ferner ergibt sich durch Differentiation unter dem Integralzeichen

$$\frac{\partial W}{\partial x} = \int\limits_0^J J \cdot \frac{\partial^2 \Psi}{\partial J \cdot \partial x} \cdot \mathrm{d}J. \tag{10}$$

Diesen Ausdruck wollen wir noch etwas umformen. Es ist nun offenbar

$$\frac{\partial}{\partial J}\left(J \cdot \frac{\partial \Psi}{\partial x}\right) = J \cdot \frac{\partial^2 \Psi}{\partial x \cdot \partial J} + \frac{\partial \Psi}{\partial x},$$

und da das erste Glied der rechten Seite gleich dem Integranden von Gl. (10) ist, so folgt

$$\frac{\partial W}{\partial x} = J \frac{\partial \Psi}{\partial x} - \int\limits_0^J \frac{\partial \Psi}{\partial x} \cdot \mathrm{d}J. \tag{10a}$$

Die Gesamtänderung von W beträgt demnach

$$\mathrm{d}W = J \cdot \frac{\partial \Psi}{\partial J} \cdot \mathrm{d}J + J \frac{\partial \Psi}{\partial x} \cdot \mathrm{d}x - \mathrm{d}x \cdot \int\limits_0^J \frac{\partial \Psi}{\partial x} \cdot \mathrm{d}J. \tag{8a}$$

Diesen Ausdruck wollen wir uns mit Hilfe von Abb. 12 etwas näher ansehen. Hierin ist wieder eine Kurve aufgetragen, die den Spulenfluß Ψ abhängig vom Strom J zeigt. Diese Kurve K soll sich infolge der Bewegung des Ankers um einen unendlich kleinen Betrag verschieben und in die Kurve K' übergehen. Vor der Veränderung ist die magnetische Energie W_1, wie wir ja schon wissen, durch die Fläche Oba zwischen der Kurve K und der Ordinatenachse gegeben. Infolge der Änderung der Ankerstellung erhält die magnetische Energie einen Zuwachs $\mathrm{d}W$, für den wir den Ausdruck (8a) abgeleitet haben. Das erste Glied der rechten Seite gibt uns den Zuwachs, der durch alleinige Änderung des Stromes J zustande kommt und dieser Betrag wird durch die Fläche $abb'a'$ dargestellt. Einen weiteren Zuwachs erfährt die magnetische Energie durch alleinige Änderung von x, also der Ankerstellung. Dieser Zuwachs ist durch das zweite Glied gegeben und wird in Abb. 12 durch die Fläche $a'b'b''a''$ dargestellt. Genau genommen erfolgt ja der Übergang von b nach b'' direkt längs der eingezeichneten Kurve bb''. Wir haben also die kleine dreieckige Fläche $bb'b''$ zuviel gerechnet, doch ist der Fehler unendlich klein von zweiter Ordnung. Nun sehen wir uns noch das dritte Glied von (8a) an. Der Integrand gibt uns die Zunahme des Spulenflusses $d\Psi$ infolge der Verschiebung um dx, d. h. also den Ordinatenunterschied zwischen den beiden Kurven K und K'. Diese Ordinatenstückchen multipliziert mit dJ und von 0 bis J integriert, gibt uns aber den schmalen Flächenstreifen $Obb''O$. Wir sehen also in dem dritten Gliede mit dem Minuszeichen denjenigen Betrag vor uns, der als magnetische Energie verschwunden und in mechanische Arbeit umgewandelt ist. Die Gl. (8a) gibt uns also in Differentialform genau dasselbe Gesetz wieder, das wir oben in Gl. I (21) für endliche Beträge gefunden hatten. Die linke Seite von (8a) entspricht der Zunahme der magnetischen Energie, also der Differenz $(W_2 - W_1)$ der Gl. I (21), die ersten beiden Glieder rechts geben den von der Stromquelle gelieferten Betrag, dessen endlichen Wert wir Ω genannt hatten, und das dritte Glied gibt die dabei in Arbeit umgesetzte Energie.

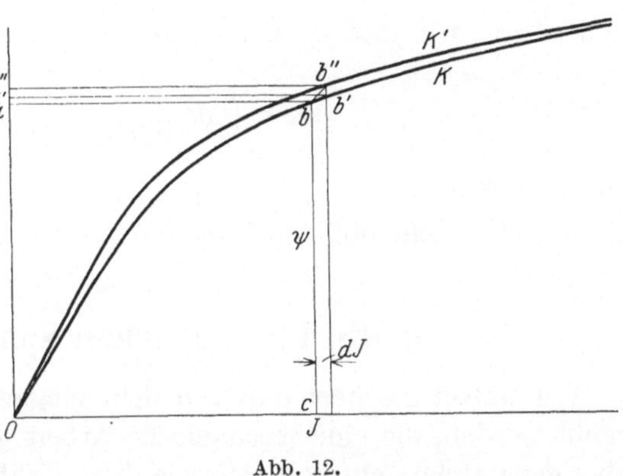

Abb. 12.

Die vom Anker geleistete Arbeit wird nun bekanntlich durch das Produkt aus der ausgeübten Kraft K und dem zurückgelegten Wege dx gegeben. Damit erkennen wir aber ohne weitere Rechnung sofort, daß die Kraft durch die Gleichung gegeben ist

$$K = \int_0^J \frac{\partial \Psi}{\partial x} \cdot dJ. \tag{11}$$

Nun wollen wir sehen, ob dies Ergebnis mit unsern früher gefundenen Gleichungen übereinstimmt. In Gl. I (22) bis I (25) hatten wir den Sonderfall einer geraden Kennlinie unter verschiedenen Bedingungen untersucht. Nach Gl. I (17) können wir $\Psi = LJ$ setzen, wenn L bei gerader Kennlinie die vom Strom unabhängige, also konstante Selbstinduktivität ist. Setzen wir nun diesen Wert für Ψ in Gl. (11) ein, und beachten, daß J von x unmittelbar nicht abhängig ist, so erhalten wir leicht

$$K = \int_0^J J \frac{dL}{dx} \cdot dJ = \frac{1}{2} J^2 \frac{dL}{dx}.$$

Dies ist aber wieder unsere Gl. (6a), die wir für konstanten Strom abgeleitet hatten. Wir sehen also, daß diese Beziehung durchaus nicht auf konstanten Strom beschränkt ist, daß also während der Bewegung der Strom sich beliebig ändern darf. Dann müssen wir aber diese Formel beispielsweise auch auf den Fall der konstanten Klemmenspannung anwenden können. Für diesen Fall ist die Selbstinduktivität nach Gl. I (24) gegeben durch

$$L = \frac{\Psi}{J} = \frac{r}{\omega} \cdot \operatorname{tg} \varphi \, . \tag{12}$$

Da r und ω konstant sind, so wird

$$\frac{\mathrm{d}L}{\mathrm{d}x} = \frac{r}{\omega} \frac{1}{\cos^2\varphi} \cdot \frac{\mathrm{d}\varphi}{\mathrm{d}x} = \frac{U^2}{J^2 r \omega} \cdot \frac{\mathrm{d}\varphi}{\mathrm{d}x} \, ,$$

und setzen wir dies oben ein, so erhalten wir

$$K = \frac{1}{2} J^2 \frac{\mathrm{d}L}{\mathrm{d}x} = \frac{U^2}{2 r \omega} \cdot \frac{\mathrm{d}\varphi}{\mathrm{d}x} \, .$$

Diesen selben Ausdruck hatten wir in Gl. (6c) gefunden, und unsere Formel (11) steht mit den früheren Ergebnissen durchaus im Einklang.

3. Die Faradayschen Spannungen.

Wir haben gesehen, daß von dem magnetischen Felde Kräfte ausgeübt werden, die eine mechanische Arbeit leisten. Hierbei haben wir aber ganz außer acht gelassen, wie diese Kräfte wirklich zustande kommen, sondern nur ihre Größe aus dem Gesamtfelde des Magnetsystems und seiner Änderung hergeleitet. Es ist aber sehr nützlich einmal festzustellen, wo diese Kräfte auftreten und wie sie sich bestimmen lassen. Zu diesem Zwecke wollen wir die Vorgänge an der Eisenoberfläche untersuchen.

Faraday hat sich die Kraftwirkung des magnetischen Feldes so vorgestellt, daß er Längsspannungen und Querspannungen annahm. Die ersteren wirken als Zugspannungen in der Richtung des Kraftflusses und die letzteren als Druckspannungen senkrecht zum Kraftfluß. Die mathematische Begründung dieser Anschauung ist von Maxwell und Hertz gegeben worden. Doch hatten diese Forscher für ihre Entwicklungen konstante Permeabilität vorausgesetzt. Zum erstenmal sind dann die Faradayschen Vorstellungen von Emil Cohn weiter ausgebaut und auf Stoffe angewendet worden, deren Permeabilität nicht konstant ist, sondern sich von Punkt zu Punkt ändert. Gerade diese Stoffe aber und vor allem das Eisen sind für die Technik von großer Wichtigkeit, und so wollen wir diesen allgemeineren Fall hier betrachten.

Nach Cohn (Q. 9) haben diese Spannungen bei veränderlichem μ, also bei gekrümmter Magnetisierungskurve den folgenden Betrag

$$\text{Längsspannung} \quad \sigma_z = \frac{1}{4\pi} \int_0^B H \cdot dB\,, \tag{13}$$

$$\text{Querspannung} \quad \sigma_d = \frac{1}{4\pi} \int_0^H B \cdot dH\,. \tag{14}$$

Um nun die Zugkraft auf ein Körperteilchen zu erhalten, müssen wir alle Spannungen, die darauf wirken, unter Berücksichtigung ihrer Größe und Richtung summieren. Da es uns auf die Kraft an der Eisenoberfläche ankommt, so wollen wir das zu untersuchende Körperteilchen so legen, daß es gerade auf der Grenze zwischen Luft und Eisen ist. In Abb. 13 ist ein Schnitt senkrecht zur Grenzfläche zwischen Eisen und Luft dargestellt und eine Kraftröhre mit ihren Grenzlinien eingezeichnet, welche die Grenzfläche in den Punkten O und O' treffen. Die Durchtrittsfläche soll die Breite s (Strecke OO') und die Länge l senkrecht zur Papierebene haben. Durch die Punkte O und O' sollen Schnitte durch die Kraftröhre gelegt werden,

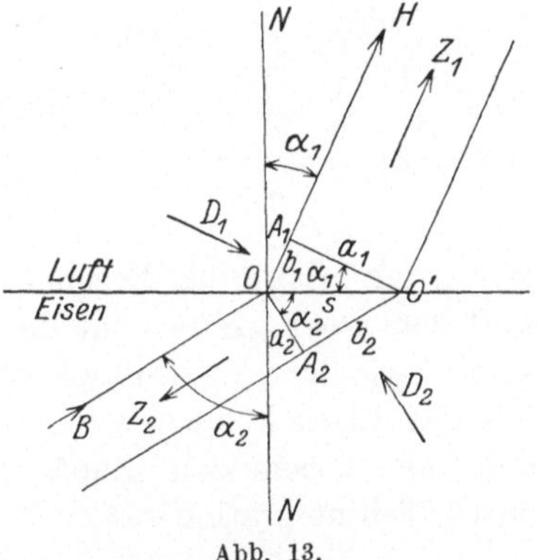

Abb. 13.

welche ihre Grenzflächen senkrecht treffen und auf diese Weise ein Prisma herausschneiden mit der Grundfläche $OA_1O'A_2$ und der Länge l senkrecht zur Bildfläche. Auf die zur Papierebene parallelen beiden Grundflächen des Prismas wirken Druckkräfte, die gleich groß und entgegengesetzt gerichtet sind. Sie heben sich also gegenseitig auf und kommen daher für die Berechnung der Zugkraft nicht in Betracht. Die übrigen Kräfte wirken parallel zur Bildebene und sind in Abb. 13 mit Angabe ihrer Richtung eingezeichnet. Diese Kräfte haben nun die folgenden Werte

$$Z_1 = \sigma_{z_1} a_1 l = \sigma_{z_1} s\,l \cos\alpha_1; \qquad D_1 = \sigma_{d_1} b_1 l = \sigma_{d_1} s\,l \sin\alpha_1\,,$$

$$Z_2 = \sigma_{z_2} a_2 l = \sigma_{z_2} s\,l \cos\alpha_2; \qquad D_2 = \sigma_{d_2} b_2 l = \sigma_{d_2} s\,l \sin\alpha_2\,.$$

Die resultierende Kraft auf die Eisenoberfläche werde mit $K = \sigma s l$ bezeichnet, ihre Komponente in tangentialer und normaler Richtung zur Eisenfläche mit dem Index t bzw. n versehen. Zunächst wollen wir die Tangential- und Normalspannung in der Luft bestimmen und diese

mit dem Index 1 kennzeichnen. Hier ist $B = H$ und daher wird nach
Gl. (13) und (14)

$$\sigma_{z_1} = \sigma_{d_1} = \frac{H^2}{8\,\pi}. \tag{15}$$

Die Längsspannung ist gleich der Querspannung, und zwar gilt dies
nicht nur für Luft, sondern allgemein für konstantes μ; nur ist bei $\mu \neq 1$
in Gl. (13) und (14) $B = \mu H$ zu setzen, sodaß Gl. (15) auf der rechten
Seite den Faktor μ erhält. Nun wird

$$K_{t_1} = Z_1 \sin \alpha_1 + D_1 \cos \alpha_1,$$

also

$$\sigma_{t_1} = \sigma_{z_1} \cos \alpha_1 \sin \alpha_1 + \sigma_{d_1} \cos \alpha_1 \sin \alpha_1, \tag{16a}$$

und schließlich

$$\sigma_{t_1} = \frac{H^2}{8\,\pi} \cdot 2 \sin \alpha_1 \cos \alpha_1 = \frac{H^2}{8\,\pi} \sin 2\,\alpha_1. \tag{17a}$$

Ferner wird

$$K_{n_1} = Z_1 \cos \alpha_1 - D_1 \sin \alpha_1,$$

also

$$\sigma_{n_1} = \sigma_{z_1} \cos^2 \alpha_1 - \sigma_{d_1} \sin^2 \alpha_1, \tag{16b}$$

und somit

$$\sigma_{n_1} = \frac{H^2}{8\,\pi} [\cos^2 \alpha_1 - \sin^2 \alpha_1] = \frac{H^2}{8\,\pi} \cos 2\,\alpha_1. \tag{17b}$$

Wir erhalten also das Ergebnis, daß die resultierende Spannung in der
Luft den Betrag $H^2/8\pi$ hat und ihre Richtung einen doppelt so großen
Winkel wie der Kraftfluß mit der Normalen zur Trennfläche einschließt.
Für das Eisen können wir die Gl. (16) ebenfalls verwenden, wenn wir
den Index 2 benutzen. Zunächst ergibt sich noch allgemein aus Gl. (14)
durch Teilintegration

$$\sigma_d = \frac{1}{4\,\pi} BH - \frac{1}{4\,\pi} \int\limits_0^B H \cdot \mathrm{d}B$$

oder

$$\sigma_z + \sigma_d = \frac{1}{4\,\pi} BH. \tag{18}$$

Wir können nun nach Gl. (16a) sofort hinschreiben

$$\sigma_{t_2} = \frac{1}{4\,\pi} BH_2 \sin \alpha_2 \cos \alpha_2. \tag{19}$$

Unter Verwendung von Gl. I (7a) und (8) und Beachtung, daß $B_1 = H_1$
$= H$ und $B_2 = B$ ist, erhalten wir hieraus

$$\sigma_{t_2} = \frac{1}{4\,\pi} H^2 \sin \alpha_1 \cos \alpha_1.$$

Dies ist aber der gleiche Betrag, den wir in Gl. (17a) gefunden hatten,
und da die beiden Tangentialspannungen σ_{t_1} und σ_{t_2}, wie aus Abb. 13
hervorgeht, entgegengesetzt gerichtet sind, so wird die resultierende
Tangentialspannung

$$\sigma_t = \sigma_{t_1} - \sigma_{t_2} = 0. \tag{20}$$

Wir ersehen somit aus dieser Entwicklung, daß die auf die Eisenoberfläche wirkende resultierende Kraft keine Tangentialkomponente besitzt, also stets senkrecht zur Oberfläche gerichtet ist, unabhängig von der Richtung, in welcher der Kraftfluß heraustritt. Es sei hier darauf aufmerksam gemacht, daß wir bei allen unseren Ableitungen remanenten Magnetismus nicht berücksichtigt haben. Für die Kraftwirkung kommt also nur die Normalkomponente in Betracht und diese wollen wir jetzt berechnen. Nach Gl. (16 b) haben wir mit dem Index 2 und mit Gl. (18), worin wir

$$H_2 = \frac{B}{\mu} \quad \text{setzen,}$$

$$\sigma_{n_2} = \frac{1}{4\,\pi}\cos^2\alpha_2 \int_0^B H_2\,\mathrm{d}B_2 - \frac{1}{4\,\pi}\sin^2\alpha_2 \left[\frac{B^2}{\mu} - \int_0^B H_2\,\mathrm{d}B_2\right]. \qquad (21)$$

Diese Normalspannung ist von der Grenzfläche in das Eisen hinein gerichtet, während die in Gl. (17 b) gefundene nach außen wirkt. Wir erhalten daher als wirksame, d. h. also als meßbare Spannung

$$\sigma_n = \sigma_{n_1} - \sigma_{n_2},$$

und da eine Tangentialkomponente nicht auftritt, so können wir den Index fortlassen und erhalten aus Gl. (17 b) und (21)

$$\sigma = \frac{H^2}{8\,\pi}\cos^2\alpha_1 \left[1 - \frac{2\cos^2\alpha_2}{H^2\cos^2\alpha_1}\int_0^B H_2\,\mathrm{d}B_2\right]$$

$$+ \frac{H^2}{8\,\pi}\sin^2\alpha_1 \left[\frac{2\,B^2}{\mu\,H^2}\frac{\sin^2\alpha_2}{\sin^2\alpha_1} - 1 - \frac{2\sin^2\alpha_2}{H^2\sin^2\alpha_1}\int_0^B H_2\,\mathrm{d}B_2\right].$$

Jetzt wenden wir wieder die Gl. I (7 a) und (8) an und erhalten, indem wir außerhalb der Integrale $B_1 = H_1 = H$ und $B_2 = \mu H_2 = B$ setzen,

$$\sigma = \frac{H^2}{8\,\pi}\cos^2\alpha_1\left[1 - \frac{2}{B^2}\int_0^B H_2\,\mathrm{d}B_2\right] + \frac{H^2}{8\,\pi}\sin^2\alpha_1\left[2\,\mu - 1 - 2\frac{\mu^2}{B^2}\int_0^B H_2\,\mathrm{d}B_2\right]. \qquad (22)$$

Es ist zu beachten, daß die Werte μ und B vor den Integralen und in der Grenze sich auf den Arbeitspunkt der Kurve beziehen, während die Werte B_2 und H_2 unter den Integralen einen Punkt der Kurve unterhalb des Arbeitspunktes darstellen. Um die Integrale auszuwerten, kann man etwa für eine vorliegende Kurve die durch die Integrale dargestellte Fläche, die von der Kurve, der Ordinatenachse und einer parallel zur Abszissenachse durch den Arbeitspunkt gelegten Geraden begrenzt wird, leicht graphisch berechnen. Wir wollen hier jedoch analytisch vorgehen und die Magnetisierungskurve durch Näherungsfunktionen darstellen.

Zunächst sei die Kurve als geradlinig vorausgesetzt. Dann ist μ konstant und da $H_2 = \dfrac{B_2}{\mu}$ ist, so beträgt der Wert des Integrals $\dfrac{B^2}{2\mu}$. Damit erhält man

$$\sigma = \frac{H^2}{8\pi}\left[\frac{\mu-1}{\mu}\cos^2\alpha_1 + (\mu-1)\sin^2\alpha_1\right]. \tag{23}$$

Die Magnetisierungskurve ist nun aber im allgemeinen keine Gerade, sondern stark gekrümmt. Wir wollen sie daher durch eine Parabel höherer Ordnung darstellen, die folgende Bedingungen erfüllt: 1. ihre Anfangstangente soll mit derjenigen der gegebenen Kurve zusammenfallen (Permeabilität μ_0); 2. sie soll durch den Arbeitspunkt gehen (Permeabilität μ). Wir setzen daher die Gleichung an

$$H_2 = \frac{B_2}{\mu_0} + \left(\frac{1}{\mu}-\frac{1}{\mu_0}\right) B \cdot \left(\frac{B_2}{B}\right)^n. \tag{24}$$

Setzt man diese Funktion in das Integral ein, so wird

$$\int\limits_0^B H_2\, dB_2 = \int\limits_0^B \left[\frac{B_2}{\mu_0} + \left(\frac{1}{\mu}-\frac{1}{\mu_0}\right) B \cdot \left(\frac{B_2}{B}\right)^n\right] dB_2 = B^2\left[\frac{1}{2\mu_0}\frac{n-1}{n+1} + \frac{1}{\mu}\frac{1}{n+1}\right].$$

Da wir die Näherungskurve durch den Arbeitspunkt gelegt haben, so ist das μ in der letzten Gleichung mit dem in Gl. (22) außerhalb des Integrals stehenden μ identisch. Wir erhalten daher nach leichter Umformung

$$\sigma = \frac{H^2}{8\pi}\left[k_1 \cos^2\alpha_1 + k_2 \sin^2\alpha_1\right], \tag{25}$$

worin die Koeffizienten die Bedeutung haben

$$k_1 = 1 - \frac{1}{\mu}\frac{(n-1)\,\mu + 2\mu_0}{(n+1)\,\mu_0}; \quad k_2 = \mu - 1 + \frac{n-1}{n+1}\mu\left(1-\frac{\mu}{\mu_0}\right). \tag{25a}$$

Den Fall der geraden Kennlinie kann man ebenfalls hieraus ableiten, indem man in Gl. (24) und (25) $\mu_0 = \mu$ oder $n = 1$ setzt.

4. Diskussion der Formel für die Kraft.

Mit der Ableitung der Formel (25) ist uns nicht geholfen, wenn wir nicht versuchen, sie auch richtig zu verstehen und den Einfluß der darin auftretenden Größen zu beurteilen. Hierzu müssen wir erst noch die Näherungskurve genauer festlegen. Als zweckmäßigen Wert des Exponenten können wir $n = 5$ setzen, wodurch wir in den meisten Fällen eine praktisch genügende Annäherung an die wirkliche Kurve erhalten. Hierfür wird

$$k_1 = 1 - \frac{1}{\mu} \cdot \frac{2\mu + \mu_0}{3\mu_0}; \quad k_2 = \mu - 1 + \frac{2}{3}\mu\left(1-\frac{\mu}{\mu_0}\right). \tag{25b}$$

Zunächst wollen wir feststellen, welchen Einfluß die Krümmung der Kennlinie hat. Es möge die Induktion im Eisen in der Nähe von

$B = 15\,000$ Gauß liegen; dann können wir etwa $\mu = 500$ wählen. Das ungesättigte Eisen hat eine Permeabilität von etwa $\mu_0 = 2000$. Damit erhalten wir aus Gl. (25b) die Werte

$$k_1 = 1 - \frac{1}{1000}; \qquad k_2 = 750 - 1 .$$

Wenn wir mit derselben Induktion aber gerader Kennlinie rechnen, so müssen wir $\mu_0 = \mu = 500$ setzen und erhalten

$$k_1 = 1 - \frac{1}{500}; \qquad k_2 = 500 - 1 .$$

Wir erkennen hieraus folgendes: Der Faktor k_1 weicht niemals viel von der Einheit ab, selbst für hohe Induktionen, soweit sie praktisch von Bedeutung sind. Der zweite Faktor k_2 ist bei gerader Kennlinie rund gleich μ, vergrößert sich aber durch die Krümmung nicht unbeträchtlich. Im Zahlenbeispiel ist er rund $\frac{3}{2}\mu$ und wie man aus Gl. (25b) leicht erkennt, wird

$$\mu < (k_2 + 1) < \tfrac{5}{3}\mu .$$

Dies wollen wir im Auge behalten und jetzt sehen, welchen Einfluß der Austrittswinkel des Kraftflusses hat. Ist $\alpha_1 = 0$, so wird, da ja $k_1 \approx 1$ ist

$$\sigma = \frac{H^2}{8\,\pi} \tag{26}$$

Da hierin H die Feldstärke in der Luft und diese gleich der Induktion ist, welche wegen des vorausgesetzten senkrechten Flußdurchtritts in Luft und Eisen den gleichen Wert hat, so kann man hier auch B setzen. Wir wissen, daß σ die auf die Flächeneinheit wirkende Kraft bezeichnet. Um die Gesamtkraft auf eine gegebene Fläche q zu erhalten, müssen wir σ mit dem Inhalt dieser Fläche multiplizieren. Damit erhalten wir die Beziehung

$$K = \frac{B^2 q}{8\,\pi} , \tag{26a}$$

die in der Praxis als Maxwellsche Formel bekannt ist. Sie gilt aber, wie wir sehen, nur unter bestimmten Voraussetzungen, nämlich wenn der Kraftfluß auf der ganzen Fläche senkrecht aus dem Eisen tritt. Die eckige Klammer in Gl. (25) können wir als Korrektionsfaktor für den Wert der Gl. (26) ansehen. Wenn wir nun näherungsweise $k_1 = 1$ und $k_2 = c \cdot \mu$ setzen, worin c eine Zahl >1 ist, so erhalten wir als Korrektionsfaktor den Ausdruck

$$f = \cos^2 \alpha_1 + c\,\mu \sin^2 \alpha_1 . \tag{27}$$

Nehmen wir jetzt etwa $\alpha_1 = 1°$ an, so wird bei ungesättigtem Eisen ($\mu = 2000$) und $c = 1$ der Faktor $f = 1{,}61$. Da $\operatorname{tg}\alpha_1 = 0{,}0175$ ist, so wird nach dem Brechungsgesetz Gl. (39)

$$\operatorname{tg}\alpha_2 = 2000 \cdot 0{,}0175 = 35, \quad \text{also} \quad \alpha_2 \approx 88{,}5° .$$

Wir erkennen, daß der Faktor f beträchtlich größer als eins ist, aber der Kraftfluß verläuft im Eisen schon fast parallel der Oberfläche. Für gesättigtes Eisen setzen wir $\mu = 500$ und $c = 1,5$; dann wird für $\alpha_1 = 1°$ der Faktor $f = 1,23$. Ferner wird $\operatorname{tg}\alpha_2 = 500 \cdot 0,0175 = 8,75$, also $\alpha_2 = 83,5°$. Auch hier verläuft also der Kraftfluß noch nahezu parallel der Oberfläche.

Nehmen wir nun an, daß $\alpha_1 = 2°$ wird, so erhält man $f = 3,43$ für ungesättigtes Eisen und $f = 1,91$ für den vorhin gewählten Wert $\mu = 500$. Wählen wir dagegen die Induktion $B = 16600$ Gauß, so wird $\mu \approx 200$. Hierfür wird $c = 1,6$ und bei $\alpha_1 = 2°$ ist der Faktor $f = 1,39$. Ferner wird aber auch $\operatorname{tg}\alpha_2 = 200 \cdot 0,0349 = 6,98$, also $\alpha_2 = 81,8°$; der Winkel ist etwas kleiner geworden. Jedenfalls geht aus diesen Beispielen hervor, daß der Faktor f sehr verschiedene Werte haben kann, die unter Umständen recht beträchtlich von der Einheit abweichen.

Solange also der Magnet derart geformt ist, daß die Kraftflußrichtung im Eisen nicht allzu stark von der Normalen abweicht, wird man nach der einfachen Formel (26) rechnen können. Ist die Abweichung jedoch stark, sodaß der Fluß fast parallel zur Oberfläche verläuft, so können die auftretenden Kräfte ein Vielfaches des nach Gl. (26) berechneten Wertes werden. Da nun der Kraftflußverlauf im Eisen sich für eine praktisch gegebene Form des Magneten schon wegen der veränderlichen Permeabilität kaum angenähert, weder durch Versuch noch durch Rechnung, bestimmen läßt und da für $\alpha_2 \approx 90°$ schon sehr geringe Unterschiede in der Richtung außerordentlich großen Einfluß auf die Zugkraft haben, so ist für solche Fälle die Gl. (25) nicht verwendbar. Den Hauptwert der Formel wollen wir aber auch nicht darin sehen, daß wir nach ihr die Zugkräfte berechnen, sondern in der Erkenntnis, welche sie uns über das Zustandekommen der Zugkraft und deren Richtung gibt und welche Einflüsse auf die Zugkraft von Bedeutung und zu berücksichtigen sind.

5. Die Bewegungsgleichung des Gleichstrommagneten.

Bei der Untersuchung der Energieumformung in Abschn. I 5 haben wir schon überlegt, daß im elektrischen Kreise eines Gleichstrommagneten vor und nach der Bewegung nichts geändert ist. Wir haben dann jedoch gesehen, daß während der Bewegung eine gewisse Energiemenge aus dem Netze entnommen wird, die sich zum Teil in mechanische Arbeit umsetzt, zum andern Teil sich als magnetische Energie aufspeichert. Hierbei wurde von jeder Rückwirkung dieser Bewegungsvorgänge auf den Stromkreis abgesehen. Dies ist richtig, wenn es sich um Stromrelais handelt, da hierbei die Spannung an der Spule nur ein sehr geringer Teil der Gesamtspannung ist, somit von einem Einfluß des Magneten auf den Strom praktisch nicht gesprochen werden kann. Anders ist es, wenn die Spule an die Betriebsspannung angeschlossen ist. Um die Anwendung der gefundenen Regeln auf diesen Fall zu rechtfertigen, muß man unendlich langsame Bewegung voraussetzen. In Wirklichkeit wird jedoch der Anker eine gewisse Geschwindigkeit annehmen, die bei fehlender Gegenkraft ziemlich hoch anwachsen kann. Wer jemals einen Stromzeiger im Stromkreise eines solchen Magneten beobachtet hat, dessen Anker plötzlich sich selbst überlassen wird, wird bemerkt haben, daß der Zeiger des Meßinstruments eine kleine Bewegung ausführt, indem er kurzzeitig von seinem Dauerausschlag zurückgeht. Dies rührt daher, daß das durch die Ankerbewegung bewirkte Anwachsen des Flusses eine EMK erzeugt, die der Klemmenspannung entgegenwirkt, also den Strom verkleinert.

Wir wollen jetzt versuchen, diese Vorgänge durch die Rechnung zu verfolgen, um dann später zahlenmäßig den Einfluß der einzelnen Größen zu erfassen. Zunächst steht uns die Gl. I (10) für die Umlaufspannung zur Verfügung

$$U = Jr + \frac{\mathrm{d}\,\Psi}{\mathrm{d}t}.$$

Bei Voraussetzung einer geraden Kennlinie können wir

$$\Psi = L \cdot J,$$

setzen, so daß wir

$$\frac{\mathrm{d}\,\Psi}{\mathrm{d}t} = L\,\frac{\mathrm{d}J}{\mathrm{d}t} + J\,\frac{\mathrm{d}L}{\mathrm{d}x} \cdot \frac{\mathrm{d}x}{\mathrm{d}t},$$

erhalten. Da hierin $\mathrm{d}x/\mathrm{d}t = v$ die Geschwindigkeit des Ankers ist, so wird

$$U = Jr + L\,\frac{\mathrm{d}J}{\mathrm{d}t} + Jv\,\frac{\mathrm{d}L}{\mathrm{d}x}. \tag{28}$$

Hierzu kommt die Bewegungsgleichung des Ankers

$$m\,\frac{\mathrm{d}v}{\mathrm{d}t} = K = \frac{1}{2}J^2\,\frac{\mathrm{d}L}{\mathrm{d}x}, \tag{29}$$

worin m die Masse des Ankers ist. Durch diese beiden Gleichungen ist die Bewegung und der Strom vollständig festgelegt, wobei von einer Gegenkraft abgesehen ist. Die Gleichungen sind jedoch beide quadratisch und bereiten der Lösung gewisse Schwierigkeiten. Um diese zu vermeiden, wollen wir einige Vereinfachungen vornehmen. Als erste Vereinfachung wollen wir annehmen, daß L eine lineare Funktion von x, also die Zugkraft konstant ist. Es werde gesetzt

$$L = L_0 \cdot \sigma; \quad \frac{\mathrm{d}L}{\mathrm{d}x} = L_0\,\frac{\mathrm{d}\sigma}{\mathrm{d}x} = L_0\alpha.$$

Hierin ist also α ein konstanter Wert. Welche Bedeutung die beiden Faktoren L_0 und σ haben, ist an sich freigestellt und soll später bei der Anwendung festgelegt werden, nur ist σ als dimensionslose Zahl angenommen. Ferner wollen wir uns auf sehr kleine Änderungen der abhängigen Veränderlichen beschränken, d. h. v soll klein sein und J nur sehr wenig von dem vorher vorhandenen Wert abweichen. Es werde $J = J_0 + i$ gesetzt, wobei $J_0 = U/r$ ist. Hiermit erhalten wir aus Gl. (28) und (29)

$$0 = ir + L_0\sigma\frac{\mathrm{d}i}{\mathrm{d}t} + J_0vL_0\alpha + ivL_0\alpha\,,$$

$$m\frac{\mathrm{d}v}{\mathrm{d}t} = \frac{1}{2}L_0\alpha\,[J_0^2 + 2J_0 i + i^2]\,.$$

Da wir hier nur kleine Werte von i und v zulassen wollen, so können wir in erster Näherung die Glieder mit i^2 bzw. iv als Summanden neben den anderen vernachlässigen und erhalten damit

$$0 = ir + L_0\sigma\frac{\mathrm{d}i}{\mathrm{d}t} + J_0L_0\alpha\,v\,, \tag{30}$$

$$m\frac{\mathrm{d}v}{\mathrm{d}t} = \frac{1}{2}J_0^2L_0\alpha + J_0 iL_0\alpha\,. \tag{31}$$

Wenn wir jetzt noch σ für den Bereich, in welchem die Gleichungen gelten sollen, als konstant ansehen, so haben wir lineare Differentialgleichungen mit konstanten Koeffizienten gewonnen, die sich ohne weiteres lösen lassen. Zur Vereinfachung der Rechnung führen wir die folgenden Abkürzungen ein

$$\frac{r}{L_0\sigma} = 2\eta;\qquad \frac{J_0^2 L_0\alpha^2}{m\sigma} = \varkappa^2;\qquad \varkappa^2 = \gamma^2 + \eta^2\,. \tag{32}$$

Damit folgt nach kurzer Umformung

$$\frac{\mathrm{d}i}{\mathrm{d}t} + 2\eta i + \frac{\alpha}{\sigma}J_0 v = 0\,, \tag{30a}$$

$$\frac{\mathrm{d}v}{\mathrm{d}t} = \frac{\sigma}{2\alpha}\varkappa^2\left[1 + 2\frac{i}{J_0}\right]\,. \tag{31a}$$

Die Lösung solcher Differentialgleichungen ist bekannt, sodaß wir uns dabei kurzfassen können. Durch Differentiation der Gl. (30a) nach t und Einsetzung des Betrages von $\mathrm{d}v/\mathrm{d}t$ aus Gl. (31a) erhalten wir

$$\frac{\mathrm{d}^2 i}{\mathrm{d}t^2} + 2\eta\frac{\mathrm{d}i}{\mathrm{d}t} + \varkappa^2 i = -\varkappa^2\frac{J_0}{2}\,. \tag{33}$$

Genau dieselbe Gleichung erhalten wir auch für v, nur daß das konstante Glied auf der rechten Seite dann $\varkappa^2 \cdot \eta\,\sigma/\alpha$ statt $-\varkappa^2 J_0/2$ lautet. Gl. (33) stellt eine gedämpfte Schwingung dar mit einer Konstanten als Störungsfunktion. Aus der Theorie der Schwingungen ist bekannt, daß die Größe $\varkappa$ die Kreisfrequenz der ungedämpften Eigenschwingung darstellt und daß η die Dämpfungskonstante ist. Die Größe γ gibt die

Kreisfrequenz der wirklich auftretenden Schwingung. Als Lösung können wir setzen

$$i = -\frac{J_0}{2} + e^{-\eta t}[A \sin \gamma t + B \cos \gamma t],$$

worin A und B die Integrationskonstanten sind. Eine ähnliche Gleichung ergibt sich für v mit anderen Konstanten. Diese vier Konstanten werden dadurch bestimmt, daß die Werte von i und v den Gl. (30a) und (31a) sowie den Anfangsbedingungen genügen müssen. Als solche führen wir ein

$$t = 0; \quad i = 0; \quad v = 0. \tag{34}$$

Nachdem die Konstanten bestimmt sind, finden sich die folgenden Ausdrücke

$$i = \frac{J_0}{2}\left[e^{-\eta t}\cos\gamma t - 1 + \frac{\eta}{\gamma}e^{-\eta t}\sin\gamma t\right]. \tag{35}$$

$$v = \frac{\eta\,\sigma}{\alpha}\left[1 - e^{-\eta t}\cos\gamma t + \frac{\gamma^2 - \eta^2}{2\,\eta\gamma}e^{-\eta t}\sin\gamma t\right]. \tag{36}$$

Aus der Lösung für i sehen wir, daß diese Größe sich dem Werte $-\frac{J_0}{2}$ zu nähern sucht, d. h. der Strom sucht sich auf den halben Wert zu verkleinern, während die Geschwindigkeit des Ankers dem konstanten Wert $\frac{\eta\,\sigma}{\alpha}$ zustrebt. Für die Beurteilung des Verlaufs dieser Funktionen ist es vor allem wesentlich, welche Zahlenwerte die einzelnen Konstanten besitzen. Dies soll später an einem Zahlenbeispiel näher untersucht werden. Wir müssen jedoch stets im Auge behalten, daß wir die Lösung auf kleine Werte von v und i beschränkt haben und für größere Werte nur eine sehr angenäherte Beschreibung des wirklichen Vorgangs erwarten dürfen.

III. Die Schubmagnete.

1. Allgemeine Anwendung.

In den vorhergehenden Abschnitten haben wir mehrfache Wege kennengelernt, um die in Elektromagneten wirksamen Kräfte zu berechnen. Welchen Weg wir aber auch wählen mögen, stets ist die erste Voraussetzung für die Anwendung der gefundenen Formeln, daß wir genau über das magnetische Feld unterrichtet sind. Entweder wir müssen genau wissen, wie sich die magnetische Energie auf den betrachteten Raum verteilt, oder wir müssen angeben können, welche Dichte und Richtung der Kraftfluß auf der Oberfläche des zu bewegenden Teiles besitzt. Bei beliebig gestalteten Oberflächen und Lufträumen stellen sich jedoch einer derartigen Berechnung fast unüberwindliche Schwierig-

keiten entgegen. Jeder, der einen Magneten vorausberechnen will, wird
daher diesem solche Formen zu geben versuchen, daß sich eine Berechnung des Feldes und der auftretenden Kräfte mit praktisch genügender
Genauigkeit erreichen läßt. Eine solche Genauigkeit erhält man, wenn
man den Luftspalt, d. i. der Luftraum zwischen dem Pol und dem bewegten Teil, dem Anker, entsprechend klein wählt. Geschieht dies nicht,
so breitet sich der Kraftfluß in einem solchen Maße aus, daß eine rechnerische Erfassung des Feldes sich nicht mehr durchführen läßt. Man
spricht dann davon, daß der Magnet ein starkes Streufeld besitzt. Da
wir nun mit Rücksicht auf die Vorausberechnung und überhaupt auf
die rechnerische Beherrschung der Kräfte auf kleine Luftspalte an-
gewiesen sind, so ist eine weitere Folge, daß die Bewegung des Ankers
parallel zur Polfläche erfolgen, daß also der Anker am Pol vorbeigeschoben werden muß. Andernfalls wäre der verfügbare Weg nur
ein sehr beschränkter. Diese Bedingungen führen zwanglos auf die
Ausbildung der Drehmagnete, bei denen sich der Anker innerhalb kon-
zentrischer Polflächen dreht. Man kann jedoch auch die gleichen Grundsätze auf Zugmagnete oder, genauer ausgedrückt, auf geradlinig bewegte
Magnete anwenden, indem man den Anker an entsprechend ausgebilde-
ten Polen vorbeiführt. In der Praxis
scheint die letztere Ausführung noch
keinen Eingang gefunden zu haben.
Der Grund dürfte in der schwierigeren
konstruktiven Durchbildung zu suchen
sein, da die Geradeführung des Ankers
bei den erforderlichen kleinen Luftspalten bei möglichst kleiner Reibung
nicht einfach ist. Derartige Magnete,
deren Kennzeichen also ist, daß ein irgendwie geformter bewegter
Teil an einem anderen durch die magnetischen Kräfte vorbeigeschoben
wird, ohne ihn zu berühren, wollen wir Schubmagnete nennen.

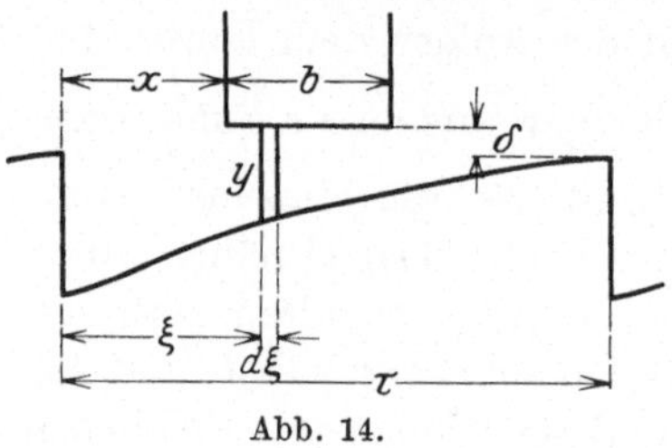
Abb. 14.

Wir wollen bei unseren Untersuchungen zunächst ganz davon absehen,
wie die Bewegung des Ankers erfolgt, den Pol als eben annehmen und den
Luftspalt diesem anpassen. Für Zugmagnete können wir dann die Ergebnisse unmittelbar anwenden, und die Übertragung auf Drehmagnete ist
einfach. Für die Berechnung der Zugkraft wollen wir dabei Gl. II (6a)
anwenden. Wie wir in Abschnitt II 2 gesehen haben, ist diese Formel
nicht auf konstanten Strom beschränkt, für welchen Fall wir sie ursprünglich ableiteten, sondern der Strom kann sich während der Bewegung
beliebig ändern. In Abb. 14 ist der Pol von der Breite b sowie der Anker
gezeichnet, dessen Oberfläche nach einer beliebigen Kurve geformt zein
mag. Diese Kurve sei dadurch bestimmt, daß der Luftspalt die Breite
$y = f(\xi)$ habe, und diese Funktion ergebe sich aus den Bedingungen,

unter welchen der Magnet arbeiten muß. Um nun die auf den Anker wirkende Zugkraft abzuleiten, müssen wir nach den Darlegungen in Abschnitt II 1 zunächst die magnetische Energie berechnen. Hierzu wollen wir erst eine Voraussetzung über den Verlauf des Kraftflusses machen, und zwar die, daß der Fluß aus der Polfläche senkrecht austritt und im Luftspalt geradlinig verläuft. Wir sind uns wohl bewußt, daß dies nicht ganz zutrifft, sondern daß der Fluß ebenfalls senkrecht in die Ankeroberfläche eintritt, also im Luftspalt krummlinigen Bahnen folgt. Ferner wollen wir den Streufluß außer acht lassen, der aus den Seitenflächen des Pols austritt. Zur Berechnung der magnetischen Energie wollen wir Gl. I (15a) benutzen, und zwar wollen wir sie nur auf den Luftspalt anwenden, da dies nach den Entwicklungen in Abschnitt I 6 genügt. Was ist nun unter der Selbstinduktivität L zu verstehen? Nach Gl. (17), (14), (2) und (1) in Abschnitt I erhalten wir

$$L = \frac{n\,\Phi}{J} = \frac{M}{J}\,n\lambda = \frac{\vartheta}{J}\,4\pi n\lambda = 4\pi n^2\lambda.$$

Wenn wir hierin den magnetischen Leitwert λ in Zentimetern einsetzen, so erhalten wir L in cgs-Einheiten, und um Henry zu erhalten, müssen wir noch den Faktor 10^{-9} hinzufügen. Damit wird also

$$L = 4\pi n^2\lambda \cdot 10^{-9}\ \text{Henry.} \tag{1}$$

Für die magnetische Energie brauchen wir dazu noch den Strom, den wir in Amp. einsetzen, und erhalten dann Wattsekunden oder Joule. Da ferner 1 mkg $= 9{,}81$ Joule ist, so kann man die Energie nach Division durch 9,81 in mkg geben. Um nun λ zu berechnen, schneiden wir uns aus dem Luftraum in Abb. 14 ein kleines Prisma von der Breite $d\xi$, der Länge y und der Abmessung l senkrecht zum Papier heraus, welche letztere Größe die Eisenlänge des Magneten bezeichnen soll. Dann ist der Leitwert dieses Prismas $l\,d\xi/y$; dieser Ausdruck muß über die ganze Polbreite integriert werden, so daß wir schließlich erhalten

$$L = 4\pi n^2 10^{-9} \int\limits_{x}^{x+b} \frac{l\,d\xi}{y}. \tag{2}$$

Würde der Luftspalt durchweg seinen kleinsten Wert besitzen, so wäre die Selbstinduktivität

$$L_0 = 4\pi n^2 10^{-9}\frac{lb}{\delta}, \tag{3}$$

und mit Einführung dieser Größe ergibt sich

$$L = L_0 \cdot \frac{\delta}{b} \int\limits_{x}^{x+b} \frac{d\xi}{y} = L_0 \cdot \sigma. \tag{2a}$$

Hiermit haben wir die Grundformel zur Berechnung der Selbstinduktivität und damit der magnetischen Energie gewonnen.

Nun können wir die Zugkraft nach Gl. II (6a) berechnen. Die Differentiation hatten wir dort nach x durchgeführt; das war die Koordinate, nach welcher sich die Stellung des Ankers ändert. Diese Oröße haben wir auch jetzt wieder x genannt, sie steht in den Grenzen des Integrals von Gl. (2). Wir erhalten daher die Zugkraft

$$K = \frac{1}{2} J^2 \frac{\mathrm{d}L}{\mathrm{d}x} = \frac{1}{2} J^2 L_0 \cdot \frac{\mathrm{d}\sigma}{\mathrm{d}x}. \tag{4}$$

Setzt man den Wert von σ aus Gl. (2a) ein, so wird

$$\frac{\mathrm{d}\sigma}{\mathrm{d}x} = \frac{\delta}{b} \cdot \frac{\mathrm{d}}{\mathrm{d}x} \int\limits_{x}^{x+b} \frac{\mathrm{d}\xi}{y} = \frac{\delta}{b} \left[\frac{1}{y(x+b)} - \frac{1}{y(x)} \right],$$

so daß man erhält

$$K = \frac{1}{2} J^2 L_0 \cdot \frac{\delta}{b} \left[\frac{1}{y(x+b)} - \frac{1}{y(x)} \right]. \tag{4a}$$

Dies Ergebnis zeigt, daß die Zugkraft proportional der Differenz der reziproken Luftspalte unter den beiden Polspitzen ist. Die magnetische Energie hatten wir in Joule erhalten, indem wir die Induktivität in Henry und den Strom in Ampere einsetzten. Da die Kraft sich aus der Energie durch Division mit einer Länge ergibt und da wir Längen in Zentimetern messen, so erhalten wir die Kraft in Gl. (4) in Joule/cm. Dies können wir, wie erwähnt, auch in mkg/cm umrechnen, indem wir das Ergebnis durch 9,81 dividieren; nun ist 1 mkg/cm = 100 cmkg/cm = 100 kg. Wir erhalten somit, um es zusammenzufassen, in Gl. (4) die Kraft in kg, wenn wir alle Längen in Zentimetern, den Strom in Amp. und die Selbstinduktivität in Henry einsetzen und das Ergebnis mit $\frac{100}{9,81} = 10{,}2$ multiplizieren.

2. Ableitung der Zugkraft aus den Faradayschen Spannungen.

In Abschnitt II 4 haben wir gesehen, daß bei senkrechtem Austritt des Kraftflusses aus der Eisenoberfläche, und dies wollen wir hier voraussetzen, die Zugkraft auf eine Fläche von der Länge l und der Breite $\mathrm{d}s$ den Wert

$$\mathrm{d}Z = \frac{1}{8\pi} H^2 l \, \mathrm{d}s$$

besitzt, wenn H die Feldstärke an dieser Stelle ist, und daß diese Zugkraft senkrecht zur Oberfläche gerichtet ist. Ist nun α der Winkel zwischen der Tangente an der Ankeroberfläche in dem betrachteten Punkt und der Polfläche (siehe Abb. 15), so ist die Komponente der Zugkraft in der Bewegungsrichtung durch

$$\mathrm{d}K = \mathrm{d}Z \sin\alpha$$

gegeben. Für die Bestimmung der Feldstärke H wollen wir annehmen, daß der Kraftfluß senkrecht aus dem Pol austritt und im Luftspalt geradlinig verläuft. Genau trifft dies letztere nicht zu, denn der Kraftfluß wird auch senkrecht zur Ankerfläche verlaufen. Hier kommt es jedoch nur auf die Weglänge an, und diese wird durch die Krümmung nicht merklich vergrößert. Wir erhalten demgemäß

$$H = \frac{M}{y} = 4\pi\frac{\vartheta}{y} = 4\pi n\frac{J}{y}\,.$$

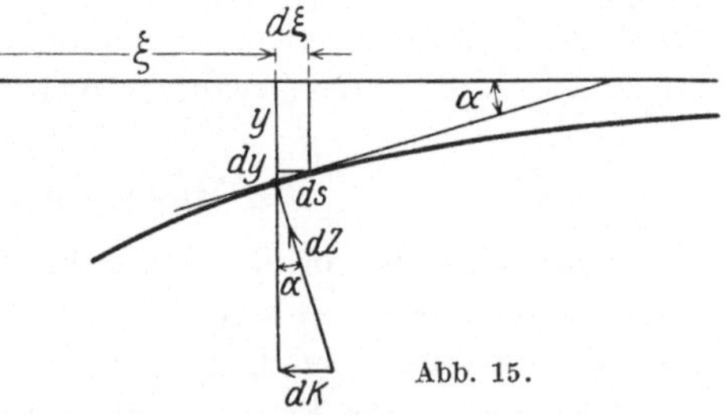

Unter Beachtung der Gl. (3) ergibt sich daher

$$dK = \frac{1}{2}J^2 L_0 \cdot \frac{\delta}{b}\frac{ds}{y^2} \cdot \sin\alpha\,.$$

Das Bogenelement ds bildet, wie aus der analytischen Geometrie bekannt, die Hypotenuse eines rechtwinkligen Dreiecks, dessen Katheten $d\xi$ und dy sind und in welchem α der Winkel zwischen $d\xi$ und ds ist. Daraus folgt ohne weiteres

$$ds \cdot \sin\alpha = -dy\,.$$

Das Minuszeichen kommt hier hinein, da y mit Zunahme von ξ abnimmt.

Damit erhalten wir die Zugkraft auf den Anker

$$K = -\frac{1}{2}J^2 L_0 \cdot \int_{y_1}^{y_2}\frac{\delta}{b}\cdot\frac{dy}{y^2} = \frac{1}{2}J^2 L_0\frac{\delta}{b}\left[\frac{1}{y_2} - \frac{1}{y_1}\right]\,.$$

Diese Gleichung ist aber vollkommen identisch mit unserer früher gefundenen Gl. (4a), die wir aus der magnetischen Energie abgeleitet hatten.

Hierbei taucht die Frage auf, an welcher Stelle greift die so berechnete Zugkraft denn eigentlich an? Handelt es sich um gerade Bewegung, so ist die Frage bedeutungslos. Die meisten derartigen Magnete werden aber als Drehmagnete ausgeführt, und hier spricht unter Umständen die Lage des erwähnten Angriffspunktes doch mit. Nennen wir den Bohrungsradius r_0, so wirkt die Kraft dK an einem Hebel $(r_0 - y)$, und wir erhalten als Differential des Drehmomentes an dem betrachteten Punkte den Wert

$$dD = (r_0 - y)\,dK = -\frac{1}{2}J^2 L_0\frac{\delta}{b}\frac{dy}{y^2}(r_0 - y)\,.$$

Die Integration dieses Ausdruckes zwischen den Grenzen y_1 und y_2 liefert

$$D = \frac{1}{2}J^2 L_0\frac{\delta}{b}\cdot\left[\frac{r_0}{y_2} - \frac{r_0}{y_1} - \ln\frac{y_1}{y_2}\right]\,. \tag{4b}$$

Wir erhalten also die Regel: Bei Drehmagneten darf zur Berechnung des Drehmoments die Differenz der reziproken Luftspaltbreiten nicht einfach mit dem Bohrungsradius multipliziert werden, sondern es muß dieser Betrag um den Logarithmus des Luftspaltverhältnisses unter den Polspitzen vermindert werden. Wir wollen dies jedoch nur als eine Korrektion gegenüber der einfacheren Rechnung betrachten, daß der Bohrungsradius als Hebelarm verwendet wird, und ob diese Korrektion anzubringen ist, muß bei der jeweiligen Aufgabe besonders untersucht werden.

3. Besondere Fälle.

Um nun die Formel für die Zugkraft anwenden zu können, muß die Luftspaltkurve bekannt sein, d. h. es muß y als Funktion des Ortes gegeben sein. Diese Kurve kann nun beliebigen Verlauf haben, ja man hat es in der Hand, diese Kurve so zu wählen, daß die Zugkraft einen ganz bestimmten, vorher festgelegten Verlauf hat. Für deren Beurteilung brauchen wir nach Gl. (4a) nur die Differenz der reziproken Luftspalte unter den Polspitzen zu bilden, und wenn wir dies für aufeinanderfolgende Ankerstellungen tun, so erhalten wir ein Maß für die Zugkraftkurve, soweit die anderen Größen von Gl. (4a) nicht noch einen Einfluß haben. Die Größe L_0 enthält nur unveränderliche Abmessungen; dagegen wissen wir, daß der Strom sich mit der Stellung des Ankers beliebig ändern darf, ohne daß Gl. (4) ihre Gültigkeit verliert. Hier sind nun praktisch die folgenden Fälle von besonderer Bedeutung: a) Der Strom ist konstant; dieser Fall liegt bei Gleichstrom vor; aber auch bei Wechselstrom trifft dies unter Umständen zu, und zwar dann, wenn die Spannung an der Spule vernachlässigbar klein gegenüber der Spannung ist, welche den ganzen Stromkreis versorgt. Denken wir uns beispielsweise einen Generator, der den Strom für eine Licht- oder Kraftanlage liefert, und legen wir in die Leitungen die mit wenigen Windungen versehene, aber vom gesamten Strom durchflossene Spule unseres Magneten, so liegt hier die Bedingung vor, daß die Spulenspannung vernachlässigbar klein ist. Für diesen Fall ist also in Gl. (4a) nur die eckige Klammer mit der Ankerstellung veränderlich. b) Ist die Spule jedoch unmittelbar an die Klemmenspannung eines Wechselstromgenerators angeschlossen und ist der Widerstand der Spule und der durch ihn erzeugte Spannungsabfall sehr klein, so bleibt der Kraftfluß der Spule konstant, unabhängig von der Ankerstellung. Setzen wir den Spulenwiderstand gleich null, so können wir schreiben

$$U = \omega L J, \tag{5}$$

wenn U die Spulenspannung ist. Mit Gl. (2a) erhalten wir dann

$$K = \frac{U^2}{2\,\omega^2} \cdot \frac{1}{L^2}\frac{\mathrm{d}L}{\mathrm{d}x} = \frac{U^2}{2\,\omega^2 L_0} \cdot \frac{1}{\sigma^2}\frac{\mathrm{d}\sigma}{\mathrm{d}x}. \tag{6}$$

Zwischen diesen beiden Grenzfällen können beliebige Bedingungen vorliegen, wo sowohl der Widerstand als auch die Selbstinduktivität der Spule berücksichtigt werden muß. Es ist leicht, mit Hilfe von Gl. I (4) und Gl. (4) dieses Abschnitts auch hierfür eine Gleichung abzuleiten; doch wollen wir davon absehen, die Beziehung hinzuschreiben, sondern uns bei unseren weiteren Untersuchungen auf die genannten beiden Grenzfälle beschränken.

Wir wollen jetzt die Formeln für die Zugkraft in zwei Faktoren zerlegen. Der erste Faktor K_0 soll die elektromagnetischen Größen und die Hauptabmessungen enthalten und die Dimension einer Kraft haben; dieser Faktor soll bei der Bewegung des Ankers unveränderlich bleiben; der zweite Faktor ψ soll nur die geometrischen Abmessungen des Luftspaltes und die Stellung des Ankers berücksichtigen und dimensionslos sein. Wir erhalten dann bei konstantem Strom nach Gl. (4)

$$K_{01} = \frac{1}{2} J^2 \frac{L_0}{\tau}; \qquad \psi_1 = \tau \cdot \frac{d\sigma}{dx}, \tag{7a}$$

bei konstantem Kraftfluß (konstante Spulenspannung bei Vernachlässigung des Widerstandes) nach Gl. (6)

$$K_{02} = \frac{U^2}{2\,\omega^2 L_0\,\tau}; \qquad \psi_2 = \frac{\tau}{\sigma^2}\,\frac{d\sigma}{dx}. \tag{7b}$$

Die Größen ψ bilden für jeden der beiden Fälle eine Basis, auf welcher wir vergleichen können, welchen Einfluß die verschiedenen Luftspaltformen auf den Verlauf der Kraft und ihre Größe haben. Es ist jedoch dabei zu beachten, daß der Faktor K_0 auch noch die Polbreite enthält; ändert man mit dem Luftspalt gleichzeitig auch die Polbreite, so ist dies besonders zu berücksichtigen. Wir wollen jetzt einige besondere Beispiele wählen, um durch deren zahlenmäßige Auswertung eine gewisse Regel für die Bemessung des Luftspaltes abzuleiten.

I. Der Luftspalt nimmt nach einer Geraden ab

$$y = \delta_1 - (\delta_1 - \delta)\frac{\xi}{\tau} = \delta_1 \left[1 - \varepsilon\,\frac{\xi}{\tau}\right]. \tag{8}$$

Zur Abkürzung ist hier wie auch in den weiteren Formeln

$$\varepsilon = 1 - \frac{\delta}{\delta_1} \tag{9}$$

gesetzt. Nach Gl. (2a) wird hier

$$\frac{d\sigma}{dx} = \frac{\delta}{b}\,\frac{d}{dx}\int_{x}^{x+b}\frac{d\xi}{y} = \frac{\delta}{b}\left[\frac{1}{\delta_1\left(1 - \varepsilon\,\dfrac{x+b}{\tau}\right)} - \frac{1}{\delta_1\left(1 - \varepsilon\,\dfrac{x}{\tau}\right)}\right]$$

und daher

$$\psi_1 = \tau \cdot \frac{d\sigma}{dx} = \frac{\varepsilon(1 - \varepsilon)}{\left[1 - \varepsilon\,\dfrac{x+b}{\tau}\right]\left[1 - \varepsilon\,\dfrac{x}{\tau}\right]}. \tag{10}$$

Ferner erhält man

$$\sigma = \frac{1 - \varepsilon}{\varepsilon}\,\frac{\tau}{b}\,\ln \frac{1 - \varepsilon^{\frac{x}{\tau}}}{1 - \varepsilon^{\frac{x+b}{\tau}}}. \tag{11}$$

Damit können wir dann auch die Größe ψ_2 berechnen. In Abb. 16 sind oben die Umrisse des Poles und des Ankers für eine Polteilung τ gezeichnet. Die in unseren Gleichungen benutzten Längen sind dort angegeben. In dem unteren Teile des Bildes sind ferner die Funktionen ψ_1 und ψ_2 abhängig von der Ankerstellung aufgetragen, und zwar für die Werte $\varepsilon = 0,8$; $b/\tau = 0,25$.

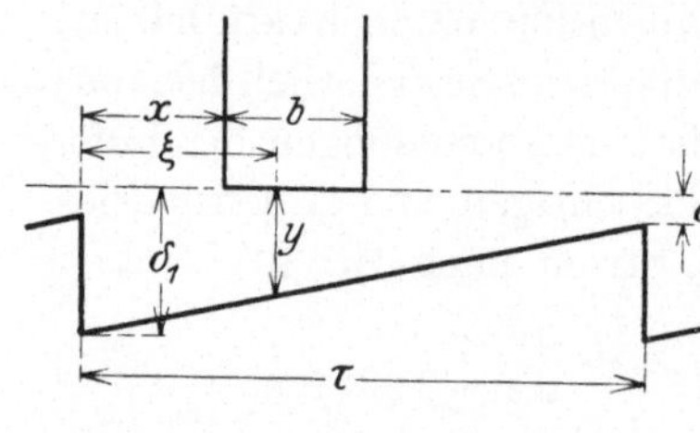

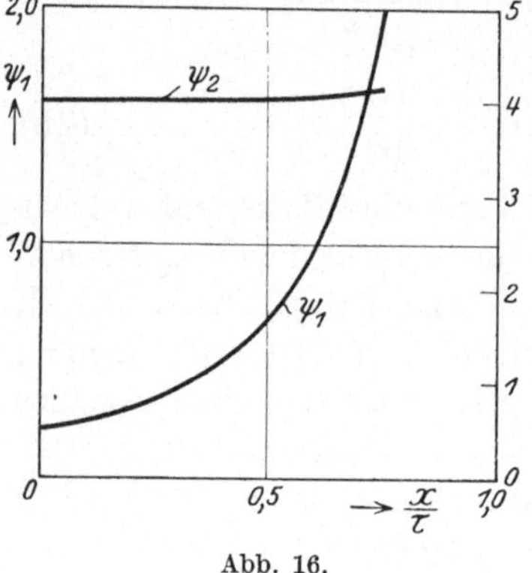

Abb. 16.

Wie wir sehen, ist die Größe ψ_2, also die Zugkraft bei konstantem Kraftfluß, über den ganzen Ankerweg nahezu konstant. Wir wollen daher für ψ_2 einen Näherungsausdruck ableiten. Zu diesem Zweck setzen wir für den Logarithmus eine Reihe, und zwar benutzen wir die folgende:

$$\ln\frac{1+\varphi}{1-\varphi} = 2\left[\varphi + \frac{1}{3}\varphi^3 + \frac{1}{5}\varphi^5 + \cdots\right].$$

Hierin ist

$$\varphi = \frac{\varepsilon\,\dfrac{b}{\tau}}{2 - 2\varepsilon\,\dfrac{x}{\tau} - \varepsilon\,\dfrac{b}{\tau}}, \tag{12}$$

zu nehmen, um den Ausdruck in Gl. (11) zu erhalten. Wir beschränken uns in der Reihe auf die ersten beiden Glieder. Mit Einführung der Größe φ in die Gl. (10) und (11) erhalten wir nach kurzer Umformung

$$\psi_2 = \frac{\tau}{\sigma^2}\frac{d\sigma}{dx} = \frac{\varepsilon\,(1-\varepsilon)\,4\,\varphi^2}{\left(\varepsilon\dfrac{b}{\tau}\right)^2(1-\varphi^2)}\cdot\frac{\left(\varepsilon\dfrac{b}{\tau}\right)^2}{(1-\varepsilon)^2\ln^2\dfrac{1+\varphi}{1-\varphi}} = \frac{\varepsilon}{1-\varepsilon}\cdot\frac{4\,\varphi^2}{(1-\varphi^2)\cdot\ln^2\dfrac{1+\varphi}{1-\varphi}}.$$

Mit Einführung der ersten zwei Glieder der Reihe für den Logarithmus, Ausmultiplikation und Beschränkung auf solche Glieder von φ, die keine höhere Potenz als die zweite haben, wird nun

$$\psi_2 = \frac{\varepsilon}{1-\varepsilon}\cdot\frac{1}{1-\frac{1}{3}\varphi^2}. \tag{13}$$

Als größte praktisch in Betracht kommenden Werte wird man etwa wählen können $\varepsilon = 0,95$, $b/\tau = 0,4$; dann wird für $x = \tau - b$ am Ende der Bewegung $\varphi = 0,792$, und das zweite Glied der erhaltenen Reihe in Gl. (13) wird $\frac{1}{3}\varphi^2 = 0,219$. Die Reihe hat nur gerade Potenzen von φ und das dritte Glied würde den Zahlenwert 0,061 haben. Für jedes kleinere φ, also auch für kleinere x, ist die Näherung besser, und wir können mit der erreichten Genauigkeit zufrieden sein.

II. Der Luftspalt nimmt nach einer Hyperbel ab.

$$\frac{\delta}{y} = \frac{\delta}{\delta_1} + \left(1 - \frac{\delta}{\delta_1}\right)\frac{\xi}{\tau} = 1 - \varepsilon + \varepsilon\frac{\xi}{\tau}. \tag{14}$$

Hier wird, wie sich leicht findet,

$$\psi_1 = \varepsilon; \qquad \sigma = 1 - \varepsilon + \varepsilon\left(\frac{x}{\tau} + \frac{b}{2\tau}\right). \tag{15}$$

In gleicher Weise wie vorher ist in Abb. 17 oben wieder Anker und Pol in den Umrissen angegeben, während darunter die beiden Funktionen ψ_1 und ψ_2 aufgetragen sind. Hier sind die Zahlenwerte $\varepsilon = 0,9$; $b/\tau = 0,25$ gewählt worden.

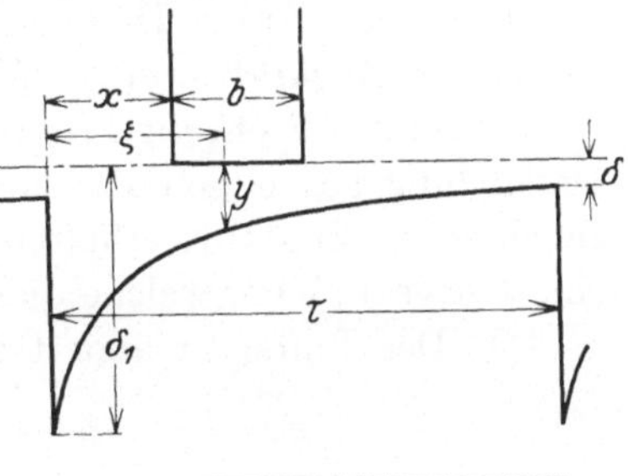

Es ist nun außerordentlich interessant, gerade diese beiden Ankerformen mit Bezug auf die damit erhaltenen Zugkraftkurven zu vergleichen. Der Anker I (gerade abgeschrägt) ergibt bei konstantem Strom eine sehr stark ansteigende Zugkraft; diese besitzt am Ende einen 10 mal so großen Wert wie am Anfang. Bei konstantem Fluß dagegen ist die Zugkraft auf dem ganzen Wege praktisch konstant, sie steigt nur ganz unmerklich. Ganz anders aber verhält sich der Anker II (hyperbolisch begrenzt). Hier ist die Zugkraft bei konstantem Strome von der Ankerstellung ganz unabhängig, während sie bei konstantem Fluß zu Beginn einen außerordentlich hohen Wert besitzt,

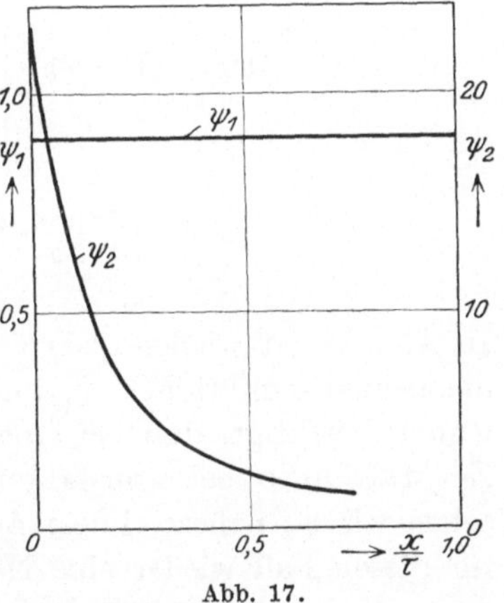

Abb. 17.

aber sehr schnell abfällt und am Ende der Bewegung nur noch etwa $^1/_{16}$ ihres Anfangswertes besitzt.

Um also bei konstantem Strom von einer stark ansteigenden Zugkraftkurve zu einem für alle Ankerstellungen konstanten Wert zu gelangen, haben wir die Ankeroberfläche aus der vorher bei rechtwinkligen Koordinaten geraden Form heraus derart gekrümmt, daß sie dem Pol eine konvexe Fläche zeigt. Konstante Zugkraft wird nun gerade erreicht, wenn die Erzeugende dieser Fläche eine Hyperbel beschreibt. Krümmt man die Oberfläche noch stärker, so erhält man abnehmende Zugkraft, ist die Krümmung schwächer als bei der Hyperbel, so ergibt sich Anstieg. Es ist übrigens leicht, für den Fall konstanten Stromes einen vorgeschriebenen Zugkraftverlauf zu erreichen, indem man für den reziproken Wert des Luftspalts y eine Reihe mit steigenden Potenzen von ξ ansetzt, die Differenz für die beiden Polspitzen bildet und die Koeffizienten so bestimmt, daß man den gewünschten Verlauf erhält.

Nun wollen wir den Fall des konstanten Kraftflusses betrachten. Wir haben gesehen, daß bei gerader Ankerfläche die Zugkraft nahezu konstant blieb. Emde (Q. 12) hat auch eine Funktion für die Ankerkurve angegeben, um eine ganz genau konstante Zugkraft zu erhalten. Diese Funktion weicht außerordentlich wenig von der Geraden ab. Es hat sich ferner am Anker II gezeigt, daß die konvexe Oberfläche eine Abnahme der Zugkraft ergibt. Wenn wir also die Ankerfläche in der entgegengesetzten Richtung krümmen, so daß sie in der von uns gewählten Darstellung gegen den Pol hohl wird, dann werden wir offenbar eine zunehmende Zugkraft erhalten. Wir wollen daher als weiteres Beispiel eine Kurve wählen, welche diese Bedingung erfüllt.

III. Der Luftspalt ändert sich nach einer Parabel.

$$y = \delta_1 - (\delta_1 - \delta)\left(\frac{\xi}{\tau}\right)^2 = \delta_1\left[1 - \varepsilon\left(\frac{\xi}{\tau}\right)^2\right]. \tag{16}$$

Hierfür wird

$$\psi_1 = (1 - \varepsilon)\frac{\tau}{b}\left[\frac{1}{1 - \varepsilon\left(\frac{x+b}{\tau}\right)^2} - \frac{1}{1 - \varepsilon\left(\frac{x}{\tau}\right)^2}\right], \tag{17}$$

$$\sigma = \frac{1 - \varepsilon}{\sqrt{\varepsilon}}\frac{\tau}{b} \cdot \mathfrak{Ar}\,\mathfrak{Tg}\frac{\sqrt{\varepsilon}\,\dfrac{b}{\tau}}{1 - \varepsilon\dfrac{x}{\tau}\cdot\dfrac{x+b}{\tau}}. \tag{18}$$

In Abb. 18 ist wieder oben der Verlauf der Luftspaltkurve und unten die beiden Funktionen ψ_1 und ψ_2 gezeigt. Wir finden unsere Überlegung bestätigt, daß bei einer gegen den Pol hohlen Ankerfläche die Zugkraftkurve bei konstantem Kraftfluß ansteigt. In diesem Falle sehen wir ψ_2 nahezu linear ansteigen. Es wird sich daher empfehlen, für diesen Fall wieder eine Näherung zu geben. Wenn wir für $\mathfrak{Ar}\,\mathfrak{Tg}$ das erste Glied der dafür geltenden Potenzreihe, d. h. also $\mathfrak{Ar}\,\mathfrak{Tg}\,x \approx x$ setzen, so erhalten wir mit guter Näherung

$$\psi_2 = \frac{\varepsilon}{1 - \varepsilon} \cdot \frac{2x + b}{\tau}. \tag{19}$$

Dies ist die Gleichung einer Geraden, die in Abb. 18 gestrichelt eingetragen ist. Wir sehen, daß wir mit genügender Genauigkeit diese Gerade für die wirkliche Kurve setzen können.

Es sei an dieser Stelle kurz erwähnt, daß die Parabel

$$y = \delta_1\sqrt{1 - \varepsilon'\,\frac{\xi}{\tau}}, \tag{20}$$

worin bedeutet

$$\varepsilon' = 1 - (1 - \varepsilon)^2 = 1 - \left(\frac{\delta}{\delta_1}\right)^2, \tag{20a}$$

ebenfalls ein ansteigendes ψ_2 ergibt. Der Anfangswert liegt höher und zuerst verläuft ψ_2 flacher, um erst gegen Ende schnell anzusteigen. Der Ausdruck für ψ_2 wird für diesen Fall besonders einfach.

IV. Der unstetige Luftspalt. Wie wir von Gl. (4a) her wissen, ist bei konstantem Strom die Zugkraft um so größer, je mehr die Luftspalte unter den beiden Polspitzen voneinander abweichen. Wir werden also den größten überhaupt erreichbaren Wert erhalten, wenn wir dem einen Luftspalt das größte, dem anderen das kleinste von uns vorgesehene Maß geben. Wie er unter dem Pol verläuft, ist für die Zugkraft gleichgültig. Um aber außerdem diese Differenz auf möglichst

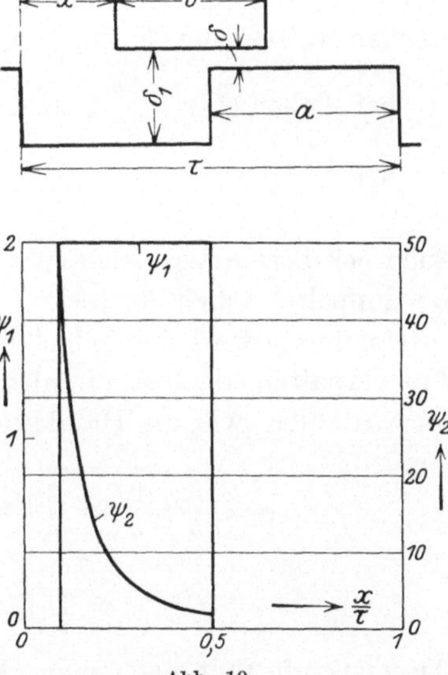

Abb. 18.

Abb. 19.

langem Wege groß zu halten, muß die Strecke, auf welcher der Luftspalt sich ändert, möglichst kurz sein. Wir wählen sie gleich null, d. h. wir lassen den Luftspalt sich plötzlich ändern und erhalten die in Abb. 19 gezeigte Ankerform. Hier ist

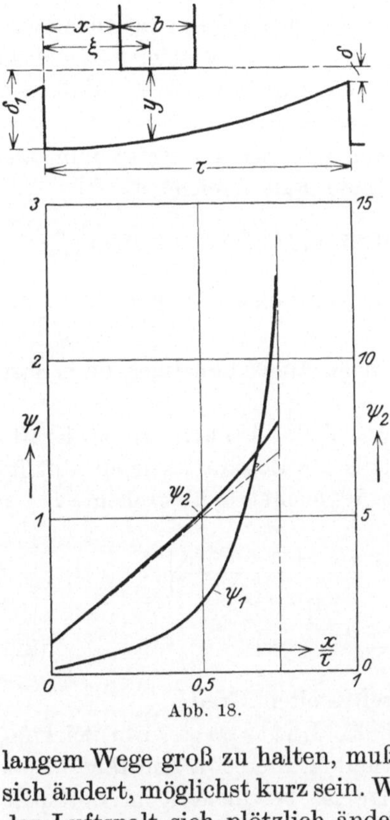

$$\text{für} \quad 0 \quad \leqq \xi \leqq (\tau - a) \quad \text{der Luftspalt} \quad y = \delta_1,$$
$$\text{,,} \quad (\tau - a) \leqq \xi \leqq \tau \quad \text{,,} \quad \text{,,} \quad y = \delta.$$

Wir erhalten daher
$$\psi_1 = \tau \frac{\delta}{b} \left[\frac{1}{\delta} - \frac{1}{\delta_1} \right] = \varepsilon \frac{\tau}{b}. \tag{21}$$

In Abb. 19 ist $\varepsilon = 0{,}8$ gewählt und die Polbreite $b = 0{,}4\,\tau$, um möglichst großen Weg zu erhalten. Es wird daher $\psi_1 = \dfrac{0{,}8}{0{,}4} = 2$. Bei unserem

Anker II (hyperbolische Begrenzung) hatten wir $\psi_1 = \varepsilon$ und für das gewählte Zahlenbeispiel $\psi_1 = 0,9$ erhalten. Um aber die Zugkräfte richtig miteinander vergleichen zu können, müssen wir berücksichtigen, daß die Größe K_{01} in Gl. (7a) noch den Faktor b/τ enthält. Fügen wir diesen dazu, so erhalten wir

$$\text{beim Hyperbelanker (II):} \quad \frac{b}{\tau} \cdot \psi_1 = 0,25 \cdot 0,9 = 0,225 ,$$

$$\text{beim abgesetzten Anker (IV):} \quad \frac{b}{\tau} \cdot \psi_1 = 0,4 \cdot 2 = 0,8 .$$

Wir erhalten also bei dem neuen (abgesetzten) Anker eine bedeutend größere Zugkraft, und zwar ist sie in dem Zahlenbeispiel 3,55mal so groß. Dafür hat aber der Hyperbelanker einen größeren Weg. Will man dies bei dem Vergleich berücksichtigen, so muß man die auf dem verfügbaren Wege geleistete Arbeit heranziehen. Diese beträgt nun, abgesehen von einem Faktor, der für beide Fälle gleich ist,

$$\text{bei Anker (II):} \quad \frac{b}{\tau} \psi_1 (\tau - b) = 0,25 \cdot 0,9 \cdot 0,75\,\tau = 0,169\,\tau ,$$

$$\text{bei Anker (IV):} \quad \frac{b}{\tau} \cdot \psi_1 \cdot b = 0,4 \cdot 2 \cdot 0,4\,\tau = 0,32\,\tau .$$

Auch bei diesem Vergleich ist also der neue Anker günstiger, da er fast die doppelte Arbeit leistet.

Ungünstig wird sich jedoch auch dieser Anker bei konstantem Kraftfluß verhalten, da hier offenbar ebenfalls die Zugkraft schnell abfällt. Es wird hier, wie an Hand von Abb. 19 leicht zu übersehen,

$$\sigma = \frac{\delta}{b} \int\limits_{x}^{x+b} \frac{\mathrm{d}\xi}{y} = \frac{\delta}{b}\left[\frac{\tau - a - x}{\delta_1} + \frac{x + b - \tau + a}{\delta} \right],$$

$$\sigma = 1 + \varepsilon\, \frac{x - \tau + a}{b}. \tag{22}$$

Die Zugkraft fällt nach einer Hyperbel zweiten Grades.

V. Der unstetige veränderliche Luftspalt. Um bei konstantem Kraftfluß eine Zugkraft zu erhalten, die etwa konstant bleibt oder gar ansteigt, können wir beispielsweise bei unstetigem Luftspalt auf dem Bereich des kleineren Luftspalts diesen erst allmählich auf seinen Endwert abnehmen lassen. Zunächst wollen wir das Verhalten eines solchen Ankers bei konstantem Strom untersuchen. Hierfür soll für den Luftspalt wieder eine Hyperbel gewählt werden, mit welcher wir bei Anker II konstante Zugkraft erhalten hatten. Es sei also

$$\text{für} \quad 0 \quad < \xi < (\tau - a) \text{ der Luftspalt } y = \delta_0,$$

$$,, \quad (\tau - a) < \xi < \tau \qquad ,, \qquad ,, \qquad y = \frac{\delta}{1 - \varepsilon\,\dfrac{\tau - \xi}{a}} .$$

Die Rechnung ergibt hier nach leichter Umformung

$$\psi_1 = \frac{\tau}{b}\left[\varepsilon_0 - \varepsilon\frac{\tau - b}{a} + \varepsilon\frac{x}{a}\right]. \tag{23}$$

In gleicher Weise wie bisher sollen die Größen ε und ε_0 folgende Bedeutung haben

$$\varepsilon = 1 - \frac{\delta}{\delta_1}; \quad \varepsilon_0 = 1 - \frac{\delta}{\delta_0}.$$

Die Funktion ψ_1 und damit die Zugkraft steigt also linear an. Als Anfangswert erhalten wir

$$\text{für} \quad x = \tau - a - b: \qquad \psi_1 = \frac{\tau}{b}(\varepsilon_0 - \varepsilon)$$

und als Endwert

$$\text{für} \quad x = \tau - a: \qquad \psi_1 = \frac{\tau}{b}\left(\varepsilon_0 - \varepsilon\frac{a - b}{a}\right).$$

Es ist zu beachten, daß $b \leq a$ sein muß; andernfalls ist als Endwert $x = \tau - b$ einzusetzen. Als Zahlenbeispiel wählen wir $\varepsilon_0 = 0{,}8$, $\varepsilon = 0{,}6$, $b = 0{,}4\tau$, $a = 0{,}5\tau$. Dann ergibt sich als Anfangswert $\psi_1 = 0{,}5$, als Endwert $\psi_1 = 1{,}85$. Der Endwert ist etwas kleiner als bei dem nicht abgeschrägten Anker IV. Dies kommt daher, daß wegen $b < a$ am Ende der Bewegung die rechte Polspitze noch nicht den kleinsten Luftspalt erreicht hat.

Für konstanten Kraftfluß wollen wir den Bereich des kleineren Luftspalts wieder nach einer Geraden formen. Hierfür hatten wir bei Anker I nahezu konstante Zugkraft erhalten. Die Luftspaltkurve soll also sein

$$\text{für} \quad 0 < \xi < (\tau - a): \quad y = \delta_0,$$
$$\text{,,} \quad (\tau - a) < \xi < \tau: \qquad y = \delta_1\left[1 - \varepsilon + \varepsilon\frac{\tau - \xi}{a}\right].$$

Hierfür erhalten wir zunächst

$$\left.\begin{aligned}
\tau\frac{d\sigma}{dx} &= \tau\frac{\delta}{b}\left[\frac{1}{\delta_1}\frac{1}{1 - \varepsilon + \varepsilon\dfrac{\tau - x - b}{a}} - \frac{1}{\delta_0}\right]\\
&= \frac{\tau}{b}\left[\frac{1}{1 + \dfrac{\varepsilon}{1 - \varepsilon}\dfrac{\tau - x - b}{a}} - 1 + \varepsilon_0\right].
\end{aligned}\right\} \tag{24}$$

Ferner wird

$$\sigma = \frac{\delta}{b}\int_x^{\tau - a}\frac{d\xi}{\delta_0} + \frac{\delta}{b}\int_{\tau - a}^{x + b}\frac{d\xi}{\delta_1\left[1 - \varepsilon + \varepsilon\dfrac{\tau - \xi}{a}\right]},$$

und hieraus folgt nach Integration und kurzer Umformung

$$\sigma = (1 - \varepsilon_0)\frac{\tau - a - x}{b} + \frac{1 - \varepsilon}{\varepsilon}\frac{a}{b}\ln\frac{1}{1 - \varepsilon + \varepsilon\dfrac{\tau - x - b}{a}}. \tag{25}$$

Abb. 20 zeigt in ähnlicher Weise wie die vorigen für diesen Fall die Ankerkurve und die Funktion ψ_2 für drei verschiedene Werte von ε.

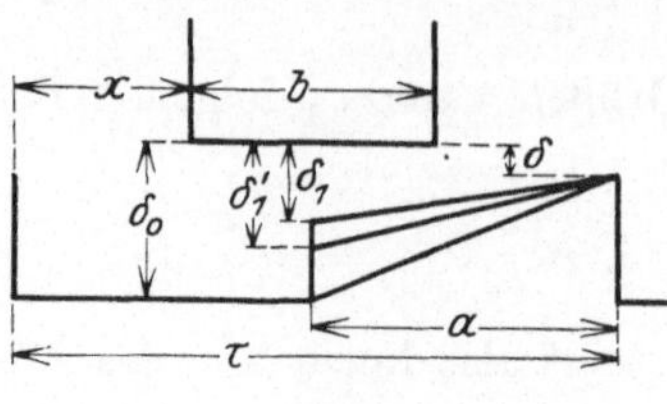

Wir sehen, daß für $\varepsilon = 0,8$ die Kurve ψ_2 (und damit die Zugkraft) von null ansteigt auf den Wert 8,7. Dagegen haben wir bei $\varepsilon = 0,6$ schon einen steilen Abfall des Wertes ψ_2 von 12,5 auf 4,8. Der dazwischenliegende Wert $\varepsilon = 0,7$ ergibt dagegen eine nahezu konstante Zugkraft über den zur Verfügung stehenden Weg.

Wir haben nun eine Reihe von Beispielen durchgesprochen und kennengelernt, wie der Luftspalt ausgebildet werden muß, um bestimmte Wirkungen zu erzielen. Der Stoff ist damit bei weitem nicht erschöpft und es sollte auch nur eine gewisse Anleitung gegeben sein, um für vorkommende Fälle der Praxis wenigstens einen Anhalt zu haben, auf welchem Wege man vorgehen muß.

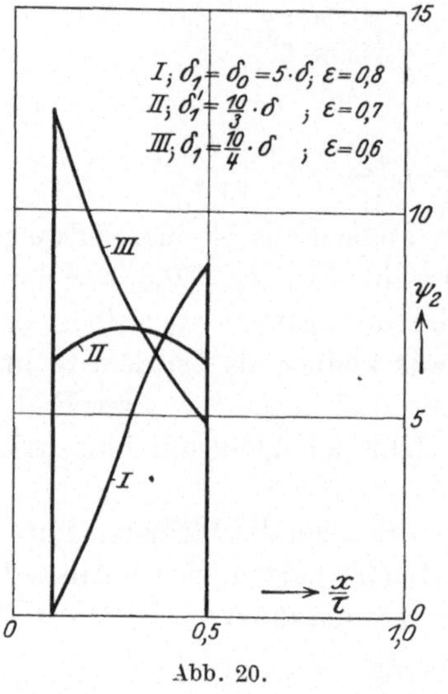

Abb. 20.

4. Winke für die Anwendung der Formeln.

Schon früher (in Abschnitt III 1) wurde erwähnt, daß die besprochenen Ankerformen nicht notwendig für gerade Bewegung vorgesehen sein müssen. Ebensogut kann man sie auch auf Drehmagnete anwenden. Für diesen Fall sind dann die Längen, die wir bisher parallel zur Polfläche gemessen haben, in der Umfangsrichtung zu messen, und zwar auf dem Bohrungskreis der Pole. Man wird dann diese Längen zweckmäßig durch die zugehörigen Winkel ersetzen, indem man sie durch den Bohrungsradius dividiert. Ferner wird man hier mit dem Drehmoment rechnen, indem man die Zugkraft, die jetzt als Umfangskraft wirkt, mit dem Bohrungsradius multipliziert.

Alle Formeln, die wir bisher für bestimmte Luftspaltkurven im vorigen Abschnitt abgeleitet haben, beziehen sich nur auf einen Luftspalt. Zu jedem magnetischen Kreis gehören aber zwei Luftspalte. Im allgemeinen wird man beide Luftspalte gleich formen, es ist jedoch auch schließlich der Fall denkbar, daß man die Veränderlichkeit nur bei einem Luftspalt anbringt und den anderen konstant läßt. Wie dies aber auch sein mag, auf jeden Fall ist zu beachten, daß die beiden Luftspalte im magnetischen Kreis hintereinander liegen. Es sind daher die magnetischen Widerstände zu addieren. Als Beispiel wollen wir den Fall des konstanten Stromes betrachten. Der eine Luftspalt habe die Leitfähigkeit λ_1 und erfordere eine Durchflutung ϑ_1 für den Durchtritt des Kraftflusses; im zweiten Luftspalt ist bei einer Leitfähigkeit λ_2 für denselben Kraftfluß die Durchflutung ϑ_2 notwendig. Ist nun ϑ_l die gesamte für die Luftspalte erforderliche Durchflutung und λ_l die Gesamtleitfähigkeit der Luftspalte, so gelten die Beziehungen

$$\lambda_1\vartheta_1 = \lambda_2\vartheta_2 = \lambda_l\vartheta_l; \quad \frac{1}{\lambda_1} + \frac{1}{\lambda_2} = \frac{1}{\lambda_l}; \quad \vartheta_1 + \vartheta_2 = \vartheta_l. \tag{26}$$

Diese Gleichungen sind ohne weiteres verständlich. Es sei nur darauf aufmerksam gemacht, daß die ersten beiden aus der Gleichheit des Flusses für beide Luftspalte folgen und die anderen beiden die Summierung der magnetischen Widerstände und Spannungen wegen der Hintereinanderschaltung bedeuten. Nun ist nach Gl. II (6a) die Gesamtzugkraft

$$K = 2\pi\vartheta_1^2\frac{d\lambda_1}{dx} + 2\pi\vartheta_2^2\frac{d\lambda_2}{dx}.$$

Wie ohne weiteres erkennbar, kann man dies aber wie folgt umformen:

$$K = 2\pi\vartheta_1\vartheta_l\frac{d\lambda_l}{dx} + 2\pi\vartheta_2\vartheta_l\,\frac{d\lambda_l}{dx} = 2\pi\,\vartheta_l^2\,\frac{d\lambda_l}{dx}.$$

Die Formel bleibt also dieselbe, wenn wir nur beachten, daß wir die richtigen Größen einsetzen. Die Luftspalte seien nun beide gleich ausgebildet, wie es meist der Fall sein wird; dann ist offenbar $\lambda_2 = \lambda_1 = 2\,\lambda_l$ und $\vartheta_2 = \vartheta_1 = \frac{1}{2}\vartheta_l$. Hiermit erhalten wir die Zugkraft

$$K = 2\pi\left(\frac{1}{2}\,\vartheta_l\right)^2\frac{d\lambda_1}{dx} + 2\pi\left(\frac{1}{2}\,\vartheta_l\right)^2\frac{d\lambda_1}{dx} = 2\pi\,\vartheta_l^2\frac{1}{2}\frac{d\lambda_1}{dx}.$$

Haben wir also unsere Funktion ψ_1 für einen Luftspalt berechnet und setzen wir den Gesamtstrom ein, so müssen wir die Zugkraft durch 2 dividieren. Wir haben die Durchflutung mit ϑ_l bezeichnet, und zwar, um uns daran zu erinnern, daß wir nur den Wert nehmen wollen, der sich auf die Luftspalte bezieht. Ist die Sättigung des Eisens nicht zu vernachlässigen, so müssen wir den hierfür verbrauchten Betrag von der Gesamtdurchflutung abziehen. Einfacher werden die Verhältnisse, wenn wir den Fall des konstanten Kraftflusses haben. Dieser ist in beiden Luftspalten derselbe und wir brauchen nur die für jeden Luftspalt gesondert berechneten Zugkräfte zu addieren.

Wir haben bisher nur die im Elektromagnet erzeugten Zugkräfte betrachtet. Nun werden die Anker aber durch eine Gegenkraft zurückgehalten, bis ein bestimmter Strom oder eine Spannung überschritten wird, um erst dann die gewünschte Arbeit zu leisten. Diese verlangte Arbeit, die Nutzarbeit, wird also von der Differenz aus erzeugter Kraft und Gegenkraft geleistet. Eine andere Anordnung ist die, daß der Anker durch den gegebenen Wert von Strom oder Spannung in einer Stellung festgehalten wird und bei Unterschreitung dieses Wertes abfällt. Hier wird also die Nutzarbeit von der Gegenkraft allein geleistet. Es ist nun Sache unserer Geschicklichkeit, die Kurven der erzeugten Kraft und der Gegenkraft derart zu gestalten, daß die verlangte Arbeit gerade mit Sicherheit geleistet wird, ohne unnötige Schläge zu erhalten. Als Gegenkraft wird in der Praxis häufig die Schwerkraft benutzt, bei Zugmagneten das Gewicht des Ankers, bei Drehmagneten irgendein angebrachter Hebel. In der Mehrzahl der Fälle wird aber wohl eine Feder als Gegenkraft verwendet, zuweilen auch in Verbindung mit der Schwerkraft. Als Veränderliche tritt hierbei außer der Spannung der Feder noch die Zugrichtung auf. Aus diesen Gründen soll hier auch keine bestimmte Zugkraftkurve als besonders zweckmäßig empfohlen werden. Erhält man also mit einem vorausberechneten Anker nicht genau den gewünschten Verlauf, so kann man immer noch durch geeignete Gestaltung der Gegenkraftkurve solche Fehler bis zu einem gewissen Grade ausgleichen.

5. Gewickelte Anker.

Wir haben bisher ein Magnetfeld vorausgesetzt, das an nur einer Stelle erzeugt wurde, und zwar wird die erregende Spule im allgemeinen auf den feststehenden Teil gesetzt, da die Befestigung und die Stromzuführung dann einfacher ist. Wenn man vom Streufluß absieht, kann man aber grundsätzlich auch ebensogut die Spule auf den bewegten Teil, den Anker, setzen. Der Magnet wird sich in diesem Falle genau so verhalten wie vorher. Jetzt wollen wir untersuchen, wie sich der Magnet verhält, wenn wir je eine Spule auf den ruhenden und eine auf den bewegten Teil setzen. In Abb. 21a ist ähnlich wie bisher Pol und Anker in Umrissen dargestellt. Für den Anker wurde der Einfachheit halber eine unstetige Begrenzungskurve mit konstanten Luftspalten angenommen. In dem Bereich des Ankers mit dem großen Luftspalt sei die Wicklung untergebracht und auf der Oberfläche gleichmäßig verteilt. Die Stromrichtung ist wie üblich durch ein Kreuz (vom Beschauer fort) für Eintritt in die Zeichnungsebene und durch einen Punkt (zum Beschauer hin) für Austritt dargestellt. Sie ist so gewählt, daß die Durchflutung des Ankers die des Poles im Bereich des kleinen Luftspalts unterstützt. In dem Teil der Oberfläche, der die Wicklung trägt, steigt die Durchflutung wegen der gleichmäßigen Verteilung der Leiter linear an. Ist ϑ_2 die Ankerdurchflutung bezogen auf einen Luftspalt, so wirkt demnach an der Stelle $\xi = 0$ der Betrag $-\vartheta_2$ und an der Stelle $\xi = \tau - a$ der Betrag $+\vartheta_2$. Daher haben wir an der Stelle ξ die Durchflutung

$$\vartheta'' = \vartheta_2\left[\frac{2\,\xi}{\tau - a} - 1\right],$$

die vom Anker aus wirksam ist. Für $\xi = \tau - a$ bis $\xi = \tau$ bleibt die Durchflutung konstant gleich ϑ_2, um dann linear wieder auf $-\vartheta_2$ abzunehmen. Es entsteht ein Linienzug, wie er in Abb. 21b dargestellt ist. Jetzt wollen wir noch die Wirkung der Polwicklung untersuchen. Die Durchflutung der Pole nimmt von $-\vartheta_1$ an der Stelle $x + b - \tau$ linear zu bis $+\vartheta_1$ an der Stelle x. Sie folgt also der Gleichung

$$\vartheta' = \vartheta_1 \left[1 - 2\, \frac{x - \xi}{\tau - b} \right].$$

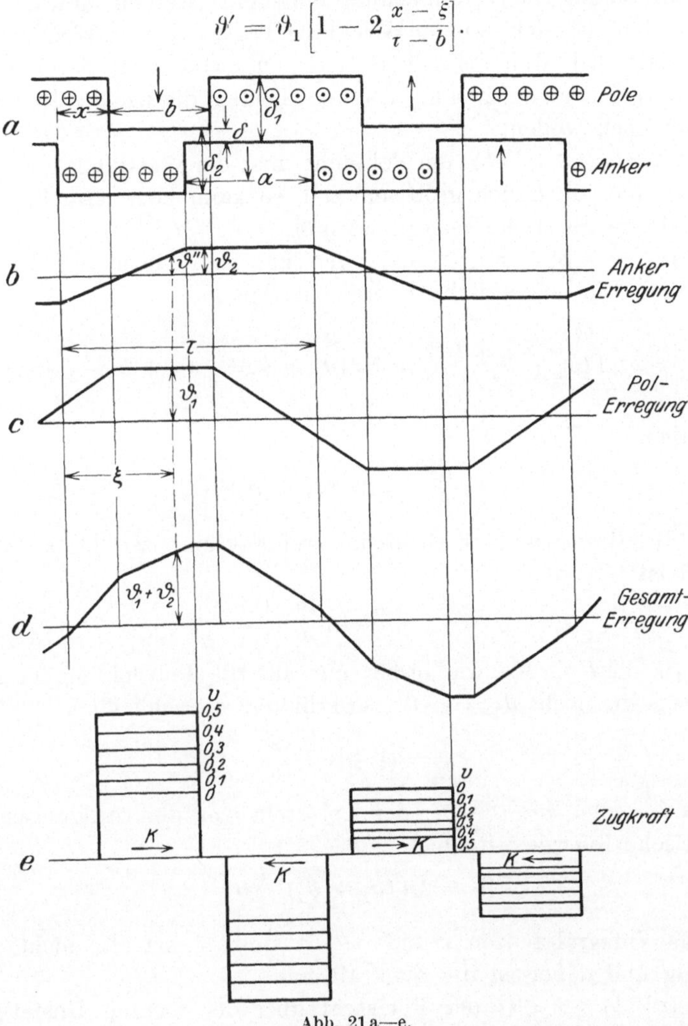

Abb. 21 a—e.

Von $\xi = x$ bis $\xi = x + b$ bleibt die Durchflutung konstant gleich ϑ_1. Wir erhalten den Linienzug nach Abb. 21 c. Die beiden Durchflutungen müssen wir addieren und erhalten dann Abb. 21 d. Die magnetische Energie beträgt nun für eine Polteilung

$$W = 2\pi \int_0^\tau (\vartheta' + \vartheta'')^2 \frac{l\,d\xi}{y}.$$

Für die zweite Polteilung erhalten wir den gleichen Betrag, da dort ϑ' und ϑ'' negativ denselben Wert haben. Wir müssen nur im Auge behalten, daß ϑ sich durchweg auf **einen** Luftspalt bezieht.

Da es hier vor allem auf die Darstellung des Berechnungsvorganges ankommt, so soll die Vereinfachung eingeführt werden, daß der Luftspalt in dem Bereich, wo die Wicklung liegt, als unendlich groß angenommen wird, d. h. es soll $\delta_1 = \infty$, $\delta_2 = \infty$ sein. Dann können wir acht verschiedene Stellungen unterscheiden, die wir der Reihe nach durchsprechen wollen.

I. $0 < x < (\tau - a - b)$; der Pol steht über der Wicklung, und da der Luftspalt hier unendlich groß sein soll, so kann kein Kraftfluß übertreten, die magnetische Energie ist null.

II. $(\tau - a - b) < x < (\tau - a)$; der Pol steht über der Unstetigkeitsstelle. Die magnetische Energie beträgt

$$W = 2\pi \int_{\tau - a}^{x + b} (\vartheta_1 + \vartheta_2)^2 \, \frac{l \, \mathrm{d}\xi}{\delta} = 2\pi (\vartheta_1 + \vartheta_2)^2 \, \frac{l}{\delta} \, (x + b - \tau + a),$$

und daher die Zugkraft

$$K = \frac{\mathrm{d}W}{\mathrm{d}x} = 2\pi (\vartheta_1 + \vartheta_2)^2 \, \frac{l}{\delta}.$$

In Gl. (7) hatten wir diese Größe in zwei Faktoren zerlegt, K_0 und ψ; hiervon ist

$$K_0 = 2\pi \vartheta_1^2 \frac{l b}{\delta} \cdot \frac{1}{\tau},$$

wenn wir diese Größe wie bisher nur auf die Polwicklung beziehen. Schreiben wir noch $\vartheta_2 = v \cdot \vartheta_1$, so erhalten wir schließlich

$$\psi = (1 + v)^2 \cdot \frac{\tau}{b}.$$

III. $(\tau - a) < x < (\tau - b)$; der Pol steht vor dem Ankereisen. Die magnetische Energie wird hier

$$W = 2\pi (\vartheta_1 + \vartheta_2)^2 \, \frac{l}{\delta} \, b,$$

da ja die Integralgrenzen x und $x + b$ sind; sie ist also nicht von x abhängig und daher ist die Zugkraft null.

IV. $(\tau - b) < x < \tau$; der Pol steht über der rechten Unstetigkeit. Die Grenzen sind hier x und τ, und da hier x das negative Vorzeichen erhält, so ergibt sich für die Kraft der gleiche Ausdruck wie unter II, nur mit dem negativen Vorzeichen.

V. $\tau < x < (2\tau - a - b)$; wie unter I. ist die Energie null.

VI. $(2\tau - a - b) < x < (2\tau - a)$; der Pol steht jetzt zum Teil über dem Ankerpol mit entgegengesetzter magnetischer Polarität. Die Grenzen sind $(2\tau - a)$ und $(x + b)$, und da hier die Durchflutung des Ankers entgegengesetzt gerichtet ist, so erhält ϑ_2 das negative Vorzeichen. Wir erhalten also

$$W = 2\pi\,(\vartheta_1 - \vartheta_2)^2\,\frac{l}{\delta}\,(x + b - 2\tau + a)\,,$$

und somit können wir nach der Entwicklung unter II. schreiben:

$$\psi = (1 - v)^2\,\frac{\tau}{b}\,.$$

VII. $(2\tau - a) < x < (2\tau - b)$; der Luftspalt ist wieder vor dem ganzen Pol konstant, die Energie ist nicht von der Stellung abhängig, also kann eine Zugkraft nicht zustande kommen.

VIII. $(2\tau - b) < x < 2\tau$; der Pol steht wieder über der rechten Unstetigkeitsstelle und wir erhalten wieder die Zugkraft wie unter VI., jedoch mit negativem Vorzeichen.

In Abb. 21 e sind die hier berechneten Zugkräfte über x aufgetragen, und zwar für die Zahlenwerte $b = 0,4\,\tau$, $a = 0,5\,\tau$. Für v sind mehrere Werte gewählt worden, um den Einfluß der Ankerbewicklung auf die Zugkraft zu zeigen. Würde man die Zugkraft eines solchen Magneten messen, so erhielte man natürlich eine fortlaufende Kurve. Eine solche hätte sich auch rechnungsmäßig ergeben, wenn wir die Streuung durch die Wicklung für die Zugkraft berücksichtigt hätten, wie es für die Durchflutungskurve in Abb. 21 b, c, d geschehen ist. Auch die so ermittelte Zugkraftkurve würde jedoch immer noch von einer durch Versuch bestimmten nicht unbeträchtlich abweichen. Dies kommt daher, daß wir den Kraftfluß überall senkrecht zu den Polflächen vorausgesetzt haben, während er in Wirklichkeit wesentlich andere Bahnen hat und vor allem an den Pol- und Ankerflanken seitlich austritt. Hierdurch wird gerade an diesen Übergangsstellen ein Abschleifen der Kurve hervorgerufen. Doch dürfte für praktische Fälle die oben gegebene Rechnung genügen und die Größe der auftretenden Kräfte mit genügender Näherung darstellen.

Wir wollen jetzt untersuchen, welche Abmessungen wir am besten wählen. Die Zugkraft ist nur von den beiden Durchflutungen, dem Luftspalt und der Abmessung senkrecht zur Zeichenfläche, der Länge des Eisens abhängig. Die Breite des Poles und des Ankers sind darauf nicht von Einfluß, wohl aber auf den Weg, der zurückgelegt werden kann. Um also zu einem Urteil zu kommen, müssen wir die mechanische Arbeit betrachten. Wir wollen nur Stellung II berücksichtigen, da in Stellung VI die Zugkraft wegen der entgegenwirkenden Felder sicher kleiner ist und in Stellung IV die Zugkraft die gleiche wie in II, nur entgegengesetzt gerichtet, ist. Der größte erreichbare Weg ist b, und daher die mechanische Arbeit

$$A = K \cdot b = 2\pi\,(\vartheta_1 + \vartheta_2)^2\,\frac{l\,b}{\delta}\,.$$

Wir erkennen nun, daß wir die Zugkraft durch die Ankererregung ganz beträchtlich steigern können und daß wir die Polbreite möglichst groß wählen müssen, um einen großen Weg zu erhalten. Bei unserem unerregten Anker in Abschnitt III 3, Anker IV hatten wir als Weg ebenfalls die Polbreite b erhalten. Dabei war $b < a$ gewesen, andernfalls hätten wir als verfügbaren Weg a gehabt. Wir durften daher mit der Ankerbreite und der Polbreite nicht über $\tau/2$ gehen, da sonst der Anker nicht in der Pollücke Platz gehabt hätte und abermals eine Verkleinerung

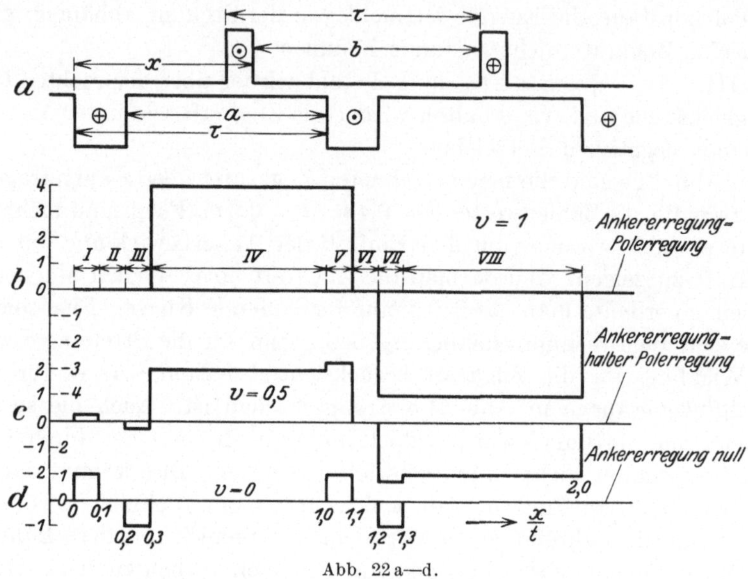

Abb. 22 a—d.

des Weges eingetreten wäre. Hier dagegen können wir mit b und a ruhig über $\tau/2$ hinausgehen. In Abb. 22a ist in der alten Weise wieder Anker und Pol dargestellt, wobei $b = 0,9\,\tau$ und $a = 0,8\,\tau$ gewählt wurde. Die Pollücke ist gerade über der Ankerfläche gezeichnet und die Frage ist, ob hier überhaupt eine Zugkraft auftritt. Offenbar ist die magnetische Energie einer Polteilung in dieser Stellung

$$W = 2\pi\,(\vartheta_1 + \vartheta_2)^2\,\frac{l}{\delta}\,(x + b - 2\tau + a) + 2\pi\,(\vartheta_1 - \vartheta_2)^2\,\frac{l}{\delta}\,(\tau - x)\,.$$

Somit beträgt die Zugkraft

$$K = \frac{dW}{dx} = 2\pi\,(\vartheta_1 + \vartheta_2)^2\,\frac{l}{\delta} - 2\pi\,(\vartheta_1 - \vartheta_2)^2\,\frac{l}{\delta}$$

$$= 2\pi\,\vartheta_1^2\,\frac{l}{\delta}\,[(1 + v)^2 - (1 - v)^2] = 2\pi\,\vartheta_1^2\,\frac{l}{\delta}\cdot 4v\,.$$

In ähnlicher Weise ergeben sich auch die Zugkräfte für die übrigen Hauptstellungen (es sind wieder 8 Stellungen auf die doppelte Polteilung zu untersuchen, wobei die zweite Polteilung die negativen Werte für die Zugkraft der ersten ergibt). Die einzelnen Bereiche sind in Abb. 22b durch römische Zahlen gekennzeichnet. Dasselbe Bild enthält auch die Größe $\frac{b}{\tau} \cdot \psi$ für $v = 1$, welche die Zugkraft kennzeichnet, wobei wie bisher als konstanter Faktor $K_0 = 2\pi\,\vartheta_1^2\,\frac{bl}{\delta}$ beibehalten ist. In Abb. 22c ist als weiteres Beispiel die Funktion $\frac{b}{\tau}\,\psi$ für $v = 0{,}5$ und in Abb. 22d für den unerregten Anker ($v = 0$) gezeigt. Die Bereiche I, II, III haben die Gesamtbreite von $(2\tau - a - b)$ und sind bedeutungslos. Erst an der Stelle $x = (2\tau - a - b)$ beginnt der Bereich IV mit dem Hauptdrehmoment, der eine Breite von $(a + b - \tau)$ hat; daran schließt sich noch Bereich V mit einer Breite $(\tau - b)$, der ebenfalls ein hohes Drehmoment besitzt. Der gesamte verfügbare Weg ist also $(a + b - \tau) + (\tau - b) = a$. Wir haben für diese Darstellung $b > a$ gewählt; für $b < a$ ist der ausnutzbare Weg b, genau wie in Abb. 21.

Es ergibt sich somit aus diesen Überlegungen, daß wir durch Anbringung einer Wickelung auf dem Anker wesentlich größere mechanische Arbeit gewinnen können. Bei gleicher Erregung des Ankers und des Poles wird die Zugkraft vervierfacht und der verfügbare Weg wird im theoretischen Grenzfall von $\tau/2$ auf τ vergrößert, so daß 8mal soviel mechanische Arbeit erhalten werden kann, wie wenn der Pol allein erregt ist.

6. Zahlenbeispiel.

a) Gleichstrom. Die Untersuchung der Bedingungen, unter welchen die Zugkraft zustande kommt, sowie der Einflüsse, die auf ihre Größe und ihren Verlauf einwirken, hat eine Häufung von Formeln ergeben, die vielleicht etwas verwirrend wirkt. Um daher die Anwendung zu erleichtern, wollen wir einen Einzelfall von Anfang an genau zahlenmäßig durchrechnen und damit eine Grundlage schaffen, auf welcher andere Fälle behandelt werden können. Als Beispiel wollen wir einen Drehmagnet durchrechnen, der am Ende seiner Bewegung ein Drehmoment von 10 cmkg ausüben soll, und zwar soll dieses ein wenig ansteigend den genannten Wert erreichen. Auf die Art, wie dieses Moment verwendet wird, wieviel davon durch das meist erforderliche Gegenmoment aufgenommen und wieviel zur Nutzarbeit verwendet wird, soll hier nicht eingegangen werden. Für die Erregung des Magneten soll zunächst Gleichstrom angenommen und später noch der Fall konstanter Wechselspannung behandelt werden.

Als Ankerkurve werde der unstetige Luftspalt gewählt mit hyperbolischer Abnahme des kleineren Luftspalts. Wir können dann nach Gl. (23) rechnen. Es werde gewählt

$$\delta = 0{,}1\ \text{cm}; \quad \delta_0 = 1\ \text{cm}; \quad \varepsilon_0 = 1 - \frac{\delta}{\delta_0} = 0{,}9; \quad a = 0{,}4\,\tau; \quad b = 0{,}35\,\tau.$$

Der Anfangswert des Drehmoments möge zu 80% des Endwertes angenommen werden. Bezeichnet k dieses Verhältnis, so muß also nach S. 45 sein:

$$\varepsilon_0 - \varepsilon = k\left(\varepsilon_0 - \varepsilon\,\frac{a-b}{a}\right),$$

oder nach Umformung

$$\varepsilon = \varepsilon_0\,\frac{1-k}{1-k\dfrac{a-b}{a}} = \frac{0{,}9\cdot 0{,}2}{1-0{,}8\cdot\dfrac{0{,}4-0{,}35}{0{,}4}} = 0{,}2\,.$$

Damit wird der Luftspalt am Anfang

$$\delta_1 = \frac{\delta}{1-\varepsilon} = \frac{0{,}1}{0{,}8} = 0{,}125\ \text{cm},$$

und da wir für die Ankerkurve die Hyperbel angenommen haben, so liegt diese fest. Es wird nun für $x = \tau - a$, also für die Endstellung

$$\psi_1 = \frac{1}{0{,}35}\left[0{,}9 - 0{,}2\cdot\frac{0{,}4-0{,}35}{0{,}4}\right] = \frac{0{,}875}{0{,}35} = 2{,}5\,.$$

Nun ist nach Gl. (7a) und (3)

$$K_0 = \frac{1}{2}\,J^2\,\frac{L_0}{\tau} = 2\,\pi\,\vartheta_1^2\cdot\frac{lb}{\delta\tau}\cdot 10^{-9}\,.$$

Bezeichnet r den Radius der Polbohrung, so wird daher das Drehmoment $K_0\cdot\psi_1\cdot r_1$ bezogen auf einen Luftspalt. Der Magnet soll wie üblich zweipolig sein, daher muß dieser Wert mit 2 multipliziert werden. Die Durchflutung ϑ_1 ist ebenfalls die an einem Luftspalt wirksame und die Erregung müssen wir daher für eine Durchflutung $\vartheta = 2\,\vartheta_1$ bemessen, da die beiden Luftspalte magnetisch in Reihe liegen. Somit erhalten wir schließlich das Drehmoment des Magneten zu

$$D = 2\pi\left(\frac{\vartheta}{2}\right)^2\cdot\frac{lb}{\delta\tau}\cdot\psi_1\cdot 2r\cdot 10^{-9}, \tag{27}$$

und zwar in Joule. Das Moment soll am Ende der Bewegung 10 cmkg betragen, und da 1 mkg = 9,81 Joule ist, so soll also $D = 0{,}1\cdot 9{,}81$ sein. Setzen wir nun die Zahlenwerte ein, so wird

$$0{,}981 = 2\pi\left(\frac{\vartheta}{2}\right)^2\cdot l\,\frac{0{,}35}{0{,}1}\cdot 2{,}5\cdot 2r\cdot 10^{-9},$$

oder

$$\vartheta^2 l\cdot 2r = \frac{4\cdot 0{,}981\cdot 0{,}1}{2\pi\cdot 0{,}35\cdot 2{,}5}\cdot 10^9 = 0{,}714\cdot 10^8\,.$$

Hierbei ergibt sich l und r in Zentimetern und ϑ in Ampere-Windungen. Wie die Abmessungen (Eisenlänge und Bohrungsdurchmesser) jetzt festgelegt werden, ist dem Belieben des Konstrukteurs anheimgestellt. Es möge gewählt werden $2\,r = 8$ cm, $l = 4$ cm, und damit wird

$$\vartheta = \sqrt{\frac{0{,}714\cdot 10^8}{8\cdot 4}} = 1495\ \text{Amp.-Wdg.}$$

Der Polwinkel beträgt

$$\alpha = \frac{b}{r} = \frac{\pi b}{\tau} = 0{,}35 \cdot \pi, \qquad \text{also} \qquad 0{,}35 \cdot 180 = 63°.$$

Hiermit finden wir die Polbreite, wie leicht verständlich, zu

$$h = 2\,r \cdot \sin\frac{\alpha}{2} = 8 \cdot \sin 31{,}5° = 4{,}18\,\text{cm} \approx 4{,}2\,\text{cm}.$$

Wenn der Eisenkern aus Blechen aufgebaut wird, die wie üblich mit Papier einseitig beklebt sind, und rechnen wir 10% für die Papierstärke, so beträgt der Eisenquerschnitt im Pol

$$Q_e = 4{,}2 \cdot 4 \cdot 0{,}9 = 15{,}1\,\text{cm}^2.$$

Jetzt wollen wir den größten Fluß berechnen, der hindurchtritt. Die Gleichung der Luftspaltkurve lautet:

$$y = \frac{\delta}{1 - \varepsilon^{\frac{\tau - \xi}{a}}}, \qquad \text{wobei} \qquad (\tau - a) \leqq \xi \leqq (\tau - a + b), \quad (28)$$

und nun erhalten wir den Fluß zu

$$\Phi = 0{,}4\,\pi \int_{\tau-a}^{\tau-a+b} \vartheta \cdot \frac{\mathrm{d}\xi \cdot l}{2\,y} = 0{,}4\,\pi\vartheta \cdot \frac{l}{2\delta} \int_{\tau-a}^{\tau-a+b} \left[1 - \varepsilon^{\frac{\tau - \xi}{a}}\right] \mathrm{d}\xi.$$

Die Integration ergibt

$$\Phi = 0{,}4\,\pi\vartheta\,\frac{lb}{2\delta}\left[1 - \varepsilon\left(1 - \frac{b}{2\,a}\right)\right]. \qquad (29)$$

Mit den oben gefundenen Zahlenwerten wird nun

$$\Phi = 0{,}4\pi \cdot 1495 \cdot \frac{4 \cdot 0{,}35 \cdot 4\pi}{2 \cdot 0{,}1}\left[1 - 0{,}2\left(1 - \frac{0{,}35}{2 \cdot 0{,}4}\right)\right] = 146\,500\ \text{Maxwell}.$$

Die Induktion im Polquerschnitt ergibt sich somit zu

$$B = \frac{146\,500}{15{,}1} = 9\,700\ \text{Gauß}.$$

Dies ist ein brauchbarer Wert und wir wollen daher dem Eisen durchweg denselben Querschnitt geben, wie wir ihn für den Pol fanden. Auf dem Eisenjoch, mit welchem die beiden Pole verbunden werden, muß die Spule untergebracht werden. Um eine möglichst kleine Streuung zu erhalten ist es gut, mit je einer Spule so dicht wie möglich an den Luftspalt heranzugehen oder gar die Spule auf den Pol selbst zu setzen. Im letzteren Falle würde man zweckmäßig die Pole zu beiden Seiten des Ankers durch je ein Schlußstück verbinden. Bei kleineren Magneten, zu denen wir den zu berechnenden zählen, ist es jedoch in der Praxis üblich, dieses Schlußstück, Joch genannt, nur auf einer Seite des Ankers anzubringen und nur eine gemeinsame Spule auf dieses

Joch zu setzen. Der Magnet würde dann das Aussehen in Abb. 23 erhalten, worin auch die in der Berechnung verwendeten Bezeichnungen
und Maße eingetragen sind. Aus der Magnetisierungskurve für normales Dynamoblech in Abb. 3 entnehmen wir für unsere Induktion von
9700 Gauß einen Verbrauch an magnetischer Spannung von 3,8 AW/cm.
Der Eisenweg im Joch, für welchen wir die Mittellinie einsetzen, ohne
Abrundungen einzuführen, beträgt 33,6 cm. Um daher den Fluß durch
das Joch zu führen, sind daher noch weitere $3,8 \cdot 33,6 = 128$ AW notwendig und wir müssen daher die Erregerspule für $1495 + 128 = 1623$ AW
bemessen. Auf die Berechnung dieser Spule, für welche wir Speisung
durch Gleichstrom vorgesehen hatten, wollen wir hier nicht weiter
eingehen. Diese soll später in Abschnitt VI 1 durchgeführt werden, um
Wiederholungen zu vermeiden. Würden wir die Erregung des Magne-

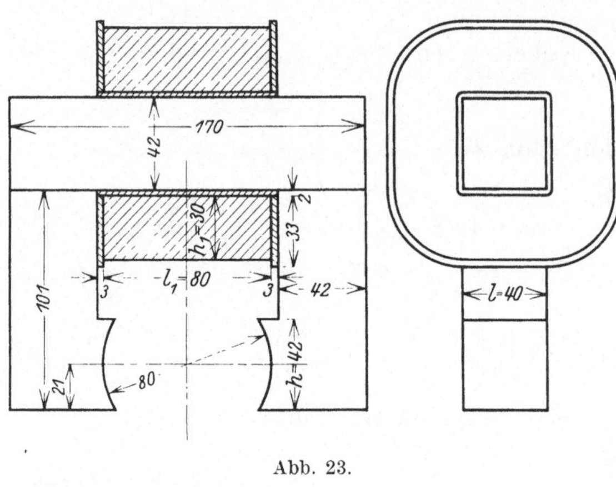

Abb. 23.

ten durch konstanten Wechselstrom vornehmen, wie es etwa bei Stromrelais in Wechselstromanlagen vorkommt, so wäre die bisherige Berechnung vollständig die gleiche. Nur die Spule würde anders ausfallen, da sie sich dem Strom anpassen müßte, der für den betreffenden Betrieb vorgeschrieben ist.

b) Wechselstrom. Jetzt wollen wir die ganze Rechnung für den Fall
wiederholen, daß die Spule an eine konstante Wechselspannung von
220 Volt bei 50 Per/s angeschlossen werden soll. Hierbei soll der Wirkwiderstand (Ohmscher Widerstand) der Spule als so gering angenommen
werden, daß er gegenüber dem Blindwiderstand (induktiven Widerstand)
vernachlässigt werden kann. Dann kann der Kraftfluß des magnetischen
Kreises als unabhängig von der Ankerstellung angesehen werden und der
von der Spule aufgenommene Strom ist veränderlich. Wir behalten die
oben gewählten Werte der Luftspalte δ und δ_0, der Ankerbreite a, der
Polbreite b, des Bohrungsradius r und der Eisenlänge l auch jetzt bei
und müssen zunächst feststellen, welche Form wir dem Luftspalt geben
müssen, um die Forderung zu erfüllen, daß das Drehmoment in der
Anfangsstellung 80% desjenigen in der Endstellung ist. Diese Forderung soll aber wegen der Umständlichkeit der Rechnung nur annähernd
erfüllt werden. Wir wollen mit den Formeln (24) und (25) rechnen,

von welchen wir wissen, daß sie eine ansteigende Zugkraft ergeben.
In der Anfangsstellung $x = \tau - a - b$ ist

$$\psi_1' = \tau \frac{d\sigma}{dx} = \frac{\tau}{b}(\varepsilon_0 - \varepsilon); \qquad \sigma' = 1 - \varepsilon_0$$

und in der Endstellung $x = \tau - a$ wird

$$\psi_1 = \frac{\tau}{b}\left[\varepsilon_0 - \varepsilon \frac{1 - \dfrac{b}{a}}{1 - \varepsilon\dfrac{b}{a}}\right]; \qquad \sigma = \frac{1-\varepsilon}{\varepsilon}\frac{a}{b}\ln\frac{1}{1 - \varepsilon\dfrac{b}{a}}.$$

Nun ist, wie wir aus Gl. (7) wissen, $\psi_2 = \dfrac{\psi_1}{\sigma^2}$ und wir erhalten also

$$\psi_2' = \frac{\tau}{b} \cdot \frac{\varepsilon_0 - \varepsilon}{(1 - \varepsilon_0)^2}.$$

Nun ist $b = 0,35\,\tau$, $a = 0,4\,\tau$, $\varepsilon_0 = 0,9$ und für ε wählen wir den
Wert 0,85; dann wird

$$\psi_2' = \frac{0,9 - 0,85}{0,35 \cdot 0,1^2} = 14,3.$$

Ferner wird

$$\psi_1 = \frac{1}{0,35}\left[0,9 - 0,85 \cdot \frac{0,4 - 0,35}{0,4 - 0,85 \cdot 0,35}\right] = 1,39,$$

$$\sigma = \frac{0,15}{0,85} \cdot \frac{0,4}{0,35}\ln\frac{0,4}{0,4 - 0,85 \cdot 0,35} = 0,275,$$

und daher

$$\psi_2 = \frac{1,39}{0,275^2} = 18,4.$$

Wir erhalten nun

$$\frac{\psi_2'}{\psi_2} = \frac{14,3}{18,4} = 0,78,$$

können also mit der Annäherung an unsere Forderung zufrieden sein.
Der konstante Faktor für die Berechnung des magnetischen Schubes
beträgt nach Gl. (7b) und (3)

$$\frac{U^2}{2\,\omega^2 L_0\,\tau} = \frac{U^2}{2\,\omega^2}\frac{\delta\,10^9}{4\,\pi\,n^2 l\,b\,\tau},$$

wobei die Spannung U in Volt einzusetzen ist und Abmessungen
in cm. Die Spannung U tritt an den Enden der Spule auf, deren Windungen den Kraftfluß umschlingen, und dieser Kraftfluß ist derselbe
für beide Luftspalte. Es sei erwähnt, daß ein etwa vorhandener Streufluß nicht berücksichtigt wird. Um daher den Schub für den ganzen
zweipoligen Magneten zu erhalten, müssen wir den Faktor mit 2 multiplizieren. Somit beträgt nun das Drehmoment

$$D = \frac{U^2}{2\,\omega^2} \cdot \frac{\delta\,10^9}{4\,\pi\,n^2 l\,b\,\tau} \cdot 2\,r \cdot \psi_2 \text{ in Joule.} \tag{30}$$

In dieser Gleichung sind alle Größen bekannt, außer der Windungszahl, und wir können daher diese berechnen. Mit Beachtung, daß das geforderte Drehmoment wie oben $0,1 \cdot 9,81$ ist und mit Einsetzung der übrigen Größen erhalten wir

$$n = \sqrt{\frac{220^2 \cdot 0,1 \cdot 10^9 \cdot 8 \cdot 18,4}{2 \cdot (2\pi 50)^2 \cdot 4\pi \cdot 4 \cdot 0,35 \cdot (\pi \cdot 4)^2 0,1 \cdot 9,81}} = 1150 \text{ Wdg.}$$

Diese Windungszahl muß in dem gleichen Raume untergebracht werden, wie oben; somit beträgt die Drahtstärke

$$\sqrt{\frac{30 \cdot 80}{1150}} = 1,45 \text{ mm.}$$

Rechnet man 0,2 mm Isolationsauftrag, so ist der Durchmesser des blanken Drahtes 1,25 mm und der Widerstand der Spule berechnet sich zu (mittlere Windungslänge $l_m = 0,271$ m, wie auf S. 153 berechnet)

$$r = \frac{0,271 \cdot 1150}{47 \cdot 1,25^2 \cdot \frac{\pi}{4}} = 5,4 \text{ Ohm .}$$

Um jetzt weiter rechnen zu können, muß uns zunächst der Strom bekannt sein. Aus Gl. (2) und (3) berechnen wir die Induktivität, wobei wir beachten müssen, daß das von uns oben berechnete σ sich auf einen Luftspalt bezieht. Da die beiden Luftspalte magnetisch in Reihe geschaltet sind, so ist der Leitwert des ganzen Systems nur halb so groß und wir erhalten daher die Induktivität zu

$$L = L_0 \cdot \frac{\sigma}{2}, \qquad \text{wobei} \qquad L_0 = 4\pi n^2 \, 10^{-9} \frac{lb}{\delta}.$$

Mit unseren Zahlenwerten erhalten wir

$$L_0 = 4\pi \cdot 1150^2 \cdot 10^{-9} \cdot \frac{4 \cdot 0,35 \pi 4}{0,1} = 2,92 \text{ Henry ,}$$

also

$$L = 2,92 \cdot \frac{0,275}{2} = 0,402 \text{ Henry .}$$

Damit ergibt sich nun weiter der Strom

$$J = \frac{U}{\omega L} = \frac{220}{2\pi 50 \cdot 0,402} = 1,74 \text{ Amp}$$

und der Verlust in der Spule beträgt

$$V = J^2 r = 1,74^2 \cdot 5,4 = 16,3 \text{ Watt.}$$

Der Verlust ist geringer als vorhin bei Gleichstrom; daher ist auch die Erwärmung der Spule entsprechend niedriger. Dies wird dadurch erklärt, daß der Füllfaktor der Spule wegen der größeren Drahtstärke höher ist. Hierbei müssen wir wohl beachten, daß dieser Strom in der Endstellung des Ankers auftritt. Sollte der Fall so liegen, daß der

Magnet in der Anfangsstellung des Ankers dauernd angeschlossen ist, so müßte auf den hierbei auftretenden Strom Rücksicht genommen und die Spule stärker bemessen werden. Der Strom in der Anfangsstellung beträgt

$$J' = \frac{\sigma}{\sigma'} \cdot J = \frac{0,275}{0,1} \cdot 1,74 = 4.8 \text{ Amp}.$$

Jetzt wollen wir noch den Kraftfluß berechnen. Diesen finden wir aus dem Strom durch die Beziehung

$$\Phi = \frac{LJ\sqrt{2}}{n} \cdot 10^8 = \frac{0,402 \cdot 1,74 \cdot \sqrt{2}}{1150} \cdot 10^8 = 86\,000 \text{ Maxwell}.$$

Der Faktor $\sqrt{2}$ ist hinzugefügt, da für die Beurteilung der Eisensättigung und der Eisenverluste der zeitliche Höchstwert benutzt wird. Wir hätten den Fluß auch aus der Spannung unmittelbar berechnen können, ohne den Umweg über den Strom. Der Kraftfluß ergibt sich aus der Spannung mit Hilfe der Formel

$$U = \frac{1}{\sqrt{2}} \cdot \omega \cdot n\,\Phi\,10^{-8}.$$

Wenn wir hier unsere Zahlenwerte einsetzen, so erhalten wir den schon eben gefundenen Betrag. Da der Eisenquerschnitt 15,1 cm² beträgt, so erhalten wir eine Induktion

$$B = \frac{86\,000}{15,1} = 5700 \text{ Gauß}.$$

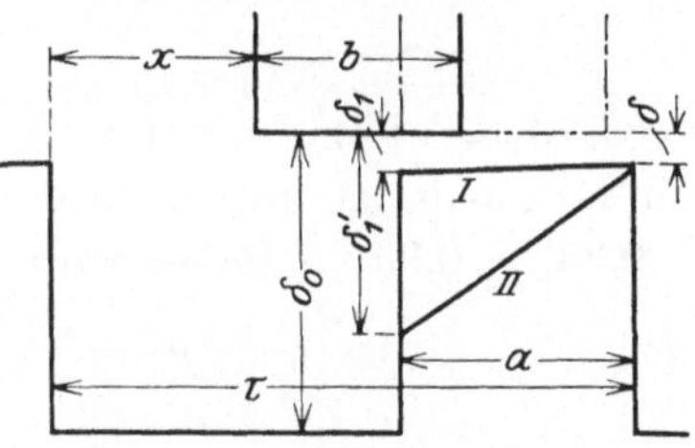

Abb. 24.

Wir haben hier also bei Wechselstrom trotz wesentlich kleineren Kraftflusses und entsprechend geringerer Induktion doch das gleiche Drehmoment erhalten. Dies erklärt sich zunächst daraus, daß wir einen stärker veränderlichen Luftspalt haben; die Differenz der reziproken Luftspalte, die ja nach Gl. (4a) maßgebend für den Schub ist, ist bei der letzten Ausführung beträchtlich größer als bei der für konstanten Strom gewählten. Wir sehen dies auch sehr deutlich aus Abb. 24, welche die Luftspaltform für die beiden Fälle zeigt, und zwar gilt die Ankerform I für den Gleichstrommagneten, Form II für Wechselstrom. Ferner wollen wir die Durchflutung vergleichen; diese beträgt hier

$$\vartheta = 1,74 \cdot 1150 = 2000 \text{ AW},$$

während sie vorher für die Luftspalte allein nur 1495 AW war. Genau wie vorhin wird auch hier der Strom größer sein, da wir den magnetischen Spannungsverbrauch im Eisen und die dafür notwendige Durchflutung außer acht gelassen hatten.

c) Kontrolle der Rechnung. Es ist an dieser Stelle beachtenswert, die errechneten Werte in die erste abgeleitete Zugkraftformel einzusetzen, die Gl. (4a), die einen sehr einfachen Aufbau hat. Wir müssen dabei beachten, daß die Formel sich auf einen Luftspalt bezieht, also $J/2$ statt J einzusetzen ist, und daß der Faktor 2 hinzuzufügen ist. Für das Drehmoment ist außerdem noch der Faktor r notwendig. Somit erhalten wir mit Benutzung von Gl. (3)

$$D = \frac{1}{2}\left(\frac{J}{2}\right)^2 \cdot 4\pi n^2 \frac{lb}{\delta} 10^{-9} \cdot \frac{\delta}{b}\left[\frac{1}{y_2} - \frac{1}{y_1}\right] \cdot 2r.$$

Da nun $\tau = \pi r$ und $\vartheta = J n$ ist, so ergibt sich

$$D = \vartheta^2 l\tau\left[\frac{1}{y_2} - \frac{1}{y_1}\right] \cdot 10^{-9}\,\text{Joule}, \tag{31}$$

worin y_1 und y_2 die Luftspalte unter den Polspitzen, alle Abmessungen in Zentimetern, die Durchflutung ϑ in AW einzusetzen sind. Die Luftspaltgleichung für konstanten Strom war

$$y = \frac{\delta}{1 - \varepsilon\,\dfrac{\tau - \xi}{a}},$$

wobei $\delta = 0,1$ cm, $\varepsilon = 0,2$, $a = 0,4\,\tau$ einzusetzen ist. Für den zweiten Luftspalt ist am Ende der Bewegung $\xi = \tau - a + b = \tau\,(1 - 0,4 + 0,35) = 0,95\,\tau$. Daher wird

$$y_2 = \frac{0,1}{1 - 0,2 \cdot \dfrac{0,05}{0,4}} = \frac{0,8}{7,8}.$$

Für den ersten Luftspalt ist $\delta_0 = 1$ cm einzusetzen, da wir ja die Bewegung nur betrachten, solange die Unstetigkeit unter dem Pol liegt. Danach wird

$$\frac{1}{y_2} - \frac{1}{y_1} = \frac{7,8}{0,8} - 1 = \frac{7,0}{0,8} = 8,75\,\frac{1}{\text{cm}}.$$

Ferner ist $l = 4$ cm, $\tau = \pi r = \pi 4$ cm und für ϑ hatten wir 1495 AW als notwendig gefunden. Somit wird

$$D = 1495^2 \cdot 4 \cdot \pi 4 \cdot 8,75 \cdot 10^{-9} = 0,981\,\text{Joule} = 10\,\text{cmkg}.$$

Bei konstanter Spannung war die Luftspaltgleichung

$$y = \delta\left[1 + \frac{\varepsilon}{1 - \varepsilon} \cdot \frac{\tau - \xi}{a}\right]$$

mit $\varepsilon = 0,85$ und sonst wie vorher. Hier wird für $\xi = \tau - a + b$ der Luftspalt

$$y_2 = 0,1\left[1 + \frac{0,85}{0,15} \cdot \frac{0,05}{0,4}\right] = \frac{0,205}{1,2},$$

und der Anfangsluftspalt ist wieder $y_1 = \delta_0 = 1$ cm. Damit findet sich

$$\frac{1}{y_2} - \frac{1}{y_1} = \frac{1,2}{0,205} - 1 = \frac{0,995}{0,205} = 4,86\,\frac{1}{\text{cm}}.$$

Mit dem oben gefundenen Werte $\vartheta = 2000$ AW und den übrigen Größen wie vorher erhalten wir wieder das Drehmoment, von dem wir ausgingen, nämlich 10 cmkg.

Zum Schlusse unseres Zahlenbeispiels wollen wir noch unsere Aufmerksamkeit auf einige Punkte richten, die meist nur eine nebensächliche Rolle spielen, unter Umständen jedoch, bei falscher Berechnung des Eisens, beträchtlichen Einfluß haben können. Da ist zunächst die Streuung der Spule. Diese übt zwar keinen unmittelbaren Einfluß auf die Zugkraft aus, kann jedoch durch Sättigung des Eisens die am Luftspalt wirksame Durchflutung herabsetzen und dadurch die Zugkraft verringern. Der Einfluß der Streuung wird um so größer sein, je höher die schon durch den Nutzfluß hervorgerufene Induktion ist. Wählen wir also den Fall des konstanten Stromes, wo wir eine Induktion $B = 9700$ Gauß hatten. Schätzen wir die Streuung zu 30%, was für die ganze Eisenlänge gerechnet wohl nicht zu niedrig ist. Dann wird $B_1 = 1,3 \cdot 9700 = 12\,600$ Gauß, und für diese Induktion entnehmen wir einer Magnetisierungskurve für normales Dynamoblech einen magnetischen Spannungsverlust von 9,3 AW/cm. Da wir nur mit 3,8 AW/cm für den Eisenweg gerechnet hatten, so bedeutet das einen Mehrverbrauch von $9,3 - 3,8 = 5,5$ AW/cm, also bei dem angenommenen Eisenweg von 33,6 cm insgesamt $5,5 \cdot 33,6 = 185$ AW. Daher benötigen wir im ganzen $1623 + 185 = 1908$ AW für die Erregung der Spule. Hätten wir das Eisen nicht so reichlich gewählt, so würde der Einfluß der Streuung sich noch weit stärker bemerkbar gemacht haben.

Ein weiterer Punkt, der immer beachtet werden sollte, sind die bei Wechselstrom auftretenden Eisenverluste. Für diese können wir bei normalem Dynamoblech mit 3,6 Watt/kg bei einer maximalen Induktion $B = 10\,000$ rechnen. Das spezifische Gewicht dieses Bleches ist $\gamma = 7,8$ kg/dm³. Daher errechnet sich das Gewicht des Eisenkerns (ohne Anker) mit der schon benutzten Eisenlänge von 33,6 cm zu

$$33,6 \cdot 4,2 \cdot 4 \cdot 0,9 \cdot 7,8 \cdot 10^{-3} = 3,96 \text{ kg}.$$

Da wir die maximale Induktion bei Wechselstrom mit 5700 berechnet hatten, so betragen die Eisenverluste

$$V_l = 3,6 \cdot 3,96 \cdot \left(\frac{5700}{10\,000}\right)^2 = 4,6 \text{ Watt}.$$

Die Verluste sind also gering und werden nur wenig das Eisen erwärmen, da dieses eine große Kühloberfläche besitzt.

d) Der Bewegungsvorgang. In Abschn. II 5 hatten wir versucht, die Bewegung des Ankers und deren Rückwirkung auf den Strom der Erregerspule bei konstanter Gleichspannung an den Klemmen rechnungsmäßig zu erfassen. Hierzu mußten wir uns einer Näherungsmethode bedienen und gewannen damit Ausdrücke, aus welchen hervorging, daß Strom und Geschwindigkeit bei der angewendeten Näherung eine gedämpfte Schwingung ausführen. Welcher Art diese Schwingung ist, wollen wir jetzt genauer verfolgen, indem wir die kennzeichnenden Konstanten für den unter a) berechneten Magneten zahlenmäßig bestimmen. Dies war jedoch ein Drehmagnet und wir müssen daher erst die Lösungen für Drehbewegung umformen. Für die Berechnung des Drehmoments haben wir den Bohrungsradius benutzt, den wir hier mit R bezeichnen wollen im Unterschied zum Spulenwiderstand r. Ist nun Θ das Trägheitsmoment des Ankers und ω seine Winkelgeschwindigkeit, so können wir die Lösungen und die darin vorkommenden Konstanten beibehalten, wenn wir darin $m = \Theta R^2$ und $v = R\omega$ setzen. Um die Untersuchung möglichst zu vereinfachen, wollen wir den einfachen abgesetzten Anker nehmen, der ja ein konstantes Drehmoment liefert. Es werde gewählt $\delta_0 = 1$ cm, $\delta = 0,1$ cm; alles übrige werde dem Rechnungsbeispiel entnommen. Mit Berücksichtigung beider Luftspalte definieren wir die Induktivität wie folgt

$$L_0 = 4\pi\, n^2 \cdot \frac{lb}{2\delta} \cdot 10^{-9}\ \text{Henry}; \qquad \sigma = 1 + \varepsilon\,\frac{x - \tau + a}{b} \qquad (32)$$

und das Drehmoment wird

$$D = \tfrac{1}{2} J_0^2 L_0 \alpha R. \qquad (33)$$

Für die später in Abschn. VI 1 b berechnete Spule wurden folgende Werte erhalten: $n = 23\,400$ Windungen und $r = 2760$ Ohm im warmen Zustande. Daher wird

$$L_0 = 4\pi \cdot 23\,400^2 \cdot \frac{4 \cdot 0,35\,\pi 4}{2 \cdot 0,1} \cdot 10^{-9} = 605\ \text{Henry},$$

$$\varepsilon = 1 - \frac{\delta}{\delta_0} = 1 - \frac{0,1}{1} = 0,9; \qquad \alpha = \frac{\varepsilon}{b} = \frac{0,9}{0,35\,\pi 4} = 0,205\ \frac{1}{\text{cm}}.$$

Der Strom beträgt
$$J_0' = \frac{U}{r} = \frac{220}{2760} = 0,08\ \text{Amp.}$$

Diesen Wert müßten wir herabsetzen, da ein Teil der Erregung für Sättigung und Streuung verbraucht wird, wie wir gesehen haben. Da jedoch bei der Ableitung der Bewegungsgleichung auf diesen Unterschied nicht Rücksicht genommen wurde, so soll auch hier davon abgesehen werden; und somit ist das Drehmoment

$$D = \frac{1}{2} \cdot 0,08^2 \cdot 605 \cdot 0,205 \cdot 4 \cdot \frac{100}{9,81} = 16,1\ \text{kgcm.}$$

Für die Berechnung der Eigenfrequenz müssen wir noch das Trägheitsmoment kennen. Wie bekannt, ist dieses wie folgt zu berechnen

$$\Theta = \int r^2\, \mathrm{d}m = \int\limits_{0}^{R-\delta_0} r^2\, \gamma\, 2\pi\, r l\, \mathrm{d}r + \int\limits_{R-\delta_0}^{R-\delta} r^2\, \gamma\, \frac{2a}{R} \cdot r l\, \mathrm{d}r,$$

worin γ die Massendichte ist, die in dem von uns benutzten elektromagnetischen Maßsystem dem Zahlenwert nach gleich dem spezifischen Gewicht ist. Die Ausrechnung der Integrale liefert die Formel

$$\Theta = \frac{\pi}{2}\gamma l\left[\left(1 - \frac{a}{\tau}\right)(R - \delta_0)^4 + \frac{a}{\tau}(R - \delta)^4\right]. \tag{34}$$

Da $\gamma = 7{,}8\,\frac{g}{cm^3}$ ist, so erhalten wir mit Einsetzung der Zahlenwerte

$$\Theta = \frac{\pi}{2}\cdot 7{,}8\cdot 0{,}9\cdot 4\left[0{,}6\cdot 3^4 + 0{,}4\cdot 3{,}9^4\right] = 6220\,\text{gcm}^2.$$

Es sollen zwei Stellungen untersucht werden:

I. Der Anker beginnt unter den Pol zu treten: $x = \tau - a - b$; $\sigma = 0{,}1$.

II. Der Anker ist schon weit unter den Pol vorgerückt; um den Gegensatz zum vorigen Fall besonders hervorzuheben, werde $x = 0{,}95\,\tau - a$ gewählt, dann wird

$$\sigma = 1 + 0{,}9\cdot\frac{0{,}95 - 1}{0{,}35}.$$

Nun erhalten wir die Eigenfrequenz der ungedämpften Schwingung im Falle 1 zu

$$\nu_0 = \frac{\varkappa}{2\pi} = \frac{1}{2\pi}J_0\,\varkappa R\sqrt{\frac{L_0}{\Theta\sigma}}, \tag{35}$$

also mit Einsetzung der Zahlenwerte

$$\nu_0 = \frac{1}{2\pi}\cdot 0{,}08\cdot 0{,}205\cdot 4\cdot\sqrt{\frac{605\cdot 10^7}{6220\cdot 0{,}1}} = 33{,}6\,\text{Hertz}.$$

Der Faktor 10^7 unter dem Wurzelzeichen ist deswegen eingefügt, weil wir im absoluten Maßsystem rechnen müssen, da wir das Trägheitsmoment in diesem Maß eingesetzt haben.

Im Falle II wird statt dessen, da sich nur σ ändert,

$$\nu_0 = \sqrt{\frac{0{,}1}{0{,}87}}\cdot 33{,}6 = 11{,}4\,\text{Hertz}.$$

Die Dämpfungskonstante ergibt sich im Falle I zu

$$\eta = \frac{r}{2\sigma L_0} = \frac{2760}{2\cdot 0{,}1\cdot 605} = 22{,}8\,\frac{1}{\text{sek}}$$

und im Falle II zu

$$\eta = 2{,}62\,\frac{1}{\text{sek}}.$$

Auf die Eigenfrequenz hat die Dämpfungskonstante einen vernachlässigbar geringen Einfluß, so daß wir $\gamma \approx \varkappa$ setzen können. Von Wichtigkeit ist noch die Umfangsgeschwindigkeit des Ankers, welcher er zustrebt. Diese ergibt sich (für den Bohrungskreis gerechnet) nach Gl. II (36) für beide Fälle zu

$$v_0 = \frac{\eta\sigma}{\alpha} = \frac{22{,}8\cdot 0{,}1}{0{,}205} = 11{,}1\,\text{cm/sek}.$$

In Abb. 25 sind die beiden Größen i/J_0 und v/v_0 für Fall I über der mit v_0 multiplizierten Zeit aufgetragen, und zwar nur für eine volle Periode, wobei die eben errechneten Zahlenwerte benutzt sind. Wir wollen jedoch nicht vergessen, daß wir es hier nur mit einer Näherungslösung zu tun haben. Wieweit diese der Wirklichkeit nahekommt, muß einer genaueren Untersuchung durch Versuch oder Rechnung vorbehalten bleiben.

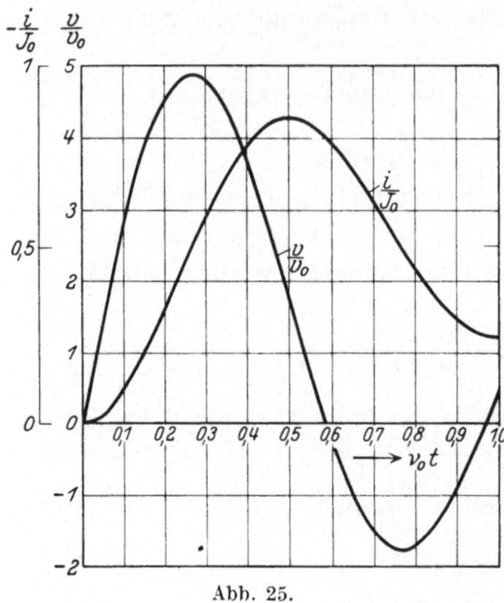

Abb. 25.

Da wir es in unserem Falle mit einer sehr hohen Windungszahl auf der Spule zu tun haben, so könnte der Gedanke auftauchen, daß diese die errechnete Frequenz wesentlich beeinflußt. Dies ist jedoch nicht der Fall. Denn für die Größe von $\varkappa$ ist das Produkt $J_0^2 L_0$ maßgebend, welches außer Längen nur die Durchflutung enthält, und diese ist selbst durch die Abmessungen des Magneten festgelegt. Auch bei der Dämpfungskonstanten zeigt eine genauere Untersuchung, daß das Verhältnis r/L bei gegebenem Wicklungsquerschnitt und gegebener mittlerer Windungslänge ebenfalls von der Windungszahl unabhängig ist.

7. Vergleich zwischen Versuch und Rechnung.

Es sollen im folgenden einige Meßergebnisse mitgeteilt und an Hand der zur Verfügung stehenden Angaben nachgerechnet werden.

a) Magnet mit gerader Bewegung. In Abb. 26 ist ein kleiner Magnet gezeigt, welcher ebenfalls in die Gruppe der bisher behandelten Schubmagnete zu rechnen ist; er besaß zwei Spulen von je 88 Windungen von 2,1 mm (isoliert 2,5 mm) Kupferdraht, die im Bilde flüchtig angedeutet sind. Wir gehen wieder von unseren Gl. (7a) und (3) aus und erhalten

$$K = \frac{1}{2} J^2 L_0 \frac{d\sigma}{dx} = \frac{1}{2} J^2 4\pi n^2 \frac{lb}{2\delta} \frac{d\sigma}{dx}.$$

Im Nenner von L_0 ist 2δ eingesetzt, da ja der durch J erregte Fluß zwei Luftspalte durchtreten muß. Nun ist hier

$$\sigma = \frac{\delta}{b} \int_0^x \frac{d\xi}{\delta} = \frac{x}{b},$$

und wenn wir $\vartheta = Jn$ einführen und mit $\dfrac{100}{9,81}$ multiplizieren, um die Kraft in Kilogramm zu erhalten, so folgt schließlich

$$K = \pi \vartheta^2 \; \frac{l}{\delta} \cdot \frac{10^{-7}}{9,81} \, . \tag{36}$$

Mit diesem Magneten wurde eine Zugkraftmessung bei einer Erregung von 1230 AW durchgeführt. Die dabei erzielten Ergebnisse sind in Abb. 27 aufgetragen. Da der Versuch nur den Zweck hatte, einen ungefähren Anhalt über die auftretenden Kräfte zu gewinnen, so war das verwendete Meßgerät recht einfach. Infolgedessen fallen einige Punkte stark heraus, doch kann man den Kurvenverlauf noch gut erkennen. Der Magnet wurde nicht weiter ausgebildet, da er einmal wegen der fehlenden Führung des

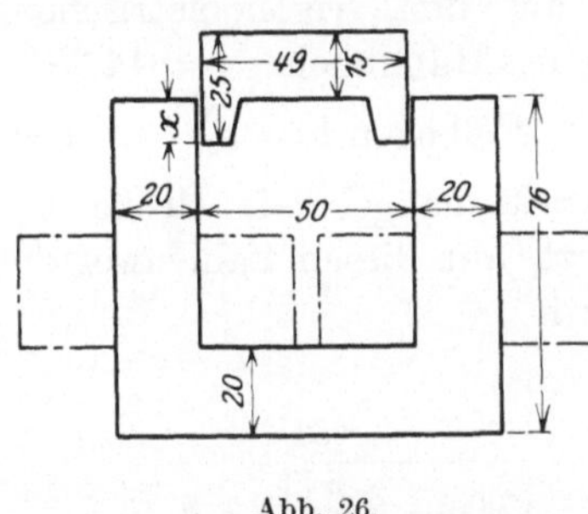

Abb. 26.

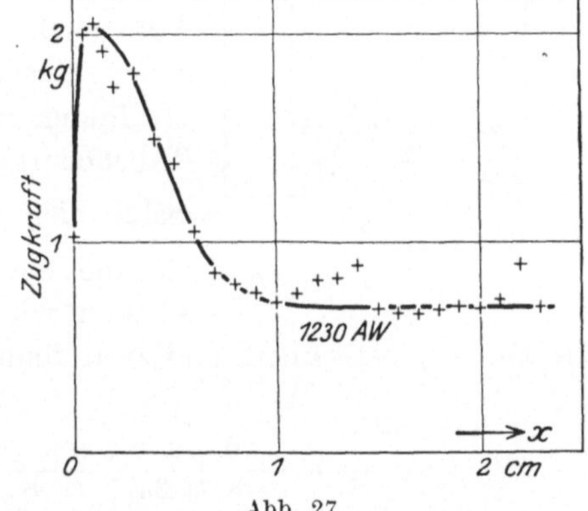

Abb. 27.

Ankers starke Reibung zeigte, so daß der Versuch nur bei Wechselstrom durchgeführt werden konnte. Zum andern trat bei diesem System eine außerordentlich starke Streuung auf, die der Entwicklung einer guten Zugkraft hinderlich ist. Setzen wir in Gl. (36) Zahlenwerte ein, so erhalten wir

$$K = \pi \, 1230^2 \cdot \frac{2}{0,05} \cdot \frac{10^{-7}}{9,81} = 1{,}94 \, \text{kg} \, .$$

Dieser Wert stimmt recht gut mit dem Höchstwert der Kurve überein. Der bei $x = 0$ gemessene geringere Wert mag in ungenauer Bestimmung des Eintrittspunktes des Ankers in das Magnetsystem seine Ursache haben. Der starke Abfall der Zugkraftkurve hinter dem Höchstpunkt ist nun höchstwahrscheinlich auf die erwähnte hohe Streuung der Spule zurückzuführen, die eine kräftige Sättigung des Joches bei tiefer eintauchendem Anker hervorrief und dadurch die nach der Rechnung konstante Zugkraft so stark verminderte.

b) Drehmagnet mit archimedischer Spirale. Etwas weitergehende Versuche wurden mit einem Drehmagneten angestellt, dessen Abmessungen in Abb. 28 gegeben sind. Der Magnet wurde von den

Siemens-Schuckert-Werken zur Verwendung in Überstromrelais an Ölschaltern entworfen und gebaut. Die Versuche wurden vom Verfasser im Versuchsfeld der Siemens-Schuckert-Werke durchgeführt. Als Anker wurde für die Versuche ein solcher benutzt, dessen Oberfläche nach einer arithmetischen Spirale geformt war, so daß sie sich in der von uns gewählten bildlichen Darstellung (s. Abb. 29 oben) als gerade Linie darstellt. Analytisch wurde der hier entstehende Luftspalt schon in Gl. (8) gegeben. Aus den in Abb. 29 und 28 eingetragenen Maßen findet sich

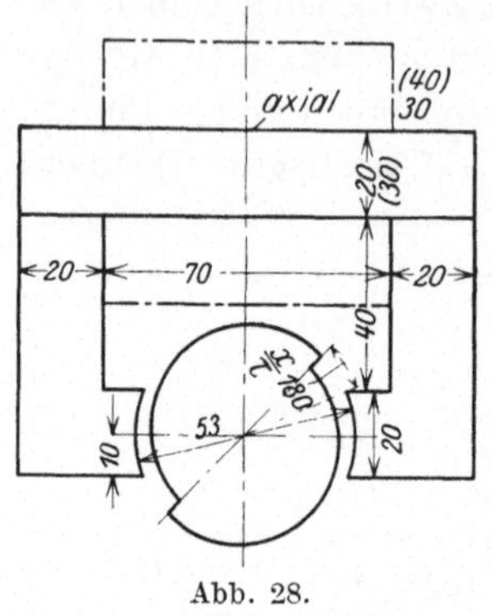

Abb. 28.

$$\varepsilon = 1 - \frac{0{,}05}{0{,}45} = \frac{8}{9}, \quad \tau = \pi \cdot 2{,}65 \text{ cm}.$$ Ferner ist die Polbreite $h = 2r \sin \frac{\alpha}{2}$, wobei α der Polwinkel ist, und wenn wir die Zahlenwerte einsetzen $h = 2$ cm, $2r = 5{,}3$ cm, so finden wir aus den trigonometrischen Tabellen irgendeines Handbuches $\alpha = 44{,}35°$. Schließlich ist der Polbogen $b = \frac{\alpha}{180} \cdot \tau$. Die für die Schubkraft maßgebende Größe ψ_1 können wir jetzt mit diesen Zahlenwerten

aus Gl. (10) berechnen, und zwar finden wir

$$\psi_1 = \frac{\dfrac{8}{9} \cdot \dfrac{1}{9}}{\left[1 - \dfrac{8}{9}\dfrac{x}{\tau} - \dfrac{8}{9}\dfrac{44{,}35}{180}\right]\left[1 - \dfrac{8}{9}\dfrac{x}{\tau}\right]} = \frac{8}{\left[7{,}03 - 8\dfrac{x}{\tau}\right]\left[9 - 8\dfrac{x}{\tau}\right]}.$$

Zur Bestimmung des Drehmoments müssen wir jetzt noch einen Faktor hinzufügen, den wir schon bei der Durchrechnung des Zahlenbeispiels auf S. 54 bestimmt hatten. Wenn wir beachten, daß $\tau = \pi r$ ist, so erhalten wir nach Gl. (27) das Drehmoment

$$D = \vartheta^2 \frac{lb}{\delta} \psi_1 10^{-9} \cdot \frac{100}{9{,}81},$$

und zwar in kgcm. Mit Einsetzung der bekannten Zahlenwerte ergibt sich

$$D = \vartheta^2 \cdot \frac{3 \cdot 44{,}35 \cdot \pi \, 2{,}65}{0{,}05 \cdot 180 \cdot 10^9} \cdot \frac{100}{9{,}81} \cdot \psi_1 = 1{,}254 \cdot \left(\frac{\vartheta}{1000}\right)^2 \psi_1.$$

Die hiernach berechneten Drehmomente sind in Abb. 29 für zwei Erregungen $\vartheta = 1000$ AW und $\vartheta = 1500$ AW über dem Drehwinkel aufgetragen, und zwar sind sie durch strichpunktierte Linien dargestellt. Für die gleichen Erregungen sind auch die gemessenen Werte eingetragen und durch ausgezogene Linien verbunden. Für 1000 AW sind die Drehmomente bei abnehmendem Luftspalt und anschließend bei zunehmendem gemessen, für 1500 AW nur bei abnehmendem Luftspalt. Man sieht deutlich den Einfluß der Hysterese, die wir bei unserer

Rechnung nicht berücksichtigt haben. Die berechneten Kurven decken sich bei kleinem Drehwinkel recht gut mit den aufgenommenen; bei großem Drehwinkel liegen die berechneten höher, doch kann man mit der Übereinstimmung noch zufrieden sein. Die Kurven für 1000 AW sind mit

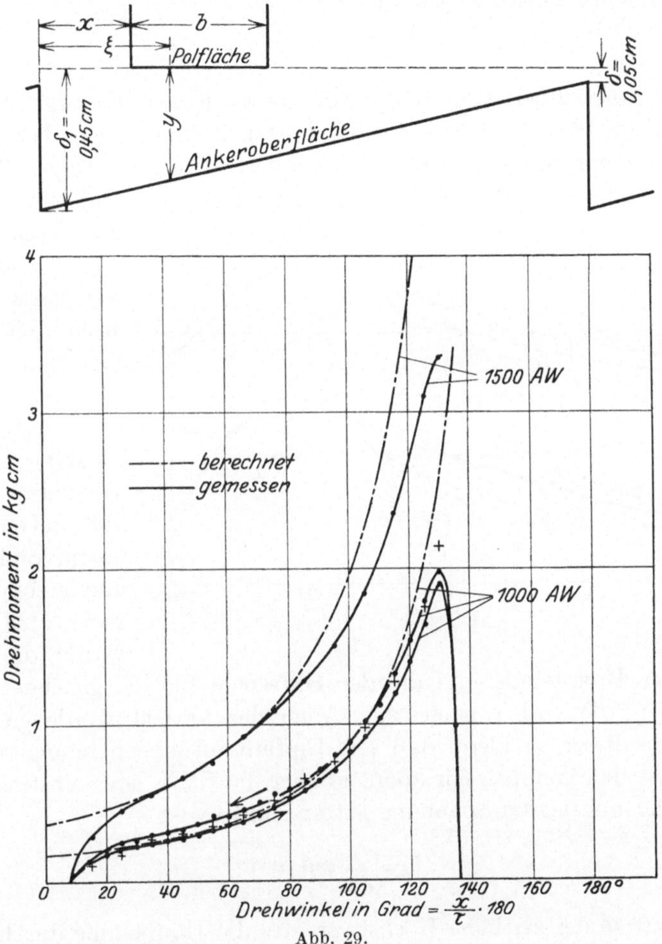

Abb. 29.

zwei Spulen aufgenommen, die auf den beiden Schenkeln saßen und zusammen 100 Windungen hatten. Die Kurve für 1500 AW sowie die für 1000 AW durch Kreuz dargestellten Punkte und alle weiteren Versuche wurden mit einer auf dem Joch angebrachten Spule gemessen, die in Abb. 28 angedeutet ist. Diese Spule hatte 780 Windungen von 0,9 mm Kupferdraht. Alle Drehmomentmessungen wurden mit Gleichstrom ausgeführt.

Da nun die Berechnung des Drehmoments ungefähr mit der Messung übereinstimmt und das Drehmoment analytisch aus der Änderung des magnetischen Leitwertes bestimmt worden war, so wurde dieser letztere noch geprüft. Zu diesem Zwecke wurde die Spule an eine konstante Wechselspannung von 125 Volt bei 50 Hertz gelegt und die Stromkurve abhängig vom Drehwinkel aufgenommen. Es ist unter Vernachlässigung des Ohmschen Spannungsabfalls

$$U = J \cdot \omega L = J \cdot 2\pi f \cdot 4\pi n^2 \lambda\, 10^{-9}. \tag{37}$$

Hieraus wurde λ berechnet und in Abb. 30 als Kurve a gezeigt. Ein Vergleich dieser Werte mit dem aus den Luftspaltabmessungen berechneten Leitwert ergab außergewöhnlich große Abweichungen. Dies ließ darauf

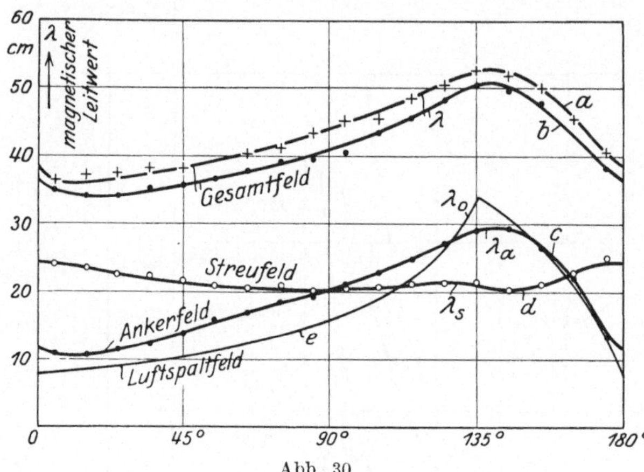

Abb. 30.

schließen, daß eine sehr hohe Streuung vorhanden war. Es wurde deshalb eine kleine Prüfspule von 50 Windungen um den Anker gewickelt und der Versuch wiederholt. Bei einer Frequenz von 42 Hertz und einem Strom von 1,28 Amp. wurde die Spannung der Hauptspule und die der Hilfsspule für die gleichen Ankerstellungen wie vorher gemessen. Auch der Verlust wurde gemessen, doch war dieser so klein, daß sein Einfluß auf die Spannung vernachlässigt werden konnte. Wir können daher die EMK der Selbstinduktion gleich der angelegten Spannung setzen, und es ist

$$U = \frac{\omega}{\sqrt{2}}\, n\Phi\, 10^{-8}, \tag{38}$$

wobei mit Φ der zeitliche Höchstwert des die Hauptspule durchsetzenden Flusses ist. Als höchste Spannung wurden 130 Volt in der Stellung 135° gemessen. Hierfür wird

$$\Phi = \frac{130\,\sqrt{2}\cdot 10^8}{2\pi\, 42 \cdot 780} = 89\,400 \text{ Maxwell.}$$

Nehmen wir an, daß dieser Fluß vollständig durch den Spulenkern geht (ein geringer Teil wird überhaupt nicht im Eisen verlaufen), so ist die Induktion in diesem

$$B = \frac{89\,400}{2\cdot 3 \cdot 0,9} = 16\,500 \text{ Gauß.}$$

Der Faktor 0,9 im Nenner berücksichtigt die Papierbeklebung der 0,5 mm starken Eisenbleche, aus denen das Magnetsystem aufgebaut war. Magnetisierungskurven von gutem Dynamoblech zeigen bei dieser Induktion schon einen magnetischen Spannungsverbrauch von 60 bis 70 AW/cm, was bei der späteren Berechnung wohl zu beachten ist. Die kleinste Spannung wurde mit 88 Volt gemessen bei einer Stellung von 15 bis 25°. Diesem Wert entspricht eine Höchstinduktion von $B = 11\,200$ Gauß mit etwa 5 bis 6 AW/cm. Aus dem Fluß erhalten wir wieder den Leitwert mittels der Gleichung

$$0,4\,\pi \cdot n \cdot J \sqrt{2} \cdot \lambda = \Phi, \tag{39}$$

also mit Zahlenwerten und Umformung

$$\lambda = \frac{\Phi}{0,4\,\pi \cdot 780 \cdot 1,28 \cdot \sqrt{2}} = 5,65 \cdot 10^{-4}\,\Phi$$

und für den oben berechneten Punkt

$$\lambda = 5,65 \cdot 10^{-4} \cdot 89\,400 = 50,4 \text{ cm}.$$

Auf diese Weise wurde die Kurve b in Abb. 30 gefunden. Sie weicht um einen gewissen Betrag, der anscheinend über den ganzen Drehbereich konstant ist, gegen Kurve a nach unten ab. Der Grund für diese Abweichung ist nicht festgestellt worden. Aus der an der Hilfsspule gemessenen Spannung U_2 kann man ebenfalls nach Gl. (38) den hindurchtretenden Ankerfluß Φ_a berechnen, wobei nur $n_a = 50$ statt n einzusetzen ist. Für die Stellung 135° wurde $U_2 = 4,79$ Volt gemessen, so daß also

$$\Phi_a = \frac{4,79 \cdot \sqrt{2} \cdot 10^8}{2\,\pi\,42 \cdot 50} = 51\,400 \text{ Maxwell}$$

wird. Nun wollen wir einen Leitwert für diesen Fluß durch die Gleichung definieren

$$0,4\,\pi\,n\,J \sqrt{2}\,\lambda_a = \Phi_a, \tag{39a}$$

also mit Zahlenwerten für den betrachteten Punkt

$$\lambda_a = \frac{51\,400}{0,4\,\pi \cdot 780 \cdot 1,28 \cdot \sqrt{2}} = 29,0 \text{ cm}.$$

Die so berechneten Werte von λ_a sind in Abb. 30 als Kurve c aufgetragen. Wenn wir jetzt diesen Wert von dem oben gefundenen abziehen, so können wir deren Differenz, also den Betrag $\lambda - \lambda_a = \lambda_s$ als Leitwert des Streufeldes auffassen. Diese Größe λ_s hat für den berechneten Punkt den Wert 21,4 cm und ist als Kurve d dargestellt. Sie ist über mehr als die Hälfte des Drehbereichs nahezu konstant und steigt nur dort etwas an, wo ein schwaches Feld auftritt; ihr höchster Wert wird etwa $\lambda_s = 24$ cm.

Wir wollen uns jetzt erinnern, daß wir für den Leitwert des Luftspalts eines solchen Ankers schon eine Formel abgeleitet haben und zusehen, wie sich diese Größe mit den hier durch Versuch gefundenen vergleicht. Wenn wir uns Gl. (1) und (2) ansehen, so finden wir, daß der Leitwert des Luftspalts offenbar durch die Gleichung gegeben ist

$$\lambda_0 = \int\limits_x^{x+b} \frac{l\,\mathrm{d}\xi}{2y} = \frac{lb}{2\delta}\,\sigma\,. \tag{40}$$

Der Faktor 2 ist im Nenner hinzugefügt, da wir den Leitwert beider Luftspalte zusammen berechnen wollen.

Die Größe σ hatten wir in Gl. (11) schon bestimmt. Damit wird

$$\lambda_0 = \frac{l\,r}{2\,\delta} \cdot \frac{1-\varepsilon}{\varepsilon} \ln \frac{1-\varepsilon^{\frac{x}{\tau}}}{1-\varepsilon^{\frac{x+b}{\tau}}}\,, \tag{41}$$

und zwar gilt dieser Ausdruck von $\frac{x}{\tau} = 0$ bis $\frac{x}{\tau} = 1 - \frac{b}{\tau} = 1 - \frac{\alpha}{180}$. Mit den oben gegebenen Zahlenwerten wird

$$\lambda_0 = \frac{3 \cdot \pi 2{,}65}{2 \cdot 0{,}05} \cdot \frac{1}{8} \cdot \ln \frac{9 - 8\frac{x}{\tau}}{7{,}03 - 8\frac{x}{\tau}} \quad \text{für} \quad 0 \leqq \frac{x}{\tau} \leqq \frac{135{,}65}{180}\,.$$

Für den übrigen Bereich, in welchem die Unstetigkeit der Ankeroberfläche unter dem Pol steht, kann man λ_0 ebenfalls nach Gl. (40) berechnen. Doch muß hier das Integral zerlegt werden in eines mit den Grenzen $\xi = x$ und $\xi = \tau$ und ein zweites mit den Grenzen $\xi = 0$ und $\xi = x + b - \tau$, wie leicht zu erkennen. Man erhält dann

$$\lambda_0 = \frac{l\tau}{2\delta} \frac{1-\varepsilon}{\varepsilon} \left[\ln \frac{1-\varepsilon^{\frac{x}{\tau}}}{1-\varepsilon} + \ln \frac{1}{1-\varepsilon^{\frac{x+b-\tau}{\tau}}} \right] \tag{42}$$

für

$$1 - \frac{b}{\tau} \leqq \frac{x}{\tau} \leqq 1\,.$$

Mit denselben Zahlenwerten wie oben wird daher

$$\lambda_0 = \frac{159\pi}{16} \ln \frac{9\left(9 - 8\frac{x}{\tau}\right)}{15{,}03 - 8\frac{x}{\tau}} \quad \text{für} \quad \frac{135{,}65}{180} \leqq \frac{x}{\tau} \leqq 1\,.$$

Der nach Gl. (41) und (42) berechnete Leitwert des Luftspaltfeldes ist in Abb. 30 als Kurve e eingezeichnet. Es ist nun recht interessant, diese Kurve mit der gemessenen Kurve c zu vergleichen. Auf dem größten Teil des Drehbereichs von 0 bis 125° liegt Kurve c oberhalb Kurve e und dies ist ganz natürlich, da wir ja bei Berechnung des

Leitwertes des Luftspalts und damit seines Flusses diesen auf die Polfläche beschränkt und alle Streuflüsse nach den Polflanken vernachlässigt haben. Diese letzteren sind aber natürlich sämtlich bei der
Messung mit erfaßt worden. Auf dem Bereich 125 bis 155° liegt Kurve c
unterhalb Kurve e. Hier wollen wir uns erinnern, daß wir bei Berechnung von λ_a die Gesamtdurchflutung der Spule eingesetzt haben. Wir
haben aber oben gesehen, daß in diesem Bereich schon eine recht be-

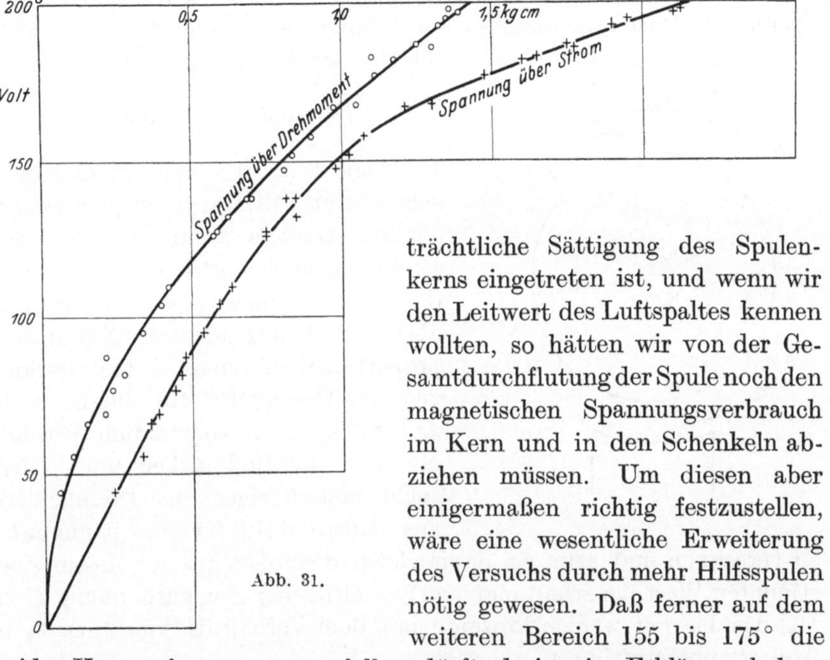

trächtliche Sättigung des Spulenkerns eingetreten ist, und wenn wir
den Leitwert des Luftspaltes kennen
wollten, so hätten wir von der Gesamtdurchflutung der Spule noch den
magnetischen Spannungsverbrauch
im Kern und in den Schenkeln abziehen müssen. Um diesen aber
einigermaßen richtig festzustellen,
wäre eine wesentliche Erweiterung
des Versuchs durch mehr Hilfsspulen
nötig gewesen. Daß ferner auf dem
weiteren Bereich 155 bis 175° die
beiden Kurven fast zusammen fallen, dürfte darin seine Erklärung haben,
daß hier offenbar beide Fehler (Vernachlässigung der Streuung im Luftspalt und des magnetischen Spannungsverbrauches im Kern) sich nahezu aufheben.

Im Anschluß hieran ist in Abb. 31 noch die Kennlinie dieses Magnetsystems, d. h. die Spannung an der Spule abhängig vom Strom für die
Ankerstellung 75° gezeigt, die bei einer Frequenz von 50 Hertz gemessen
wurde. Aus dieser Kurve ist auch die in Abb. 11 aufgetragene Kurve
G_1 abgeleitet. Zur Bestimmung der Kurve K_1 wurde dann Abb. 30 zu
Hilfe genommen, da bei dieser Meßreihe die Hilfsspule nicht angebracht
war. Als höchste Spannung wurden hier 203 Volt erreicht, wobei ein
Strom von 4,45 Amp. gemessen wurde. Vernachlässigen wir auch hier
den Ohmschen Spannungsabfall, was unbedenklich ist, so erhalten wir
einen Fluß

$$\Phi = \frac{203 \cdot \sqrt{2} \cdot 10^8}{2 \cdot \pi \cdot 50 \cdot 750} = 117\,000 \text{ Maxwell,}$$

und daher beträgt die Induktion im Spulenkern, unter der Voraussetzung, daß der ganze Fluß hier durchgeht,

$$B = \frac{117\,000}{2 \cdot 3 \cdot 0,9} = 21\,700 \text{ Gauß.}$$

Ob diese Induktion wirklich besteht, ist sehr zweifelhaft, da bei derartigen Werten schon ein starkes Heraustreten des Kraftflusses in den benachbarten Luftraum stattfindet. Abb. 31 zeigt ferner noch die Drehmomente, die gleichzeitig gemessen wurden, als Funktion der Spannung. Durch die aufgetragenen Punkte wurde eine Parabel gelegt, welche der Gleichung genügt

$$D = 0,358 \left(\frac{U}{100}\right)^2 \text{kgcm.}$$

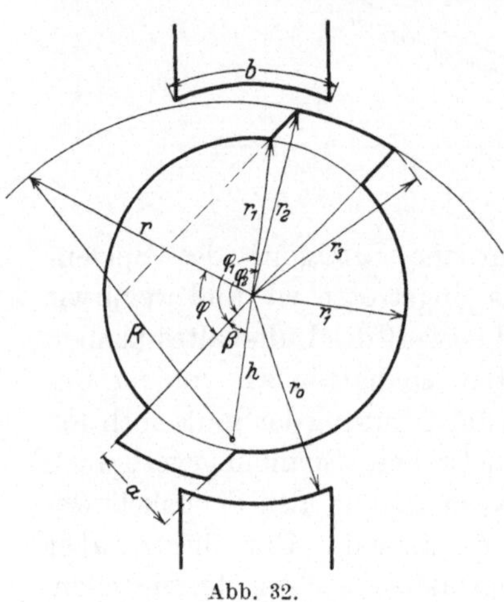

Abb. 32.

Es zeigt sich, daß man diese Kurve sehr gut als Mittelwert der gemessenen Punkte ansehen kann. Da also das Drehmoment proportional dem Quadrat der Spulenspannung ist, andererseits aber auch dem Quadrat des Nutzflusses proportional sein muß, so folgt daraus, daß der Gesamtfluß für die benutzte Ankerstellung in konstantem Verhältnis zum Nutzfluß stehen muß. Versucht man übrigens das Drehmoment aus Gl. (6) und (13) für eine Spannung U_0 zu berechnen und setzt es dann gleich dem oben aus der Messung bestimmten Wert, so erhält man ein Verhältnis der Spulenspannung U zu U_0, das bis auf wenige Prozent mit dem Verhältnis von λ zu λ_0 in Abb. 30 übereinstimmt.

c) Drehmagnet mit abgesetztem Anker. Auf der Technischen Hochschule in Stuttgart hat Herr Hans Wolf unter Leitung von Herrn Prof. Dr.-Ing. Fritz Emde den Auslösemagneten eines Ölschalters der Siemens-Schuckert-Werke eingehend durch Versuch und Rechnung untersucht[1]. Die Schenkel dieses Magneten waren mit demselben Werkzeug hergestellt, wie bei dem in Abb. 28 gezeigten System, jedoch war das Joch 30 mm breit, und die Eisenlänge (axiale Abmessung) betrug 40 mm. Die neuen Maße sind in Abb. 28 in Klammern beigefügt. Der Anker hatte eine neue Form, die in Abb. 32 dargestellt ist; seine Abmessungen waren die folgenden:

Die drei Radien $r_1 = 2,0$ cm, $r_2 = 2,4$ cm und $r_3 = 2,6$ cm wurden mittels Schublehre festgestellt; $a = 1,23$ cm; die Form der Ankerkurve wurde durch Umfahren mittels eines spitzen Bleistifts auf Zeichenpapier

---

[1] Diplomarbeit Wintersemester 1923/24.

übertragen und dann der mit der Kurve am besten übereinstimmende Kreis bestimmt. Es fanden sich folgende Werte: $R = 4{,}26$ cm; $h = 1{,}86$ cm; $\beta = 34{,}69°$. Wie wir jetzt leicht aus Abb. 32 ableiten können, bestehen folgende Gleichungen für die Ankerkurve

$$\left.\begin{aligned}
0 < \varphi < \varphi_1: \quad & r = r_1, \\
\varphi_1 < \varphi < \varphi_2: \quad & r = \frac{a}{\sin \varphi}, \\
\varphi_2 < \varphi < \varphi_3: \quad & R^2 = h^2 + r^2 - 2rh \cos(\beta + \varphi) \\
\text{oder} \qquad & r = h \cos(\beta + \varphi) + \sqrt{R^2 - h^2 \sin^2(\beta + \varphi)}.
\end{aligned}\right\} \quad (43)$$

Es ergab sich ferner

$$\varphi_1 = 142{,}05°; \qquad \varphi_2 = 149{,}17°; \qquad \varphi_3 = \pi.$$

Wenn wir jetzt die Luftspaltkurve berechnen wollen, so müssen wir darauf gefaßt sein, daß bei den kleinen Abmessungen des Ankers die Genauigkeit nicht allzu groß ist. Als Beispiel hierfür sei erwähnt, daß sich aus den Formeln ein kleinster Luftspalt von $\delta = 0{,}55$ mm ergibt, während die Messung mit der Schublehre $\delta = r_0 - r_3 = 26{,}5 - 26{,}0 = 0{,}5$ mm ergeben hatte, also ein Unterschied von etwa 10 %. Doch wurden die aus den Formeln berechneten Luftspalte für die Berechnung weiter verwendet.

Für die Berechnung des Drehmomentes wollen wir auf unsere Gl. (4a) zurückgehen. Zur Vereinfachung setzen wir $L_0 \frac{\delta}{b} = L'_0$, bestimmen das Drehmoment durch Multiplikation mit r_0, berücksichtigen, daß wir 2 Luftspalte haben, die von dem durch den Strom J erregten Fluß hintereinander durchtreten werden, und erhalten mit Umrechnung auf kgcm den Ausdruck

$$D = \frac{1}{2} \cdot \left(\frac{J}{2}\right)^2 L'_0 \cdot \left[\frac{1}{y_2} - \frac{1}{y_1}\right] 2 r_0 \cdot \frac{100}{9{,}81},$$

$$D = \frac{25}{9{,}81} \cdot J^2 L'_0 r_0 \left[\frac{1}{y_2} - \frac{1}{y_1}\right], \qquad (44)$$

worin

$$L'_0 = 4\pi n^2 l \, 10^{-9} \qquad (44\,\text{a})$$

zu setzen ist. Die bei den Messungen verwendete Spule hatte 150 Windungen Kupferdraht von 2 mm Stärke. Wie schon erwähnt, war $l = 4$ cm; damit wird

$$L'_0 = 4\pi \, 150^2 \cdot 4 \cdot 10^{-9} = 0{,}00113 \, \text{Henry}.$$

Der Bohrungsradius war $r_0 = 2{,}65$ cm; da der Pol breiter ist als der Ansatz am Anker, so ist stets $y_1 = r_0 - r_1 = 0{,}65$ cm zu setzen. Der vor den Klammern in Gl. (44) stehende Faktor wird daher

$$\frac{25}{9{,}81} \cdot J^2 \cdot 0{,}00113 \cdot 2{,}65 = 0{,}00763 \cdot J^2,$$

wobei J in Ampere einzusetzen ist. Wir wollen jetzt y für $\varphi = 144°$ berechnen, und da dieser Wert zwischen φ_1 und φ_2 liegt, so wird

$$r = \frac{1{,}23}{\sin 144°} = \frac{1{,}23}{0{,}588} = 2{,}092 \text{ cm}$$

und daher der Luftspalt $y = 2{,}65 - 2{,}092 = 0{,}558$ cm. Denken wir uns die rechte Polkante an dieser Stelle, so ist dieser Wert y_2, und dann wird

$$\frac{1}{y_2} - \frac{1}{y_1} = \frac{1}{0{,}558} - \frac{1}{0{,}65} = 0{,}253\,.$$

Damit erhalten wir ein Drehmoment bei 10 Amp. Erregung von

$$D = 0{,}00763 \cdot 10^2 \cdot 0{,}253 = 0{,}193 \text{ kgcm}\,.$$

Hierzu müssen wir noch die zugehörige Ankerstellung festlegen, die wir durch das Verhältnis x/τ kennzeichnen wollen, wenn x die Entfernung der linken Polkante vom Anfang der Ankerkurve ($\varphi = 0$) und τ die Polteilung bezeichnet, beide Längen gemessen auf dem Umfang des Bohrungskreises. Den Polwinkel hatten wir früher zu $\alpha = 44{,}35°$ berechnet, und daher wird

$$\frac{x}{\tau} = \frac{144 - 44{,}35}{180} = \frac{99{,}65}{180} = 0{,}554\,.$$

Als zweites Beispiel wählen wir $\varphi = 170°$; hiermit wird zunächst

$$h \cos(\beta + \varphi) = 1{,}86 \cdot \cos 204{,}69° = -1{,}690\,,$$
$$h \sin(\beta + \varphi) = 1{,}86 \cdot \sin 204{,}69° = -0{,}777$$

und daher

$$r = -1{,}690 + \sqrt{4{,}26^2 - 0{,}777^2} = 2{,}497 \text{ cm}, \quad \text{also} \quad y = 0{,}153 \text{ cm}\,.$$

Somit wird

$$\frac{1}{y_2} - \frac{1}{y_1} = \frac{1}{0{,}153} - \frac{1}{0{,}65} = 5{,}00\,,$$

und das Drehmoment bei 10 Amp. Erregung beträgt

$$D = 0{,}00763 \cdot 10^2 \cdot 5{,}00 = 3{,}82 \text{ kgcm}\,.$$

Die zugehörige Ankerstellung ist gegeben durch

$$\frac{x}{\tau} = \frac{170 - 44{,}35}{180} = \frac{125{,}65}{180} = 0{,}698\,.$$

Wir haben die Zahlen auf drei Stellen berechnet, also die Längen auf hundertstel Millimeter genau. Wenn man nur die Bestimmung der Ankerabmessungen ins Auge faßt, so wäre eine solche Genauigkeit unberechtigt, da die Ankerkurve gar nicht dementsprechend genau bestimmt werden konnte. Die Genauigkeit in unserer Rechnung hat jedoch deswegen Berechtigung, weil hier mehrfach Differenzen gebildet werden mußten, vor allem bei den reziproken Luftspalten, und wenn wir weniger genau gerechnet hätten, so wäre die erhaltene Kurve nicht glatt verlaufen, sondern mehr oder weniger unregelmäßig gewesen.

In Abb. 33 ist oben in der gleichen Art wie bisher der Pol und die Ankeroberfläche abgewickelt dargestellt, wofür die Luftspalte y in der eben gezeigten Weise aus den Gl. (43) berechnet wurden. Ferner ist darunter der Wert von $(1/y_2 - 1/y_1)$ als Kurve über x/τ aufgetragen, nicht wie früher die Größe ψ_1, da diese nur die Hinzufügung eines hier nicht benötigten konstanten Faktors erfordern würde. Aus dieser Kurve können wir dann mit Gl. (44), wie an Beispielen gezeigt, die Zugkraftkurve für den gegebenen Strom berechnen. Dies ist in Abb. 34 für die Ströme 10, 14 und 18 Amp. geschehen. Als Abszisse ist dabei der x entsprechende Winkel gewählt worden, also der Wert $\vartheta = x/\tau \cdot 180$. In demselben Bild sind auch die wirklich gemessenen Drehmomente durch Kreuze angedeutet und die Punkte durch glatte Kurven verbunden. Wir bemerken zunächst, daß für $\vartheta < 103°$ die gemessenen Drehmomente höher liegen. Dies ist ohne weiteres verständlich, da dann sicher ein starker Streufluß von der rechten Polachse ausgeht, den wir nicht berücksichtigt haben. Im übrigen Teile sind die gemessenen Werte kleiner; im mittleren Bereiche, bei etwa 120°, sind sie um etwa 14 bis 16 % kleiner als die berechneten Drehmomente. Hierbei ist aber noch folgendes zu beachten. Zur Berechnung des Drehmoments haben wir den Bohrungsradius $r_0 = 2,65$ cm eingesetzt. Nun greifen aber die magnetischen Kräfte offenbar an einem

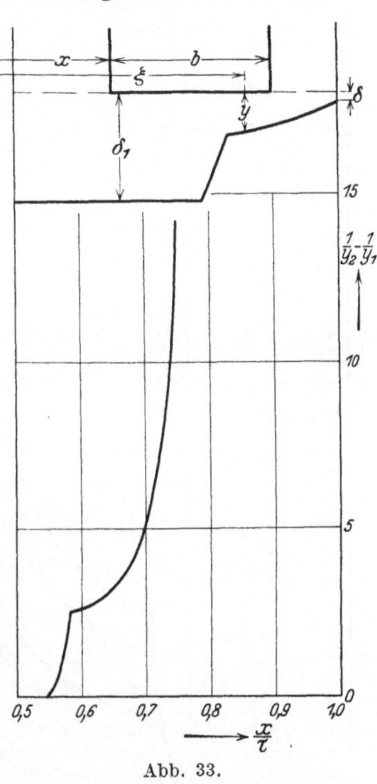

Abb. 33.

kleineren Radius an, einem Mittelwert zwischen r_1 und r_3. Wir wollen uns nun daran erinnern, daß wir bei Berechnung des Drehmomentes aus den Faradayschen Spannungen tatsächlich die hier erforderliche Korrektion kennengelernt haben. Nach Gl. III (4 b) müssen wir zur Berechnung die Größe $\left[\dfrac{r_0}{y_2} - \dfrac{r_0}{y_1} - \ln\dfrac{y_1}{y_2}\right]$ benutzen statt $\left[\dfrac{r_0}{y_2} - \dfrac{r_0}{y_1}\right]$, wie wir es getan haben. Die in diesem Verhältnis umgerechneten Drehmomentkurven sind in Abb. 34 von der Unstetigkeitsstelle ab gestrichelt eingesetzt, und wir erkennen, daß die Rechnung der Messung schon recht nahe kommt. (Wenn wir dieselbe Korrektion bei den vorigen Messungen in Abb. 29 anbringen, so liegen die neuen Kurven unter den gemessenen; bei 60° beträgt die Korrektion etwa 10 %. In Anbetracht der vielen in der Rechnung nicht berücksichtigten Einflüsse können wir aber auch dann noch mit dem Ergebnis zufrieden sein.)

Bei höheren Werten von ϑ werden die Abweichungen allmählich größer, offenbar unter dem Einfluß der Sättigung. Die Lage des Höchstwertes stimmt genau mit der rechnungsmäßigen ($\vartheta + \alpha = 180°$) überein. Im allgemeinen können wir mit der Übereinstimmung zwischen Rechnung und Messung zufrieden sein. Denn wie wir schon erwähnten, war die zeichnerische Festlegung der verwendeten Ankerkurve mit recht erheblichen Unsicherheiten behaftet, die für den kleinsten Luftspalt etwa 10% ausmachten.

Auch an diesem Magneten wurden Flußmessungen vorgenommen. Diese wurden mit Gleichstrom mit Hilfe eines ballistischen Galvanometers durchgeführt unter jedesmaliger Stromwendung, und zwar derart, daß die aufsteigende Magnetisierungskurve gemessen wurde. Der Gesamtfluß wurde durch eine Prüfspule gemessen, die unmittelbar neben der Hauptspule (Erregerspule) auf dem Joch angebracht war. Genau genommen hätte diese Prüfspule im Innern der Erregerspule auf dem Joch sitzen müssen, doch war dies mit Schwierigkeiten verbunden. Auch dürfte die Abweichung des gemessenen Flusses gegen den wirklichen Gesamtfluß nicht erheblich sein. Eine zweite Prüfspule war auf einem Pol unmittelbar auf den Polspitzen angebracht. Der hier gemessene Fluß wurde als Nutzfluß angesehen. Auch hier mag es Flußteile geben, die man eigentlich zum Nutzfluß rechnen muß, da sie durch den Anker gehen, aber nicht mitgemessen werden, oder auch andere Teile, die sich nicht durch den Anker schließen und doch mitgemessen werden. Doch dürften diese Beträge vernachlässigbar klein sein und die Genauigkeit für unsere Zwecke vollkommen ausreichen. In Abb. 35 ist der gemessene Gesamtfluß über dem Strom aufgetragen und außerdem die

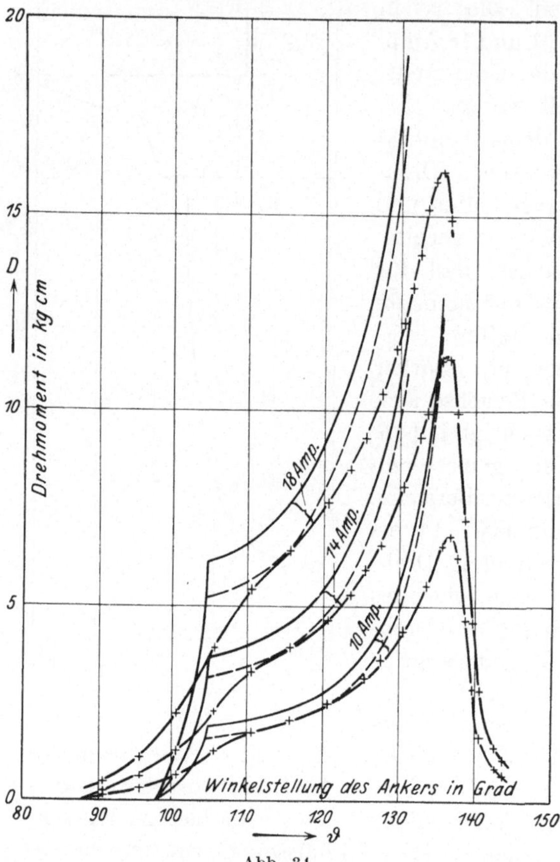

Abb. 34.

Differenz der beiden gemessenen Flüsse, also der Streufluß. Es sei hier erwähnt, daß der normale Betriebsstrom dieses Magnetsystems mit 10 Amp. festgelegt war. Für jeden Fluß sind zwei Kurven gezeigt, für die Anfangs- und für die Endstellung des Ankers. In der Anfangsstellung ($\vartheta = 100{,}65°$) zeigt sich in dem untersuchten Streubereich beim Streufluß überhaupt keine, beim Gesamtfluß eine sehr geringe Krümmung.

In der Endstellung des Ankers ($\vartheta = 135{,}65°$) dagegen zeigen die Kurven schon recht erhebliche Krümmung, ein Zeichen, daß die Sättigung hier schon wesentlich mitspricht. Wir wollen deshalb die Induktion im Joch nachrechnen. Bei 20,46 Amp. ist ein Gesamtfluß von 1,598 mVs gemessen worden. Das Joch hat bei 10% Verlust für Papierbeklebung einen Querschnitt von $3 \cdot 4 \cdot 0{,}9 = 10{,}8$ cm². Somit war die Induktion

$$B = \frac{1{,}598 \cdot 10^5}{10{,}8} = 14\,800 \text{ Gauß}.$$

Da die Schenkel nur 2 cm Breite haben, so beträgt hier die Induktion

$$B = \frac{1{,}598 \cdot 10^5}{2 \cdot 4 \cdot 0{,}9} = 22\,200 \text{ Gauß}.$$

Dieser Wert wird aber in Wirklichkeit nicht vorhanden sein, da ein recht beträchtlicher Teil des Streuflusses sich kurz um die Spule schließt, also gar nicht in die Schenkel eintritt.

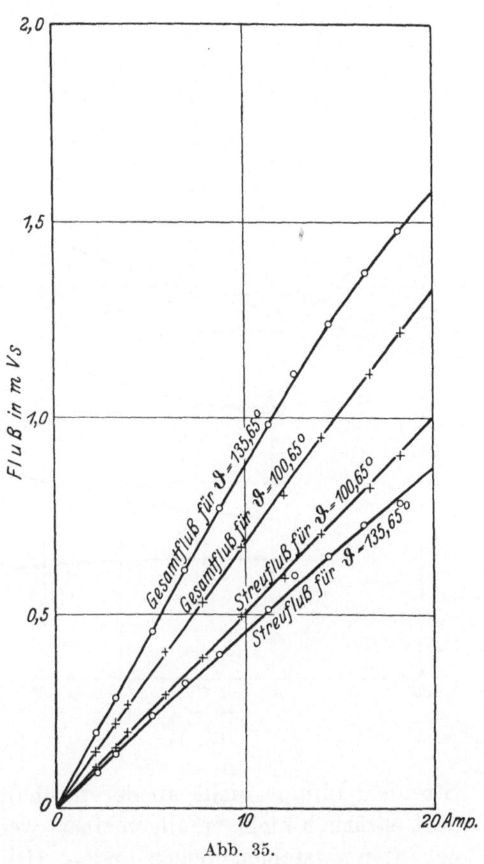

Abb. 35.

Sicher geht aber der volle Nutzfluß durch den Schenkel. Dieser beträgt für die genannte Erregung 0,7035 mVs und daher die Induktion in den Schenkeln mindestens

$$B = \frac{0{,}7035 \cdot 15^5}{2 \cdot 4 \cdot 0{,}9} = 9800 \text{ Gauß}.$$

Aus den durch die gemessenen Punkte gelegten Kurven wurden für konstante Ströme Werte entnommen und über der Ankerstellung aufgetragen (siehe Abb. 36). Die Kurven zeigen, daß der Streufluß bei konstantem Strom sich nur wenig mit der Ankerstellung ändert, und

zwar nimmt er ab, je weiter der Anker sich unter den Pol stellt. Bei
höheren Strömen wird diese Abnahme stärker, auch wieder ein Zeichen,
in welchem starken Maße die Sättigung den Streufluß beeinflußt.

Wie wir also gesehen haben, ändert sich der Streufluß während der Ankerbewegung nur wenig, man kann ihn in erster Annäherung als konstant ansehen. Genau dasselbe Ergebnis hatten wir auf S. 68 festgestellt, wo wir ein gleiches Magnetsystem mit einem ganz anderen Anker und schwächerem Joch untersucht hatten. Wir entnehmen also hieraus die Vorschrift, daß wir für derartige Magnetsysteme den Fall 2 in Abschnitt I 6 zugrunde legen können, d. h. die mechanische Arbeit des Ankers darf aus dem Nutzfeld im Luftspalt berechnet werden, das Streufeld nimmt nicht an der mechanischen Arbeit teil. Diese Regel darf natürlich nicht verallgemeinert werden, denn bei wesentlich anders gebauten Systemen mögen andere Grundsätze gelten. Darüber liegen noch zuwenig Versuche vor, und nur der Versuch darf letzten Endes darüber entscheiden, wie man zu rechnen hat.

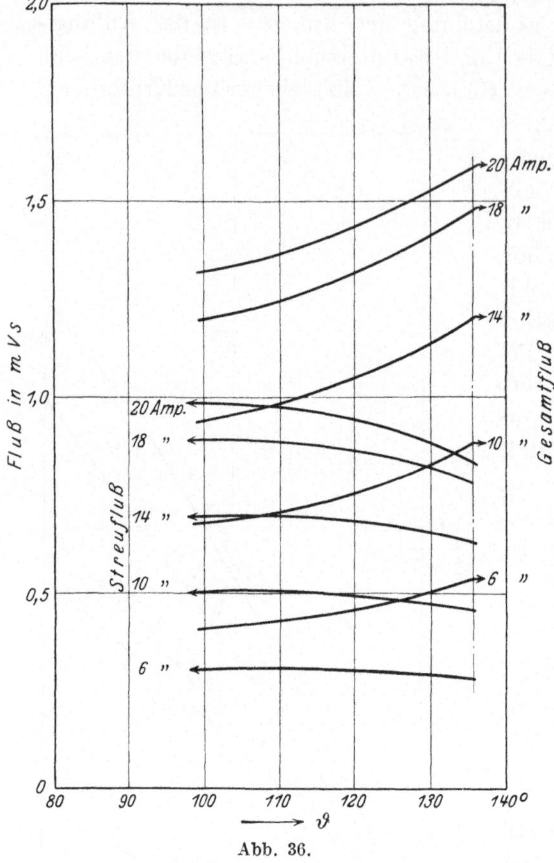

Abb. 36.

IV. Die Zugmagnete.

1. Allgemeines.

Wir wollen uns jetzt mit den eigentlichen Zugmagneten beschäftigen, d. h. mit solchen Magnetsystemen, bei welchen der bewegliche Teil, der Anker, sich senkrecht oder auch schräg auf den Pol zu bewegt. Hierzu gehört wohl die allergrößte Mehrzahl der heute auf dem

Markte befindlichen Elektromagnete, gleichgültig ob sie für Bremslüft-
zwecke, Relais, Auslösung von Ölschaltern oder irgendwelche anderen
Bedürfnisse dienen mögen. Eine gemeinsame Eigenschaft dieser Magnete,
die ihr Verhalten besonders kennzeichnet, ist der außerordentlich starke
Anstieg der Zugkraft gegen Ende des Hubes. Da nämlich der Anker
sich in der Richtung auf den Pol zu bewegt, so nimmt der Luftspalt
schließlich bis auf null ab. Wäre keine Sättigung vorhanden, so würde
bei konstantem Erregerstrom der Kraftfluß auf sehr große Werte ansteigen und damit auch die Zugkraft. Nun wird durch die Sättigung
dies allerdings verhindert, aber trotzdem ergibt sich noch immer ein
sehr starker Anstieg der Zugkraft. Sie steigt bei vollständig aufliegen-
dem Anker derart an, daß das Ankergewicht oder eine Rückzugfeder
häufig nicht mehr ausreichen, um den Anker zu entfernen. Selbst beim
Ausschalten des Stromes bleibt infolge der stets vorhandenen Remanenz
häufig noch genügend Zugkraft übrig, um den Anker festzuhalten.
Man sagt dann, der Anker „klebt“. Um dies zu verhüten, bringt man
deshalb auf der Polfläche einen
unmagnetischen Stoff an,
einen Stift oder ein Blättchen,
meistens aus Messing, welcher
verhütet, daß der Luftspalt
unter eine gegebene Grenze
sinkt.

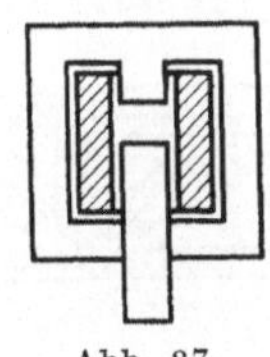 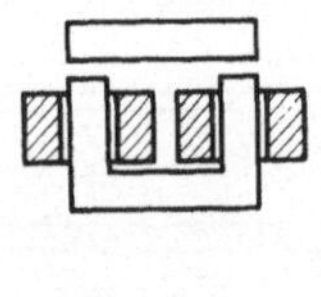 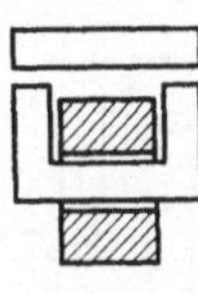

Abb. 37.   Abb. 38a.   Abb. 38b.

Die Ausführung dieser Zugmagnete ist sehr verschieden. Man baut
sie für Gleichstrom und für Wechselstrom, und zwar für Gleichstrom
wohl fast ausschließlich in Zylinderform, wobei der Kern beweglich ist
(Abb. 39). Für Wechselstrom wird meist ein geblättertes Magnetsystem
in Mantelform benutzt, das also aus drei Schenkeln mit beweglichem,
durch die Spule gehenden Mittelschenkel besteht (Abb. 37). In beiden
Fällen wird häufig der Kern zugeschärft, und zwar beim Zylindermagnet
kegelförmig, beim geblätterten Magnet keilförmig. Man erreicht damit
bei gleich großem Luftspalt eine Vergrößerung des Weges und eine Verminderung des Zugkraftanstieges. Beim Zylindermagnet kommt diese
Form vorzugsweise zur Anwendung, während beim geblätterten Magnet
sie weniger benutzt wird. Diese Ausführung mit zugeschärftem Kern
erfordert natürlich eine ganz besonders sorgfältige Führung, die beim
flachen Wechselstrommagnet nicht leicht zu erreichen ist. Ferner findet
man auch viel Wechselstrommagnete in Kernform, wobei zwei Kerne
mit je einer Spule vorhanden sind. Hier wird entweder das Joch glatt
abgeschnitten als Anker benutzt (Abb. 38a, b), oder wenn man die
Streuung nach Möglichkeit verringern will, wird der Kern in der Mitte
geteilt, so daß die eine Hälfte des Magneten sich gegen die andere bewegt. Fügt man nun noch einen dritten Kern mit Spule hinzu und

schließt dann jede der drei Spulen an eine Phase eines Drehstromsystems an, so erhält man einen Drehstrommagnet (Abb. 87).

2. Der Zylindermagnet.

Für die Betätigung von Bremsen im Kranbetrieb, zum Ein- und Ausschalten von großen Ölschaltern wird vorzugsweise, wenn Gleichstrom zur Verfügung steht, eine Magnetform benutzt, die folgendermaßen aufgebaut ist. Ein zylindrischer Eisenkern ist in einer Spule beweglich angeordnet, und das Ganze wird in einen zylindrischen Behälter (einen Topf) gesteckt, der als magnetischer Rückschluß für den Kern und gleichzeitig auch als mechanischer Schutz für die Spule dient. Das Zylindergehäuse wird sowohl aus Gußeisen hergestellt als auch aus Stahl. In Abb. 39 ist ein solcher Zylinder- oder Topfmagnet gezeigt. Um für diesen einen Ausdruck für seine Zugkraft zu erhalten, wollen wir in derselben Weise vorgehen wie früher. Wir berechnen also zunächst einmal die magnetische Energie, die im Luftraum in einer bestimmten Kernstellung

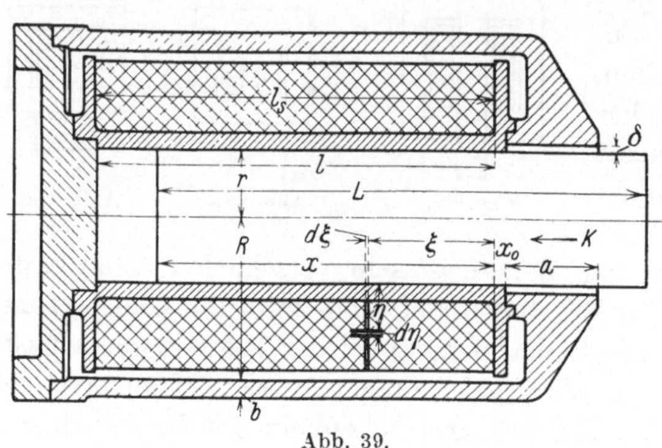

Abb. 39.

aufgespeichert ist. Der Einfachheit halber wir wollen voraussetzen, daß der Kraftfluß parallel zur Kernachse verläuft. Dann beträgt die magnetische Energie im Luftspalt nach Gl. I (15)

$$W_1 = 2\,\pi\,\vartheta_1^2 \frac{\pi\,r^2}{l-x}, \quad (1)$$

wenn ϑ_1 der am Luftspalt wirksame Teil der Durchflutung ist. Wir wollen zunächst annehmen, daß eine Sättigung nicht vorhanden ist, und deshalb nur die in den Lufträumen vorhandenen Energiemengen berechnen. Ein weiterer Luftraum, der eine nicht unbedeutende Energie enthält, ist das Spuleninnere, das den Kern umgibt. Wir betrachten eine sehr dünne Kreisscheibe von der Stärke $d\xi$ zwischen Kern und Gehäuse. In dieser Kreisscheibe ist der Fluß, den wir als radial gerichtet annehmen, überall der gleiche. Wir haben daher

$$B 2\pi (r + \eta)\,d\xi = B_0\,2\pi r\,d\xi,$$

oder

$$B = B_0 \frac{r}{r + \eta}, \quad (2)$$

wenn B_0 die Induktion am Kernumfang und B diejenige für einen Radius $\eta + r$ ist. Wenn wir beachten, daß in unmagnetischen Stoffen die Feldstärke H gleich der Induktion B ist, so wird die magnetische Spannung zwischen Kern und Gehäuse

$$4\pi\vartheta_\xi = \int\limits_0^{R-r} H\,\mathrm{d}\eta = \int\limits_0^{R-r} B_0\,\frac{r\,\mathrm{d}\eta}{r+\eta} = B_0 r \ln\frac{R}{r} = B_0 r \varrho, \qquad (3)$$

wobei der Kürze halber ϱ für $\ln R/r$ gesetzt ist. Schließlich erhalten wir die Energie in dem Spulenraum in dem Bereich $\xi = e$ bis $\xi = x$ zu

$$W_s = \frac{1}{2}\int\limits_e \vartheta_\xi\,\mathrm{d}\Phi = \frac{1}{2}\int\limits_e \vartheta_\xi B_0 2\pi r\,\mathrm{d}\xi = \frac{4\pi^2}{\varrho}\int\limits_e^x \vartheta_\xi^2\,\mathrm{d}\xi.$$

In dem Bereiche $0 < \xi < x$ wird der Fluß durch die Spule nicht immer dieselbe Richtung haben. Nehmen wir einmal an, der Fluß hätte überall dieselbe Richtung, so müßte an der Stelle $\xi = 0$ auch die Induktion verschwinden; dann würde hier auch keine magnetische Spannung herrschen, und es könnte kein Fluß durch den Gleitluftspalt δ treten. Dieser soll aber gerade den gesamten Fluß dem Kern wieder zuführen, und wir müssen daher die neutrale Stelle, an welcher die Induktion verschwindet, weiter in die Spule hinein verlegen. Die Entfernung dieser Schicht vom Anfang ($\xi = 0$) soll mit e bezeichnet werden. Da nun der Strom in der Spule gleichmäßig verteilt ist und diese überall dieselbe radiale Stärke hat, so ist offenbar die magnetische Spannung in einer Ebene an der Stelle ξ proportional ihrem Abstand von $\xi - e$ von der neutralen Ebene. Daher erhalten wir, wenn ϑ die Gesamtdurchflutung der Spule bedeutet

$$\vartheta_\xi = \frac{\xi - e}{l_s}\cdot\vartheta. \qquad (3\,\mathrm{a})$$

Setzen wir dies oben ein, so erhalten wir die magnetische Energie des Streuflusses

$$W_{s1} = \frac{4\pi^2}{\varrho}\int\limits_e^x \frac{(\xi - e)^2}{l_s^2}\,\vartheta^2\,\mathrm{d}\xi = \frac{4\pi^2}{\varrho}\,\vartheta^2\,\frac{(x-e)^3}{3\,l_s^2}. \qquad (4\,\mathrm{a})$$

Hierzu kommt noch die Streuenergie in dem Bereich $0 < \xi < e$, für welche wir erhalten

$$W_{s2} = \frac{4\pi^2}{\varrho}\int\limits_0^e \frac{(\xi - e)^2}{l^2}\,\vartheta^2\,\mathrm{d}\xi = \frac{4\pi^2}{\varrho}\,\vartheta^2\,\frac{e^3}{3\,l_s^2}. \qquad (4\,\mathrm{b})$$

Wir hätten auch gleich von 0 bis x integrieren können und hätten dann ohne weiteres $W_{s1} + W_{s2}$ erhalten. Immerhin ist es wichtig, diesen neutralen Punkt besonders zu beachten. Schließlich ist noch die Energie im Gleitluftspalt zu bestimmen. Die magnetische Spannung an diesem soll ϑ_2 sein, dann beträgt die Energie

$$W_2 = 2\pi\vartheta_2^2\,\frac{2\pi r a}{\delta}. \qquad (5)$$

Jetzt müssen wir noch untersuchen, wie groß ϑ_1 und ϑ_2 sowie Strecke e ist. Hierzu wollen wir den Fluß berechnen und diesem die gleichen Indexe geben. Zunächst ist der Fluß im Hauptluftspalt

$$\Phi_1 = 4\pi\vartheta_1 \frac{\pi r^2}{l-x} = 4\pi\vartheta_1\lambda_1 \tag{6a}$$

und im Gleitluftspalt

$$\Phi_2 = 4\pi\vartheta_2 \frac{2\pi r a}{\delta} = 4\pi\vartheta_2\lambda_2. \tag{6b}$$

Nun fehlt noch der Streufluß, und diesen finden wir leicht durch die Integration der uns bekannten Induktion auf der Kernoberfläche. Es wird also

$$\Phi_s = \int_0^x B_0 2\pi r\, \mathrm{d}\xi = \frac{8\pi^2}{\varrho}\int_0^x \vartheta_\xi\,\mathrm{d}\xi = \frac{8\pi^2}{\varrho}\vartheta\int_0^x \frac{\xi-e}{l}\,\mathrm{d}\xi,$$

und die Integration ergibt

$$\Phi_s = \frac{4\pi^2}{\varrho}\vartheta\,\frac{(x-e)^2-e^2}{l_s} = 4\pi\vartheta\lambda_s. \tag{6c}$$

Die Integration dürfen wir unbedenklich über den neutralen Punkt hinwegführen, da es uns auf den ganzen Fluß ankommt, der den Kern verläßt. Auf der Strecke $0 < \xi < e$ tritt ein gewisser Fluß ein, und genau derselbe Betrag tritt aus dem Kern für $e < \xi < 2e$ wieder aus. Wir hätten somit genau dasselbe Ergebnis erhalten, wenn wir von $2e$ bis x integriert hätten. Als weitere Beziehung erhalten wir die Bedingung, daß der in den Kern eintretende Fluß gleich dem austretenden sein muß. Das bedeutet

$$\Phi_2 = \Phi_1 + \Phi_s. \tag{7}$$

Ferner muß das erste Maxwellsche Gesetz gelten, d. h. der magnetische Spannungsverbrauch auf einem um den Spulenquerschnitt gelegten Weg muß gleich der Durchflutung sein oder in Zeichen

$$\vartheta = \vartheta_1 + \vartheta_2. \tag{8}$$

Aus den Gleichungen (6) bis (8) können wir ϑ_1 und ϑ_2 berechnen. Nach leichter Umformung findet sich

$$\vartheta_1 = \vartheta \cdot \frac{\lambda_2 - \lambda_s}{\lambda_1 + \lambda_2}; \qquad \vartheta_2 = \vartheta \cdot \frac{\lambda_1 + \lambda_s}{\lambda_1 + \lambda_2}. \tag{9}$$

Diese Werte können wir jetzt in die Gleichungen für W_1 und W_2 einsetzen. Es empfiehlt sich jedoch, dies nicht zu tun, sondern die Gleichungen zu lassen, wie sie sind, da sonst die Übersichtlichkeit leidet. Nur müssen wir im Auge behalten, daß ϑ_1 und ϑ_2 mit x veränderlich sind. Wir bilden nun die Summe der berechneten Energiemengen

$$W = W_1 + W_{s1} + W_{s2} + W_2.$$

Da wir es hier mit Gleichstrom, also unveränderlichem ϑ zu tun haben, so finden wir die Zugkraft, indem wir W nach x differenzieren. Wie steht es aber mit der Länge e, welche den Abstand der neutralen Schicht von dem Spulenende angibt, an dem der Kern eintritt? Nach unseren vorhergehenden Überlegungen muß die bis zur neutralen Schicht gerechnete Durchflutung gleich der magnetischen Spannung am Gleitluftspalt geworden sein. Wir erhalten also $\vartheta_\xi = -\vartheta_2$ für $\xi = 0$, und daher wird nach Gl. (3a)

$$\frac{e}{l_s} = -\frac{\vartheta_2}{\vartheta} = \frac{\lambda_1 + \lambda_s}{\lambda_1 + \lambda_2}. \tag{10}$$

Hieraus folgt nun, daß auch e mit der Kernbewegung sich ändert, es ist ϑ_2 proportional. Aber auch λ_s enthält noch e, und wir ersetzen daher dies durch seinen Wert aus Gl. (6c)

$$\frac{e}{l_s} = \frac{\lambda_1 + \dfrac{\pi}{\varrho}\,\dfrac{x^2 - 2\,x\,e}{l_s}}{\lambda_1 + \lambda_2}$$

oder umgeformt mit gleichzeitiger Einsetzung des Wertes von λ_1 wird

$$\frac{e}{l_s} = \frac{\dfrac{\pi r^2}{l - x} + \dfrac{\pi}{\varrho}\,\dfrac{x^2}{l_s}}{\dfrac{\pi r^2}{l - x} + \lambda_2 + 2\,\dfrac{\pi}{\varrho}\,x}. \tag{10a}$$

Da λ_2 von der Kernbewegung unabhängig ist, so erkennen wir leicht, daß e mit vorrückendem Kern größer wird.

Eine Formel für die Zugkraft wollen wir nur für den Fall ableiten, daß wir den Gleitluftspalt als vernachlässigbar klein voraussetzen können. Als Grenzfall können wir dann $\delta = 0$, also $\lambda_2 = \infty$ setzen, jedoch so, daß $\vartheta_2 \lambda_2$ endlich bleibt, da dies Produkt dem Fluß Φ_2 proportional ist, und dieser behält natürlich endliche Werte. Es wird nun

$$W = W_1 + W_{s1} = 2\pi\vartheta^2\,\frac{\pi r^2}{l - x} + \frac{4\pi^2}{\varrho}\,\vartheta^2\,\frac{x^3}{3\,l_s^2} \tag{11}$$

und daher die Zugkraft

$$K = \frac{dW}{dx} = 2\pi\vartheta^2\left[\frac{\pi r^2}{(l - x)^2} + \frac{2\pi}{\varrho}\,\frac{x^2}{l_s^2}\right]. \tag{12}$$

Würden wir den Streufluß nicht berücksichtigt haben, so wäre das zweite Glied in der Klammer weggefallen. Das erste Glied gibt aber nur die Zugkraft, die von dem Fluß im Hauptluftspalt auf den Kern ausgeübt wird. Es zeigt sich also das eigenartige Ergebnis, daß ein Fluß zur Bildung der Zugkraft beiträgt, der an und für sich eine Kraft gar nicht ausüben kann. Denn wie wir aus Abschnitt II 3 wissen, erzeugt der aus einer Eisenfläche austretende Fluß stets nur eine Zugkraft senkrecht zur Eisenfläche. Der radial aus dem Kern tretende Fluß kann daher nur Kräfte auslösen, welche radial wirken, also in ihrer Gesamt-

wirkung auf den Kern sich gegenseitig aufheben, und niemals eine Zugkraft in Richtung der Kernbewegung zustande bringen können. Auf
direktem Wege hätten wir also diesen Teil der Zugkraft gar nicht erfassen können.

3. Berechnung eines Zugmagneten.

Im vorigen Abschnitt haben wir für die einzelnen Größen, die bei der
Bestimmung der Zugkraft gebraucht werden, Beziehungen abgeleitet,
die in geeigneter Weise zusammenzusetzen sind. Wollten wir hieraus eine
Formel für die Zugkraft ableiten, so würde diese sehr umfangreich
werden und ihren Zweck vollständig verfehlen. da sie durchaus unübersichtlich wäre. Um nun die Berechtigung unserer Rechnungsweise zu
erproben, wurde ein Zahlenbeispiel durchgerechnet. Hierzu wurde ein
Zugmagnet gewählt, den E. Steil (Q. 43) genau durchgemessen hat. Die
Abb. 39 zeigt ihn maßstäblich, und zwar haben die in der Abbildung
eingetragenen Abmessungen die folgenden Zahlenwerte: $r = 4{,}25$ cm;
$R = 10{,}2$ cm; $L = 31{,}5$ cm; $l = 26{,}5$ cm; $a = 6{,}0$ cm; $b = 1{,}2$ cm;
$\delta = 0{,}4$ cm; 530 Windungen in 10 Lagen; Drahtstärke 4 mm (isoliert
4,5 mm); Widerstand 0,334 Ohm. Sämtliche Teile, Gehäuse, Deckel
und Kern, waren aus bestem Dynamostahl hergestellt.

Die Zugkraft finden wir bekanntlich dadurch, daß wir die magnetische
Energie nach dem vom Kern zurückgelegten Wege, also nach x ableiten.
Die magnetische Energie setzte sich aus drei Beträgen zusammen, dem
im Hauptluftspalt, dem in der Spule und dem im Gleitluftspalt. In den
Ausdrücken für die magnetische Energie ist zunächst die Veränderliche x
unmittelbar enthalten. Ferner sind aber auch die beiden magnetischen
Spannungen ϑ_1 und ϑ_2 mit x veränderlich, und nur die Gesamtdurchflutung ϑ, d. h. also der Erregerstrom, soll konstant bleiben. Um bei
diesen vielfachen Abhängigkeiten voneinander die Übersicht zu behalten, wurde die Rechnung tabellenmäßig durchgeführt.

Das Ergebnis dieser Rechnung ist in Abb. 40 als Zugkraftkurve in
Kilogramm über der Kernstellung x aufgetragen, und zwar für einen
Strom von 90 Amp. Kurve a zeigt die Zugkraft unter Berücksichtigung sämtlicher im vorigen Abschnitt abgeleiteten Formeln. Zur Beurteilung des Einflusses des Gleitluftspalts wurde Kurve b aufgetragen,
für welche $\delta = 0$ gesetzt ist, so daß $\vartheta_2 = 0$ und $\vartheta_1 = \vartheta$ wird. Die Kurve b
kann also aus Gl. (12) berechnet werden. Es zeigt sich, daß durch Einfügung des Gleitluftspalts die Zugkraft vermindert wird. Dies ist ohne
weiteres verständlich, denn durch Einfügung eines zweiten Luftspaltes
in den Kraftflußweg wird bei gegebener Erregung der Fluß vermindert
und damit auch die Zugkraft. Ferner zeigt Kurve c die Zugkraft für
den Hauptluftspalt allein, also unter Vernachlässigung des Streufeldes.
Man erhält die dafür gültige Formel, wenn man in Gl. (12) nur das erste

Glied der Klammer berücksichtigt. Es ist dies nur eine andere Form der später gegebenen Gl. (16a), die, wie erwähnt, als Maxwellsche Formel bekannt ist (s. a. Gl. II 26a). Die hiernach errechneten Zugkräfte liegen auf dem größten Teil des Weges ganz bedeutend unter der Kurve a; erst gegen Ende des Hubes steigt Kurve c sehr schnell an; sie schneidet Kurve a, bleibt jedoch stets unterhalb Kurve b. Die an diesem Magneten wirklich gemessene Zugkraft ist für den gleichen Strom in Kurve d aufgetragen.

Wir erkennen, daß wir mit unserer Kurve a der gemessenen Kurve in dem ersten Teile ($x < 8$ cm) schon recht nahegekommen sind. Auf-

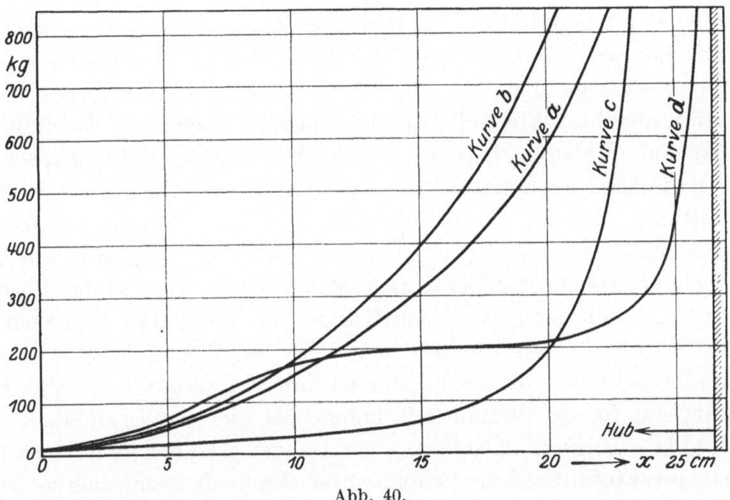

Abb. 40.

fälligerweise sind die gemessenen Zugkräfte größer als die berechneten. In einem gewissen Maße kann hierfür die zweifellos ungleichmäßige Induktionsverteilung auf der Polfläche die Ursache sein. Alle Flußmessungen deuten darauf hin, daß die Induktion nach dem Rande der Polfläche größer wird, und zwar unter Umständen recht beträchtlich. Um den Einfluß dieser am Rande hohen Induktionsspitzen zu untersuchen, wollen wir eine derartige Verteilung durch eine Gleichung darzustellen versuchen. Es sei r der Kernradius und x die Entfernung eines Punktes der Polfläche von ihrem Mittelpunkt. Dann setzen wir

$$B = B_0 + B_1\left(\frac{x}{r}\right)^n,$$

wobei n ein noch zu wählender Wert ist. Die Zugkraft auf einen solchen Pol würde nach der Maxwellschen Formel proportional folgendem Ausdruck sein

$$B_z^2 \pi r^2 = \int_0^r B^2 2\pi x\,\mathrm{d}x.$$

Legen wir um den Pol eine Prüfspule, so würden wir mit dieser einen Fluß messen, der durch folgenden Ausdruck gegeben ist

$$B_m \pi r^2 = \int\limits_0^r B\, 2\,\pi\, x\, \mathrm{d}x.$$

Wir setzen jetzt den angenommenen Wert für B hier ein, rechnen die Integrale aus und bilden das Verhältnis B_z^2/B_m^2, wofür wir nach Umformung erhalten

$$\frac{B_z^2}{B_m^2} = 1 + \frac{n^2 b^2}{(n+1)(n+2+2b)^2}.$$

Hierin ist der Kürze halber $b = B_1/B_0$ gesetzt worden. Diese Gleichung gibt uns an, wievielmal so groß die Zugkraft bei der angenommenen Verteilung ist gegenüber derjenigen, die derselbe Fluß mit konstanter Induktion ausübt. Wir wollen recht scharfe Spitzen am Polrande annehmen und wählen deshalb n recht hoch, etwa gleich 12. Ferner soll $b = 2$ sein, d. h. die Spitze am Polrande ist 3 mal so groß wie die über den mittleren Teil fast konstante Induktion B_0. Mit diesen Zahlenwerten erhalten wir $B_z^2/B_m^2 = 1{,}14$; somit wäre die Zugkraft um 14% größer als bei konstanter Induktion. Wenn wir in Abb. 40 das Verhältnis der Ordinaten der gemessenen Kurve d zu der Kurve a ausrechnen, so erhalten wir für eine Stellung $x < 7$ cm den Wert 1,4. Nun müssen wir wohl beachten, daß wir die Spitzen am Polrande schon recht hoch angenommen haben, vermutlich höher, als sie in Wirklichkeit auftreten. Bei geringerer Ausbildung der Spitzen ist aber, wie leicht feststellbar, ihr Einfluß auf die Erhöhung der Zugkraft wesentlich geringer, und es müssen daher noch andere Einflüsse vorhanden sein, um den Unterschied zwischen Rechnung und Messung zu erklären.

Leider liegen über die Verteilung der Induktion auf solchen ebenen Polflächen nicht viel Versuche vor. Steil hat Bilder von Eisenfeilspänen aufgenommen, die solche starke Zusammendrängung des Flusses am Rande zeigen. Kalisch hat an einem geblätterten Magneten ähnlich Abb. 47 mit viereckigem Kernquerschnitt $60 \cdot 62$ mm² Flußmessungen gemacht und zeigt die daraus abgeleitete Verteilung in körperlicher Darstellung, die in Abb. 77 wiedergegeben ist. Es ergab sich bei kleinem Luftspalt (5,5 mm) ein konvexes Bild, d. h. die Induktion bildete in der Polmitte eine Kuppe, und war an den Ecken am kleinsten. Übrigens ergibt auch eine solche Verteilung eine Erhöhung der Zugkraft gegenüber konstanter Induktion. Bei größerem Luftspalt (30 mm) war eine nicht allzu starke Einsenkung in der Mitte entstanden. Bei großem Luftspalt (150 mm) war die Einsenkung stärker geworden. Immerhin reichte sie nicht entfernt an die oben angenommene heran und kann daher auch nicht wesentlich (weniger als 10%) zur Erhöhung der Zugkraft beitragen. Kalisch selbst rechnet für den ungünstigsten Fall (30 Amp., 150 mm) nur 6,7% Vermehrung der Zugkraft heraus.

Wenn wir uns jetzt den weiteren Verlauf der gemessenen Zugkraft ansehen, so bemerken wir sofort, daß für größere Luftspalte als 8 cm die Kurve sich sehr stark senkt, und zwar derart, daß für $x = 12$ cm bis $x = 20$ cm die Zugkraft nahezu unverändert bleibt; sie steigt auf diesem Bereich nur etwa um 10% an. Erst für $x > 20$ cm steigt sie dann außerordentlich schnell an. Dies Verhalten des Magneten ist auf die Sättigung des Eisens zurückzuführen. Wir wollen deshalb die höchsten Induktionen ausrechnen. Es soll $x/l = 0,3$ sein; dafür ist der Luftspalt $x = 0,3 \cdot 26,5 = 7,95$ cm, also etwa der Punkt, an welchem die Zugkraftkurve beginnt konvex zu werden. Nun wollen wir zunächst die magnetischen Leitwerte berechnen. Wir erhalten aus Gl. (6a) und (6b)

$$\text{Hauptluftspalt} \quad \lambda = \frac{\pi \cdot 4,25^2}{26,5 \cdot 0,7} = 3,05 \text{ cm},$$

$$\text{Gleitluftspalt} \quad \lambda = \frac{2\pi \cdot 4,25 \cdot 6,0}{0,4} = 400 \text{ cm}.$$

Nun folgt aus Gl. (10) und (10a)

$$\frac{e}{l} = \frac{\vartheta_2}{\vartheta} = \frac{3,05 + \dfrac{\pi}{0,875} \cdot 0,3^2 \cdot 26,5}{3,05 + 400 + \dfrac{2\pi}{0,875} \cdot 0,3 \cdot 26,5} = \frac{11,6}{460} \doteq 0,0252.$$

Der Leitwert des Streufeldes von $\xi = e$ bis $\xi = x$ beträgt nun

$$\lambda_{s1} = \frac{\pi}{\varrho} \cdot \left(\frac{x}{l} - \frac{e}{l}\right)^2 \cdot l = \frac{\pi}{0,875} \cdot 0,275^2 \cdot 26,5 = 7,18 \text{ cm}.$$

Die Zugkraftkurve wurde für einen Strom von 90 Amp. berechnet; somit beträgt die Durchflutung $\vartheta = 90 \cdot 530 = 47700$ AW, und wir erhalten folgende Flüsse

im Hauptluftspalt $\quad \Phi_1 = 0,4\pi \cdot 0,975 \cdot 47700 \cdot 3,05 = 178000$ Maxwell,

im Streufeld $\quad\quad \Phi_{s1} = 0,4\pi \cdot 47700 \cdot 7,18 = 430000$ Maxwell.

Die Summe dieser Flüsse ($\Phi_1 + \Phi_{s1} = 608000$ Maxwell) gibt uns den maximalen Fluß, der den Kern durchsetzt. Wir hätten denselben Wert erhalten, wenn wir den Fluß im Gleitluftspalt berechnet und den geringen Betrag des Streuflusses für $\xi = 0$ bis $\xi = e$ hinzugefügt hätten. Die maximale Induktion im Kern beträgt daher

$$B = \frac{608000}{\pi\, 4,25^2} = 10800 \text{ Gauß}.$$

Ungefähr die gleiche Induktion können wir auch an mehreren Stellen des Deckels feststellen.

Dies ist aber tatsächlich ein Wert, bei welchem etwa die Sättigung anfängt merklich zu werden, so daß unsere Vermutung, die Sättigung drücke die Zugkraft herab, berechtigt ist. Wir wollen noch eben die Höchstinduktion im Gehäuse berechnen. Der Querschnitt beträgt hier

$$\pi(R+b)^2 - \pi R^2 = \pi b(2R+b) = \pi \cdot 1,2 \cdot 21,6 = 85 \text{ cm}^2,$$

und daher die Induktion $\dfrac{608\,000}{85} = 7150$ Gauß. Sobald der Kern etwas weiter vorrückt, kommen wir auch hier in den Bereich merklicher Sättigung. Es folgt daher, daß zur richtigen Erfassung der Zugkräfte bei der Vorausberechnung die Sättigung des Eisens durchaus zu berücksichtigen ist. Hierzu dienen die Induktionskurven für den betreffenden Werkstoff, wie solche in Abb. 3 dargestellt sind. Die Berechnung selbst kann zunächst auf graphischem Wege erfolgen; man kann jedoch auch die Induktionskurve durch eine analytische Funktion annähernd darstellen und dann rein rechnerisch vorgehen.

4. Der Zylindermagnet an konstanter Wechselspannung.

Zuweilen werden diese Topfmagnete auch für Wechselstrom verwendet, und wir wollen deshalb feststellen, welche Zugkraft sie in diesem Falle entwickeln. Wird die Spule in Reihe mit einem Verbraucher geschaltet, so daß der Betriebsstrom der Leitung hindurchfließt, die Spannung an den Spulenklemmen gering gegen die Verbrauchspannung ist, so wird der Strom durch die Kernbewegung in entsprechend geringem Maße beeinflußt, und wir können ebenso rechnen, als wenn wir Gleichstrom haben. Anders werden dagegen die Verhältnisse, wenn wir eine konstante Wechselspannung an die Klemmen legen. Hierfür wollen wir den Wirkwiderstand der Spule vernachlässigen, so daß der Spulenfluß unveränderlich ist. Dieser soll nun zunächst bestimmt werden.

Wir betrachten wiederum eine dünne Schicht der Spule an der Stelle ξ und von der Stärke $d\xi$ (s. Abb. 39). Da die radiale Abmessung der Wicklung auf der ganzen Länge die gleiche ist, so wird diese Schicht offenbar $\dfrac{n}{l}d\xi$ Windungen enthalten. Diese Windungen umschließen einen Kraftfluß durch den Kern, der sich zusammensetzt aus dem Fluß Φ_1, der durch den Hauptluftspalt tritt, und demjenigen Teil des Streuflusses, der in dem Bereich von ξ bis x, also bis zum Kernende radial durch die Spule geht. Demnach beträgt der Spulenfluß für die betrachtete Schicht

$$d\Psi = \frac{n}{l_s}d\xi\left[\Phi_1 + \int_{\xi}^{x} B_0\, 2\pi r \cdot d\xi\right].$$

Der Wert des Integrals in der Klammer beträgt nun mit Beachtung von Gl. (3) und (3a)

$$\int_{\xi}^{x} B_0\, 2\pi r\, \mathrm{d}\xi = \frac{4\pi^2}{\varrho\, l_s}\left[(x-e)^2 - (\xi-e)^2\right]\vartheta\,.$$

Damit erhalten wir den Spulenfluß in dem Bereiche $0 < \xi < x$ zu

$$\Psi_x = \int_{0}^{x} \frac{n}{l_s}\, \mathrm{d}\xi\left[\Phi_1 + \frac{4\pi^2}{\varrho\, l_s}\left[(x-e)^2 - (\xi-e)^2\right]\vartheta\right]$$

$$= n\left[\Phi_1\frac{x}{l_s} + \frac{4\pi^2}{\varrho\, l_s^2}\left((x-e)^2 x - \frac{1}{3}(x-e)^3 - \frac{1}{3}e^3\right)\vartheta\right]$$

oder mit Vereinfachung des zweiten Gliedes

$$\Psi_x = n\left[\Phi_1\frac{x}{l_s} + \frac{4\pi^2}{3\varrho\, l_s^2}\,\vartheta\,(2x^3 - 3ex^2)\right].$$

Hierzu kommt nun noch der Spulenfluß für den Rest der Spule, welche den konstant bleibenden Fluß Φ_1 umschließt. Es beträgt somit dieser Teil

$$\Psi_x' = \int_{x}^{l_s} \frac{n}{l_s}\, \mathrm{d}\xi \cdot \Phi_1 = n\,\Phi_1\frac{l_s - x}{l_s}$$

und daher der gesamte Spulenfluß

$$\Psi = n\,\Phi_1 + \frac{4\pi^2}{\varrho}\, n\vartheta\,\frac{x^2}{l_s^2}\left(\frac{2}{3}x - e\right). \tag{13}$$

Den Fluß Φ_1 können wir aus Gl. (6a) entnehmen und erhalten, indem wir einen ideellen Gesamtfluß $\Phi = \dfrac{1}{n}\,\Psi$ einführen,

$$\Phi = 4\pi\vartheta_1\,\frac{\pi r^2}{l - x} + 4\pi\vartheta\cdot\frac{\pi}{\varrho}\,\frac{x^2}{l_s^2}\left(\frac{2}{3}x - e\right). \tag{13a}$$

Hierbei ist zu beachten, daß wie bisher e und ϑ_1 mit x veränderlich sind, und wir können sie mit Hilfe von Gl. (9) und (10) durch ϑ ausdrücken. Aber auch diese Größe ändert sich, und zwar deshalb, weil ja nach Voraussetzung Φ konstant bleiben soll.

Wir wollen nun wieder den Gleitluftspalt als vernachlässigbar klein annehmen; dann ist $\vartheta_1 = \vartheta$ und $e = 0$ zu setzen, so daß wir erhalten

$$\Phi = 4\pi\vartheta\left[\frac{\pi r^2}{l - x} + \frac{2\pi}{3\varrho}\cdot\frac{x^3}{l_s^2}\right]. \tag{14}$$

Nun findet sich aus Gl. I (15)

$$W = \frac{1}{2}\,\vartheta\Phi = \frac{1}{8\pi}\,\frac{\Phi^2}{\dfrac{\pi r^2}{l - x} + \dfrac{2\pi}{3\varrho}\,\dfrac{x^3}{l_s^2}}\,. \tag{15}$$

Diese Gleichung müssen wir nach x differenzieren, um die Zugkraft zu erhalten. Nach Ausführung der Differentiation findet sich

$$K = \frac{\Phi^2}{8\pi} \frac{\dfrac{\pi r^2}{(l-x)^2} + \dfrac{2\pi}{\varrho}\dfrac{x^2}{l_s^2}}{\left[\dfrac{\pi r^2}{l-x} + \dfrac{2\pi}{3\varrho}\dfrac{x^3}{l_s^2}\right]^2} \, . \tag{16}$$

Die Berechnung der Zugkraftkurve nach dieser Gleichung wollen wir später durchführen. Wir wollen jetzt nur folgenden Umstand beachten. Hätten wir nur den Hauptfluß berücksichtigt, der durch den Luftspalt tritt, so wäre das zweite Glied im Zähler und Nenner fortgefallen, und wir hätten erhalten

$$K = \frac{1}{8\pi} \cdot \frac{\Phi^2}{\pi r^2} \, . \tag{16a}$$

Dies ist aber nichts anderes als die allgemein als Maxwellsche Tragkraftformel bekannte Beziehung. Diese Formel würde also anwendbar sein, wenn keinerlei Streufluß vorhanden wäre und der Kraftfluß in dem Luftspalt vollständig parallel vom Kern zum Pol übertreten würde. Über die Berechtigung ihrer Anwendung haben wir schon in Abschnitt II 4 ausführlich gesprochen. Auch sei in dieser Hinsicht auf den Schluß von Abschnitt IV 7 verwiesen.

Ehe wir die abgeleitete Formel mit Messungen vergleichen, wollen wir uns zunächst noch einmal kurz den Berechnungsweg überlegen. Man könnte sich fragen: Warum haben wir erst so mühevoll den Spulenfluß abgeleitet? In Gl. I (15) ist doch der Fluß einzusetzen, und diesen haben wir ja schon in Gl. (6a, c) und (7) gefunden. Dies wäre aber ein großer Fehler gewesen, wie man leicht für den Sonderfall $\delta = 0$ mit $e = 0$ und $\vartheta_1 = \vartheta$ durch Vergleich mit Gl. (14) feststellen kann. Der durch Gl. (14) gegebene Fluß ist nämlich kein wirklich vorhandener Fluß, sondern mit der Windungszahl der Spule multipliziert, gibt er den Spulenfluß, oder wie man auch sagt, die Kraftflußwindungszahl. Diese Größe aber ist es, die wir in die Energiegleichung einzuführen haben. Wir brauchen nämlich nur zu überlegen, wie wir zu der Gl. I (15) gekommen sind. Sie wurde aus der Gl. I (10) abgeleitet, welche das zweite Maxwellsche Gesetz, das Induktionsgesetz, darstellt, und dieses spricht von dem magnetischen Schwund, also der Änderung des Spulenflusses. Diesen Umstand muß man sich stets vor Augen halten.

Wir hätten übrigens auch die Gl. (15) leichter finden können, was jetzt noch kurz angedeutet werden soll. Die Gl. I (15) gibt auch die folgende Form für die Energie

$$W = \frac{1}{8\pi} M^2 \lambda = 2\pi \vartheta^2 \lambda,$$

und wenn wir dies mit unserer Gl. (11) vergleichen, so finden wir, daß
offenbar

$$\lambda = \frac{\pi\,r^2}{l-x} + \frac{2\,\pi}{\varrho}\,\frac{x^3}{3\,l_s^2} \tag{17}$$

sein muß. Diesen Ausdruck können wir unmittelbar in die erste der
Gl. I (15) einsetzen und erhalten damit sofort unsere Gl. (15). Immerhin ist die Berechnung des Spulenflusses recht lehrreich, so daß die
darauf verwendete Zeit nicht verschwendet ist.

5. Messung bei konstanter Wechselspannung.

Am Schlusse von Abschnitt IV 2 machten wir schon auf die Wirkung
des Streuflusses aufmerksam, die er auf die Zugkraft des Magneten
ausübt. Ganz merkwürdig wird jedoch das Verhalten dieses Magneten
bei konstanter Wechsel-
spannung. Wir sahen
schon, daß bei Vernach-
lässigung des Streu-
flusses die Formel für
die Zugkraft zu dem
Ausdruck (16a) wird.
Da wir aber die Span-
nung als konstant vor-
ausgesetzt haben, so ist
dies auch der Fluß.
Folglich muß die Zug-
kraft unveränderlich
bleiben, wie groß wir
auch den Luftspalt ma-
chen. Wenn wir jedoch

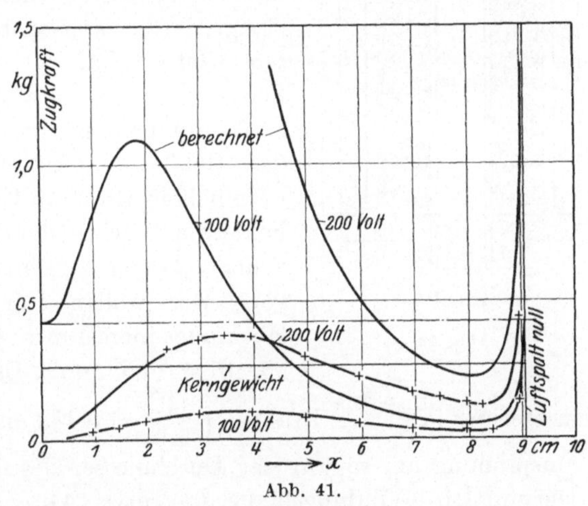

Abb. 41.

versuchen, die Zugkraft aus Gl. (16) zu berechnen, so sehen wir sehr
bald, daß sie weit davon entfernt ist, konstant zu bleiben, indem sie nach
einer stark veränderlichen Wellenlinie verläuft. Für $x = 0$ (Kern ganz
herausgezogen) und $x = l$ (Luftspalt null) hat die Zugkraft den durch
Gl. (16a) gegebenen Wert. Für kleine Werte von x steigt die Zugkraft
an, überschreitet einen Höchstwert, um dann auf einen sehr kleinen
Wert abzusinken. Erst bei sehr kleinem Luftspalt steigt sie schnell auf
ihren Endwert. In Abb. 41 ist eine solche Zugkraftkurve aufgetragen,
berechnet nach Gl. (16) für folgende Abmessungen:

$$r = 0{,}91\,\text{cm}; \quad R = 3{,}49\,\text{cm}; \quad \varrho = \ln\frac{R}{r} = 1{,}344; \quad l = 9{,}05\,\text{cm}; \quad l_s = 10{,}16\,\text{cm}.$$

Die Spule hatte 6100 Windungen.

Der Magnet wurde im Jahre 1906 von der Firma Siemens Bros. Dynamo-
Works, Stafford, zur Auslösung von Ölschaltern entworfen und ist in

Abb. 42 maßstäblich gezeigt. An diesem Magnet wurden mehrere
Reihen von Messungen mit konstanter Wechselspannung gemacht, von
denen zwei in Abb. 41 wiedergegeben sind. Die Messungen wurden bei
einer Frequenz von 50 Hertz gemacht. Für die gleichen Spannungen
(100 und 200 Volt) sind auch die berechneten Kurven eingezeichnet.
Wir sehen nun sofort, daß bei kleinem Luftspalt der Verlauf der berechneten und der gemessenen Kurve sehr ähnlich ist. Dies ist also ein
Zeichen, daß die für die abgeleitete Formel zugrunde gelegte Feldverteilung berechtigt ist. Die Werte selbst weichen allerdings stark voneinander ab. Die Messung ergab beispielsweise
in der Kernstellung $x = 8$ cm nicht viel mehr
als 50% des berechneten Wertes. Der Grund
für diese Abweichung kann mancherlei Art sein.
Zunächst haben wir den Gleitluftspalt vernachlässigt, der bei konstanter Spannung einen anderen Einfluß hat als bei konstantem Strom.
Ferner mag die Sättigung in einem gewissen
Maße mitsprechen, da der Kern lamelliert und
das Gehäuse nebst Abschlußdeckel aus ge-
wöhnlichem Grauguß hergestellt war. Als dritte
Fehlerquelle wäre der Wicklungswiderstand zu
nennen. Leider liegt eine Messung darüber nicht
vor. Wir wollen ihn daher schätzen. Der
Wicklungsquerschnitt der Spule betrug etwa
$95 \cdot 15 = 1425$ mm². Daher beträgt der Durch-

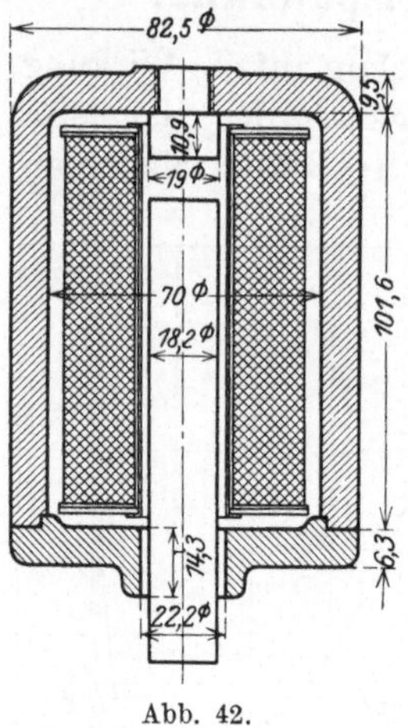

Abb. 42.

messer des isolierten Drahtes $\sqrt{\dfrac{1425}{6100}} = 0{,}483$ mm. Nimmt man Seiden-
umspinnung an, so war der Durchmesser des blanken Drahtes 0,4 mm.
Die mittlere Windungslänge war etwa $44\,\pi = 140$ mm. Daher wird
der Widerstand kalt etwa betragen haben

$$w = \frac{0{,}14 \cdot 6100}{56 \cdot 0{,}4^2 \dfrac{\pi}{4}} = 121 \text{ Ohm.}$$

Bei der Berechnung der Zugkraft wurde die Spannung mittels folgender
Formel eingeführt $(\omega = 2\pi f)$

$$E = \omega n \, \Phi 10^{-8} \tag{18}$$

Wir bemerken hier, daß wir zur Berechnung der Zugkraft den Effektivwert der Spannung einzusetzen haben, da wir nur mit dem Mittelwert
der Zugkraft rechnen. In dieser Gleichung ist genau genommen E die
induktive Komponente der Spannung. Bezeichnen wir die Klemmenspannung mit U, die Phasenverschiebung zwischen Strom und Spannung
mit φ, so gilt

$$E = U \sin \varphi, \tag{19}$$

wobei
$$\mathrm{tg}\,\varphi = \frac{\omega L}{w} \tag{20}$$

ist. Nun berechnen wir nach Gl. (17) den magnetischen Leitwert des Magneten und erhalten für $x = 8$ cm den Wert $\lambda = 10{,}1$ cm. Damit wird

$$L = 4\pi \cdot 10{,}1 \cdot 6100^2 \cdot 10^{-9} = 4{,}71 \text{ Henry}$$

und wir erhalten

$$\mathrm{tg}\,\varphi = \frac{2\pi 50 \cdot 4{,}71}{121} = 12{,}2; \quad \sin\varphi \approx 1.$$

Nun wählen wir einen anderen Punkt, etwa $x = 3$ cm; hierfür wird $\lambda = 0{,}48$ cm, also $L = 4\pi \cdot 0{,}48 \cdot 6100^2 \cdot 10^{-9} = 0{,}224$ Henry und damit

$$\mathrm{tg}\,\varphi = \frac{2\pi 50 \cdot 0{,}224}{121} = 0{,}58; \quad \sin\varphi \approx 0{,}50.$$

Die induktive Komponente ist also etwa gleich der halben Klemmenspannung, und da die Spannung quadratisch in die Zugkraftformel eingeht, so muß die gemessene Zugkraft etwa ein Viertel der berechneten betragen. Wenn wir uns nun Abb. 41 darauf ansehen, so zeigt diese, daß nicht $\frac{1}{4} \cdot 760 = 190$ g gemessen wurde, sondern nur etwa 95 g. Wir müssen aber beachten, daß der von uns berechnete Widerstand sich auf die kalte Spule bezieht. Diese hat jedoch bei der Messung sicher recht erhebliche Temperaturen gehabt und damit kommen wir dem gemessenen Wert näher. Jedoch bleibt auch hier wie bei kleinem Luftspalt noch ein Unterschied, der durch den Widerstand nicht zu erklären ist. Es muß daher eingehenderen Messungen überlassen bleiben, die Verhältnisse in solchen Magneten bei Wechselstrom aufzuklären.

6. Der Zylindermagnet mit konischem Luftraum.

Es wurde schon kurz erwähnt, daß es gebräuchlich ist, die Polflächen nicht senkrecht zur Bewegungsrichtung auszubilden, sondern in einem gewissen Winkel dazu. Man zieht auf diese Weise den Weg auseinander, man ändert seinen Maßstab. An den Eigenschaften der Zugkraftkurve wird dadurch nicht viel geändert. Diese können wir dagegen dadurch beeinflussen, daß wir irgendeinen Teil des magnetischen Weges sättigen. In Abschnitt IV 3 haben wir schon gesehen, daß die Sättigung des Kernes und des Gehäuses einen erheblichen Einfluß hat. Die ursprünglich etwa hyperbelartig ansteigende Kurve verläuft auf einer beträchtlichen Strecke fast waagerecht, d. h. die Zugkraft ist ungefähr konstant. Je nachdem, welche Querschnitte wir im Kern und im magnetischen Rückschluß verwenden, ferner was für Baustoff wir nehmen, ob Gußeisen, Stahl, werden wir die Zugkraftkurve in gewissen Grenzen nach Belieben ändern können. Um daher zu einer vollen Klarheit über den Einfluß

der verschiedenen Maßnahmen zu gelangen, muß man ihre jeweilige
Wirkung einzeln untersuchen. Dies ist bisher leider nicht in dem erforderlichen Maße geschehen.

Die Praxis hat den Zylindermagnet in einer ganzen Reihe von
Formen und Größen auf den Markt gebracht. Bei der Berechnung
ging man meist von der sogenannten „Maxwellschen Tragkraftformel" aus, die wir schon kennengelernt haben. Der Versuch zeigte
dann im allgemeinen recht erhebliche Abweichungen von der Rechnung,
und zwar in dem Sinne, daß die gemessene Zugkraft meistens größer
war. Dies wurde angenehm empfunden, jedoch ist es bisher zur syste-
matischen Erforschung der Vorgänge in diesen Magneten nicht gekommen. Hierzu wäre notwendig, daß man bei gleichem Kernquerschnitt
den Querschnitt des Deckels und des Mantels ändert, um den Einfluß
der Sättigung zu erfassen, ferner daß man die Spulenform ändert, da
es durchaus nicht gesagt ist, daß der bisher verwendete rechteckige
Wicklungsquerschnitt der vorteilhafteste für eine gewünschte Zugkraftkurve ist. Auch die Form des Rechteckes, d. h. das Verhältnis seiner
Seitenlängen, ist sicher von Bedeutung. Schließlich ist noch die Wirkung der Polform zu untersuchen. Die schon erwähnte Schrägstellung
der Polflächen hat bei dem Zylindermagnet zur Kegelfläche geführt,
um Symmetrie zu erhalten.

Bei einer solchen Untersuchung sollte aber auch stets großer Wert
auf eine sorgfältige rechnerische Verfolgung der Vorgänge in allen Teilen
des Magneten gelegt werden, wobei die Magnetisierungskurven der verwendeten Baustoffe zu berücksichtigen sind. Eine derartige Untersuchung erfordert aber einen sehr großen Aufwand an Zeit und Kosten,
und man hat sich daher damit begnügt, die in der Industrie her-
gestellten Magnete durchzuprüfen, in den meisten Fällen ohne wesentliche Änderungen vorzunehmen. Das auf diese Weise geschaffene Versuchsmaterial ist jedoch noch längst nicht erschöpft, und es kann aus
den Messungen sicher noch manche Erkenntnis durch sorgfältige Nach-
rechnung gewonnen werden. Um dieses Versuchsmaterial zu vergrößern,
wurden auf Anregung des Verfassers drei solcher Zylindermagnete mit
kegeliger Polfläche, die von den Firmen F. Klöckner, Köln-Bayenthal,
und Emag Elektrizitäts-Aktien-Gesellschaft, Frankfurt am Main, hergestellt waren, in der Technischen Hochschule Stuttgart von den Herren
Hutt, Melchinger und Fecker unter Leitung von Herrn Professor
Dr.-Ing. Fritz Emde sorgfältig durchgeprüft. Es sollen nun im folgenden die wichtigsten Ergebnisse dieser Messungen mitgeteilt und kritisch
besprochen werden. An eine vollständige Verarbeitung des Materials
kann hier wegen Raum- und Zeitmangel nicht gedacht werden. Dies
bleibe der Zukunft vorbehalten. Der Technik würde bestimmt ein sehr
großer Dienst erwiesen, wenn der sehr umfangreiche, in diesen Arbeiten

enthaltene Stoff nochmals durchgearbeitet und an geeigneter Stelle veröffentlicht werden würde.

**a) Zugmagnet mit 17° Kegelwinkel; hergestellt von F. Klöckner,
geprüft von Hermann Hutt.** Der Magnet ist in Abb. 43 im Schnitt
gezeigt und besitzt im Kern einen Hohlkegel, in welchen ein genau pas-
sender Pol hineinragt. Gegenüber anderen ähnlichen Zugmagneten
besitzt dieser insofern eine abweichende Ausführung, als der magnetische

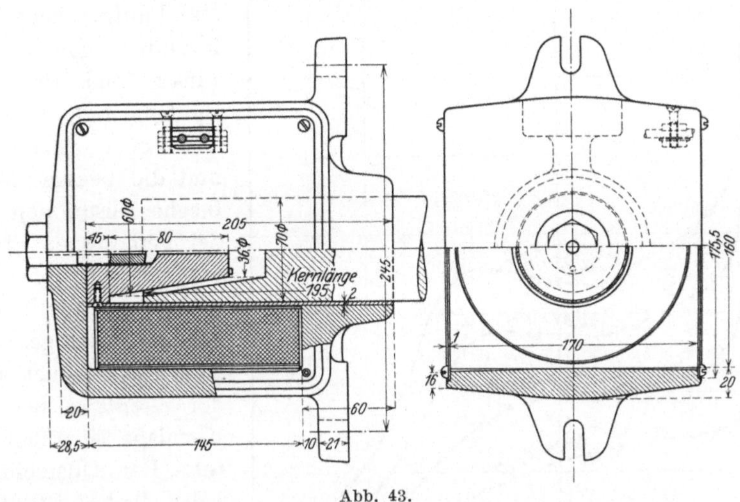

Abb. 43.

Rückschluß hier nicht als zylindrischer Topf ausgebildet, sondern durch
zwei plattenartige Wände aus Grauguß gegeben ist. Die beiden anderen
Seiten sind durch Eisenblech gebildet, das jedoch hier keinen magnetischen Zweck hat, sondern nur zur Verkleidung und zum Schutz der
Spule dient. Die Spule besitzt 6400 Windungen von 0,5 mm Draht
und 4200 Windungen 0,6 mm Draht in Reihe geschaltet. Ihr Widerstand beträgt 285 Ohm bei 20° C. Zum Schutz gegen Überspannungen
beim Abschalten ist ein Nebenwiderstand von 617 Ohm bei 20° C angeschlossen.

Die Zugkraftkurven sind in Abb. 44 für mehrere Ströme gezeigt;
darunter ist Kern und Pol derart dazu gezeichnet, daß das Kernende
in den Kurven gleich die Abszisse angibt, für welche die in der betreffenden Stellung auftretende Zugkraft abzulesen ist. Bei stärker werdendem
Strom bilden die Kurven allmählich einen Hügel aus, der sich nach der
Stelle hinzieht, an welcher der Kern die Polspitze eben bedeckt. Sobald
der Kern von hier aus weiter vorrückt, nimmt die Zugkraft zunächst
etwas ab. Dies Verhalten des Magneten ist auf Sättigung an verschiedenen Punkten zurückzuführen. Um hierüber vollständig im klaren zu

sein, wurden Flußmessungen mittels Prüfspulen ausgeführt, von denen die wichtigsten in Abb. 45 a bis d für die Hübe 4 mm, 30 mm, 70 mm und 125 mm in Kurven dargestellt sind. Am Spulengrund, auf den Jochen und Deckblechen waren je 4 Spulen in je 35 mm Abstand aufgebracht. Die hiermit gemessenen Flüsse sind für den Spulengrund, die beiden Joche zusammen und die beiden Deckbleche zusammen an der gemessenen Stelle aufgetragen, wobei die Abszissenachse in der Spulenachse gedacht ist. Der Magnet mit der entsprechenden Kernlage ist angedeutet. Der Querschnitt jedes Joches ist etwa 28,9 cm^2 und der jedes Deckbleches 16 cm^2.

Ferner wurde mittels der in Abschnitt VII 1 beschriebenen Methode aus Oszillogrammen der Spulenfluß ermittelt. Hierbei zeigte sich, daß die Remanenz beträchtlich das Ergebnis beeinflußte. Durch Stromwendung und Aufnahme der Oszillogramme für beide Stromrichtungen wur-

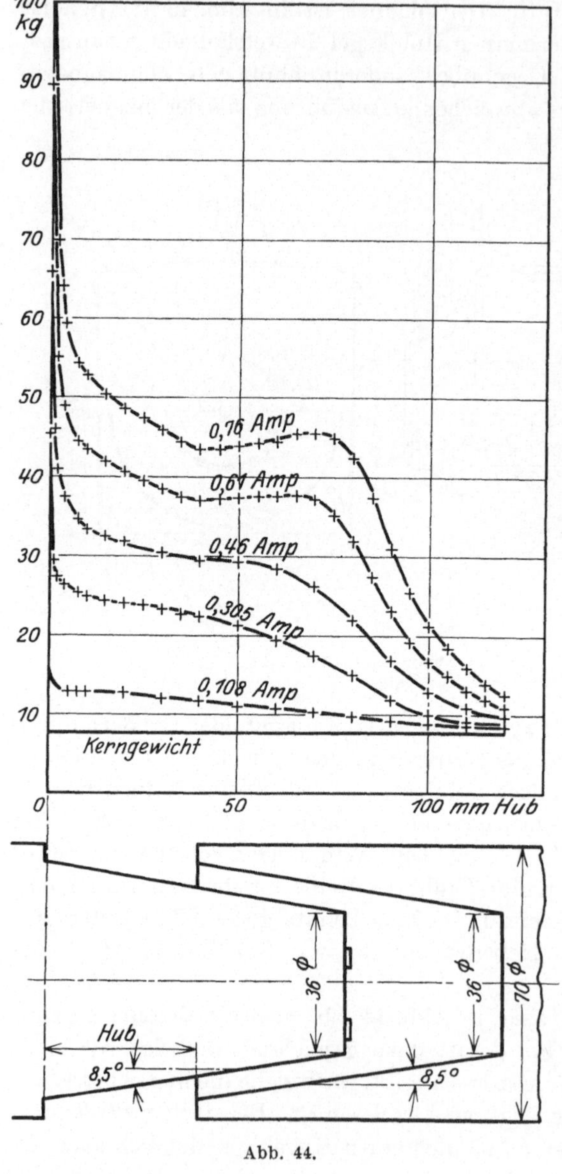

Abb. 44.

den die der mittleren Magnetisierungskurve entsprechenden Werte berechnet und in Abb. 46 in Kurven dargestellt. Wenn wir jetzt versuchen, den Spulenfluß aus den Flußmessungen zu ermitteln, so zeigen

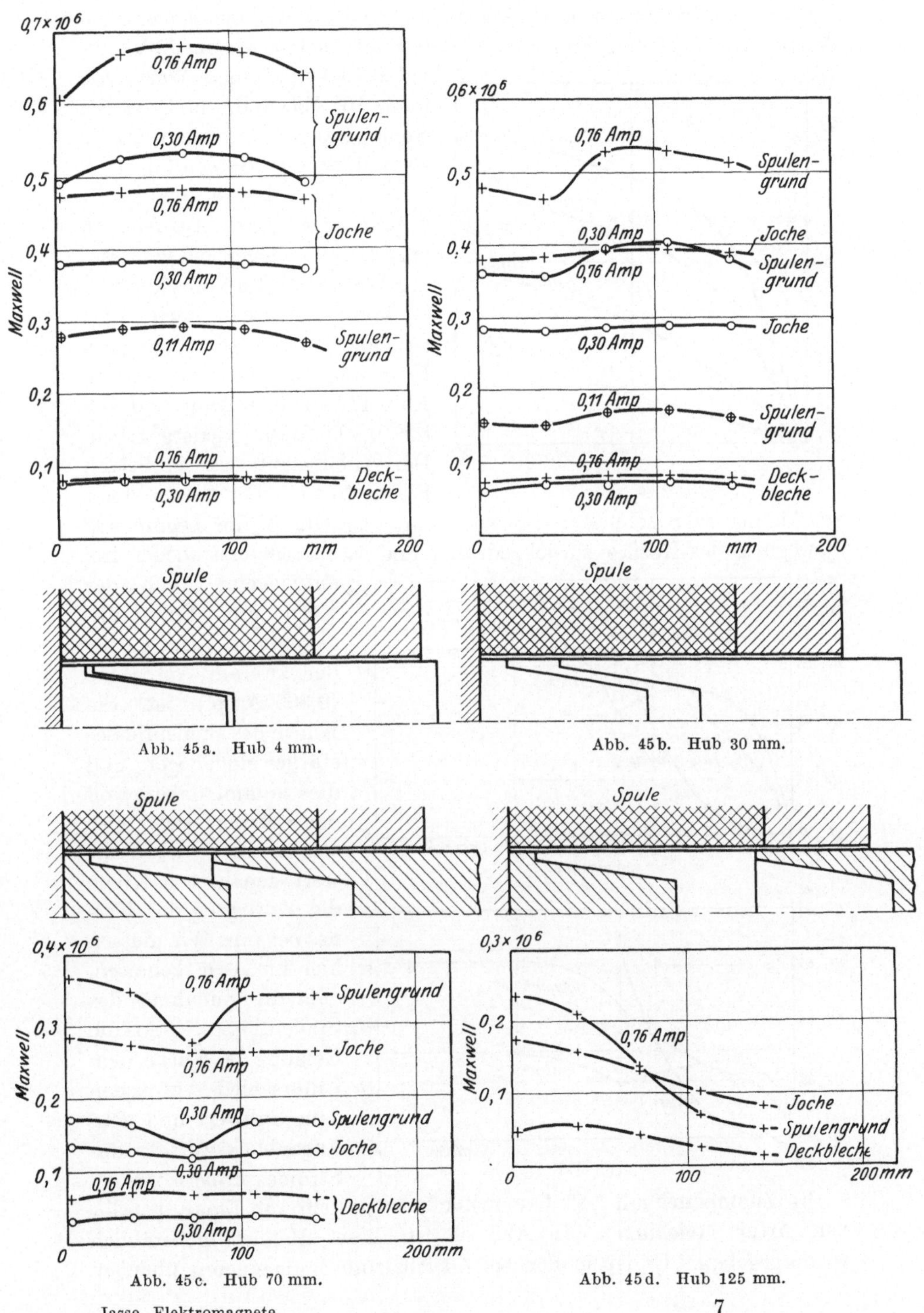

Abb. 45a. Hub 4 mm.

Abb. 45b. Hub 30 mm.

Abb. 45c. Hub 70 mm.

Abb. 45d. Hub 125 mm.

sich doch recht erhebliche Unterschiede gegen die wirklich gemessenen Werte. Als höchsten Fluß am Spulengrund hatten wir in Abb. 45a

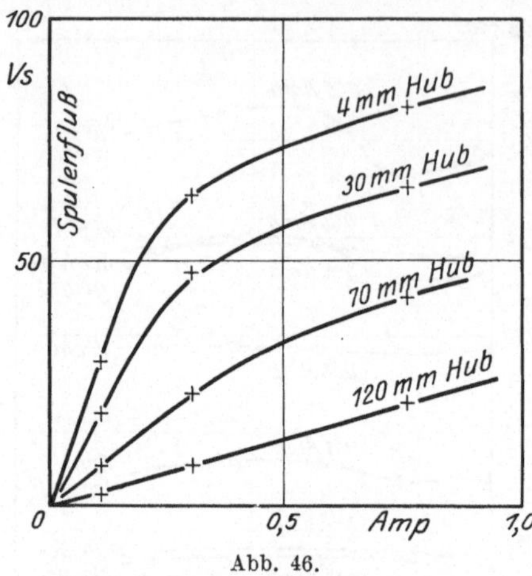

Abb. 46.

bei 0,76 Amp. einen Wert von $0{,}68 \cdot 10^6$ Maxwell, und da die Spule 10600 Windungen besaß, so müßte der Spulenfluß $0{,}68 \cdot 10^6 \cdot 10^{-8} \cdot 10600 = 70$ Voltsekunden betragen. Aus Abb. 46 ergibt sich dagegen ein gemessener Wert von 81,5 Voltsekunden.

Ferner wurden noch zwei Oszillogramme bei bewegtem Kern aufgenommen; sie sind in Abb. 47a für 0,76 Amp. und 47b für 0,305 Amp. wiedergegeben. Der Anfangshub war in beiden Fällen 70 mm. Der Strom steigt zu Anfang sehr schnell an, wird dann aber durch die beginnende Bewegung des Kernes zurückgedrängt und kann sich erst wieder frei

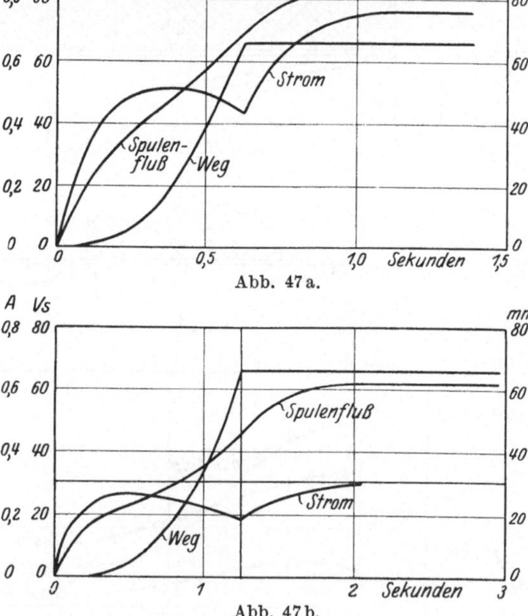

Abb. 47a.

Abb. 47b.

entwickeln, wenn der Kern am Ende angekommen ist. Bei der zweiten Aufnahme (0,305 Amp.) ist die Kurve des Spulenflusses stärker eingebogen, und dies kommt daher, weil der Strom sich hier schon sehr seinem Endwert genähert hat, ehe die Bewegung des Kernes begann. Wir müssen hier im Auge behalten, daß die Zunahme des Spulenflusses, also die Neigung der Kurve, dem Unterschied zwischen dem Endwert und dem Augenblickswert des Stromes proportional ist.

b) Zugmagnet mit 14° Kegelwinkel; hergestellt von Emag, geprüft von Artur Melchinger. In Abb. 48 ist dieser Magnet maßstäblich wiedergegeben. Er ist in der bei Gleichstrom-Zugmagneten üblichen

Form hergestellt, nämlich Kern und Gehäuse sind zylindrisch ausgeführt. Der Magnet besitzt zwei Spulen mit zusammen 1504 Windungen aus 1,6 mm Kupferdraht und einem Widerstand von 6,4 Ohm bei 20 °C. Kern und Pol sind aus Walzstahl hergestellt, Gehäuse und Deckel aus Gußeisen. Die Zugkraft wurde bei vier verschiedenen Strömen gemessen; die gemessenen Werte sind in Abb. 49 über dem Hub aufgetragen. Auch hier zeigt sich wieder die gleiche Erscheinung wie beim vorigen Magneten, eine mit wachsendem Strom sich immer stärker ausbildende Einsattlung der Zug-

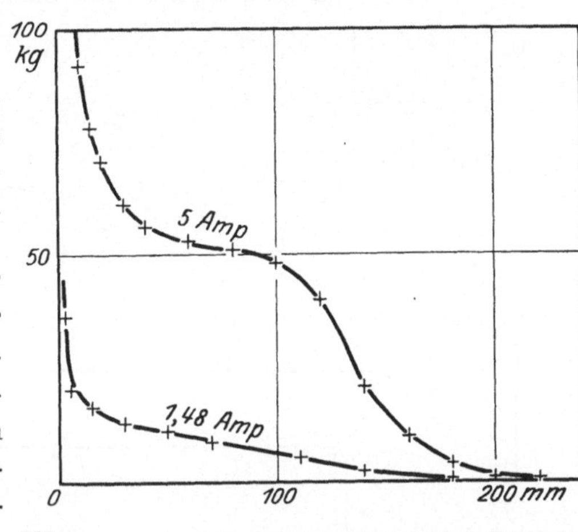

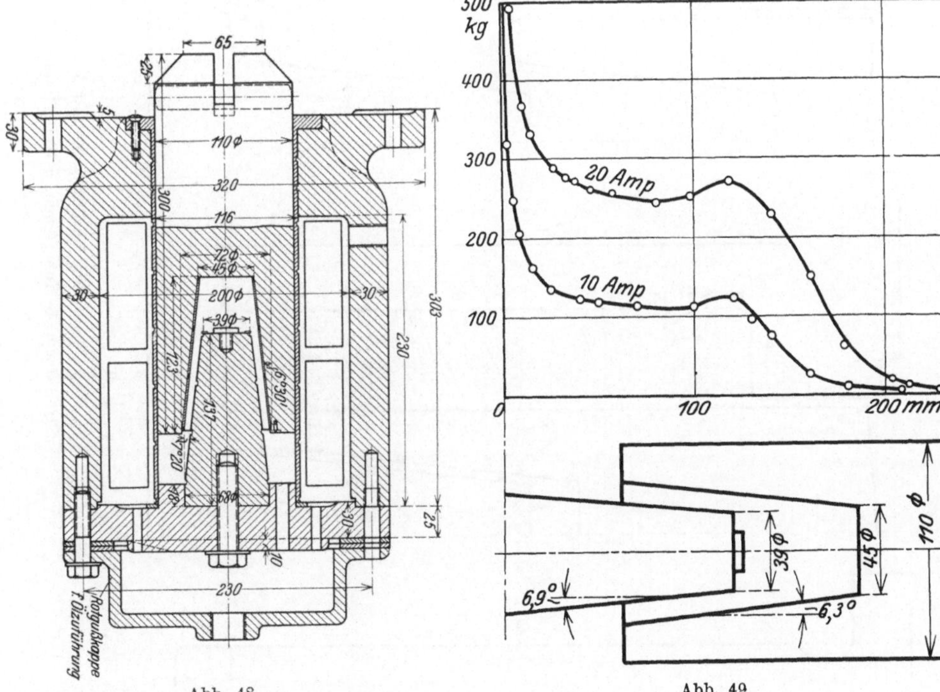

Abb. 48.   Abb. 49.

kraftkurve. Der Höchstwert der Zugkraft tritt auch hier auf, wenn das Kernende eben das Polende zu bedecken beginnt.

Der Magnet war mit einer großen Anzahl Prüfspulen versehen worden, mit denen Flußmessungen angestellt wurden. Diese erlaubten

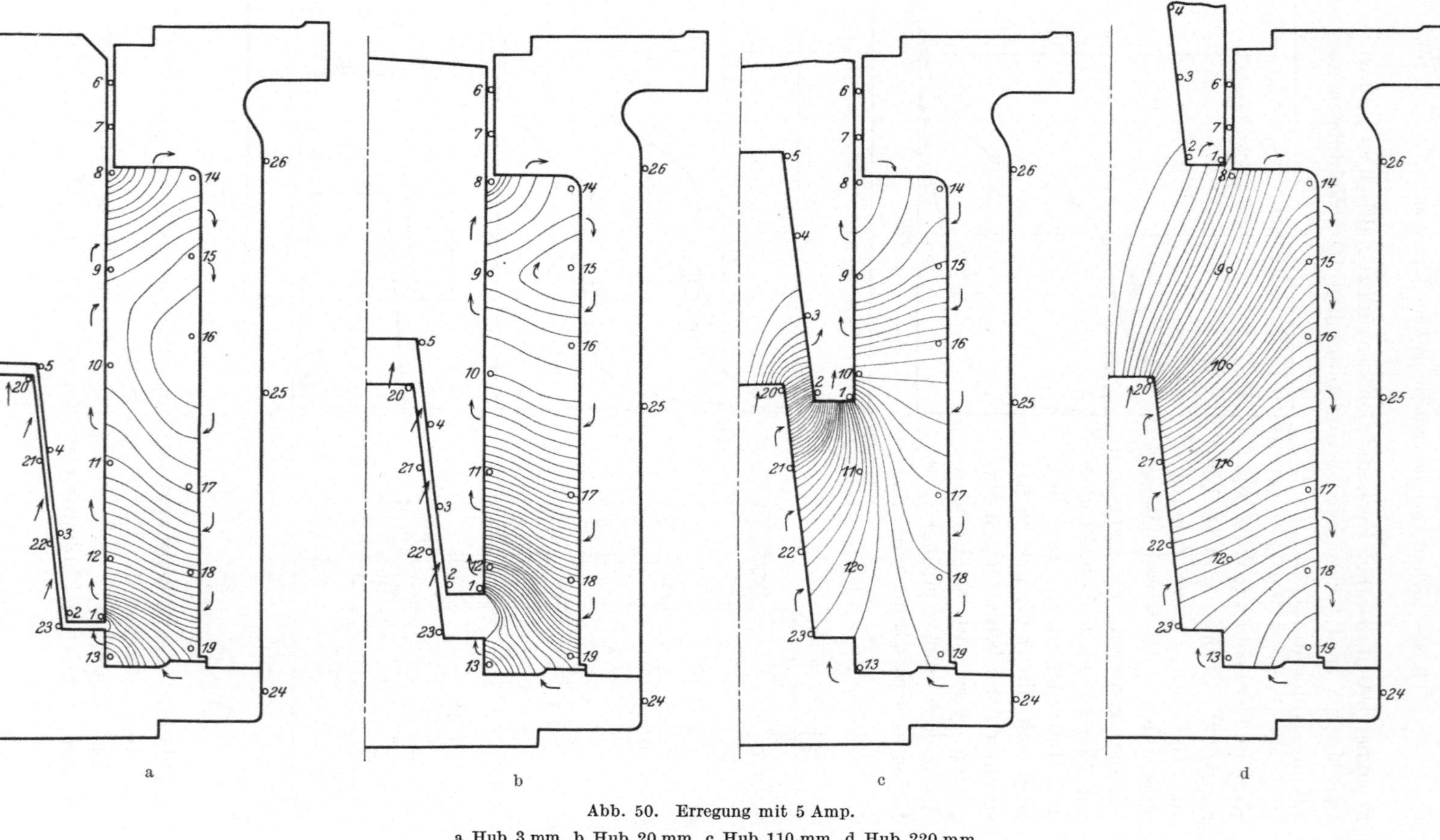

Abb. 50. Erregung mit 5 Amp.

a Hub 3 mm, b Hub 20 mm, c Hub 110 mm, d Hub 220 mm.

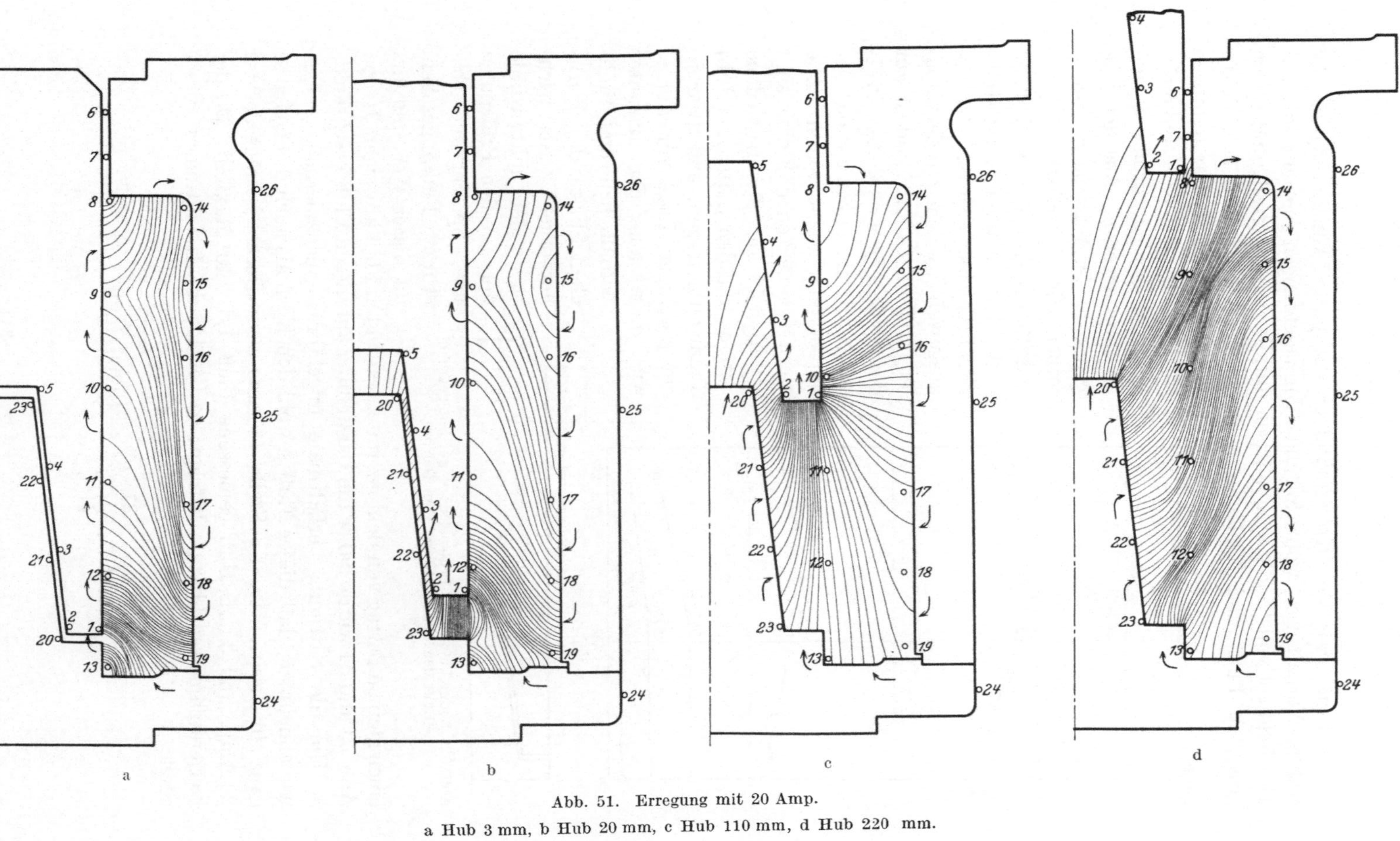

Abb. 51. Erregung mit 20 Amp.

a Hub 3 mm, b Hub 20 mm, c Hub 110 mm, d Hub 220 mm.

die Aufzeichnung der Kraftflußbilder mit guter Annäherung an die wahren Verhältnisse, wobei folgende Voraussetzungen gemacht wurden: Das Feld sei vollständig symmetrisch um die Achse verteilt und sei im gesamten Luft- und Spulenraum stetig. In Abb. 50a bis d und 51a bis d sind derartige Darstellungen für 4 verschiedene Kernstellungen und die beiden Ströme 5 und 20 Amp. gegeben. Aus der großen Zahl der Messungen wurden ferner die wichtigsten herausgegriffen und in den Abb. 52, 53 und 54 in Kurven dargestellt. Es wurden hierfür je 6 Prüfspulen ausgewählt, welche auf dem Spulengrund lagen bzw. außen auf den Spulen, ferner 3 weitere Prüfspulen, welche außen auf das Gehäuse aufgebracht waren. Alle hiermit gemessenen Flüsse sind in Abb. 52 für 3 verschiedene Ströme und den Luftspalt (Hub) 3 mm aufgetragen, und zwar in der jeweiligen Lage zur Achse, wie diese aus der darunter befindlichen maßstäblichen Skizze des Kerns hervorgeht. Als wichtigste Meßpunkte wurde der mit den Prüfspulen am Spulengrund bestimmte Fluß angesehen, da dieser Wert nur um

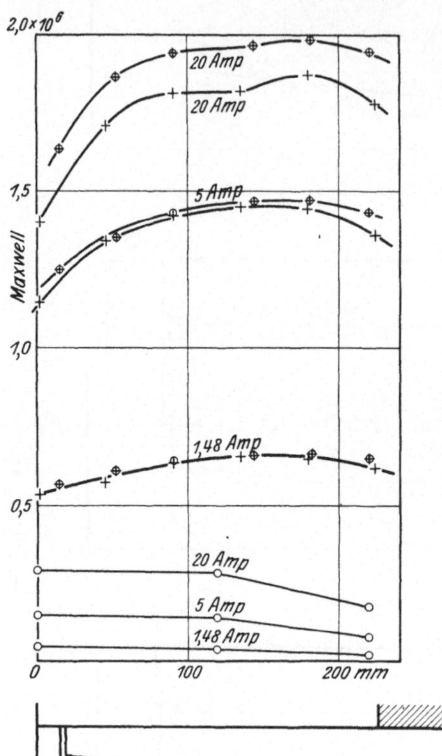

Abb. 52. 3 mm Luftspalt. Prüfspulen: + auf Spulengrund, ⊕ auf den Spulen, ○ auf dem Gehäuse.

einen kleinen Betrag von dem gesamten erzeugten Fluß abweicht. In den Abb. 53 und 54 wurde daher die Darstellung auf diesen Fluß beschränkt.

Um die Sättigungsverhältnisse ungefähr kennenzulernen, wollen wir annehmen, daß dieser Fluß sowohl den Kern als auch das Gehäuse ganz durchtritt. An der Stelle 180 mm vom Deckel beträgt der bei 20 Amp. und 3 mm Hub gemessene Fluß $1{,}87 \cdot 10^6$ Maxwell. Da der Kerndurchmesser 110 mm beträgt, so beträgt die Induktion an dieser Stelle

$$B = \frac{1{,}87 \cdot 10^6}{11^2 \frac{\pi}{4}} = 19\,700 \text{ Gauß}.$$

Für das Gehäuse kommt noch der Streufluß durch die Spule hinzu. Wir entnehmen also aus Abb. 52 für die Prüfspule, die auf der Hauptspule 180 mm vom Deckel liegt, den Wert $1,98 \cdot 10^6$ Maxwell. Der Innen- und Außendurchmesser des Gehäuses, das wie erwähnt aus Grauguß besteht, beträgt 200/260 mm; somit wird hier die Induktion

$$B = \frac{1,98 \cdot 10^6}{(26^2 - 20^2)\frac{\pi}{4}} = 9150 \text{ Gauß} .$$

Die Induktion ist also an beiden Stellen für das jeweilige Material recht hoch, und es ist offensichtlich, daß die Sättigung die Form der Zugkraftkurve recht wesentlich beeinflußt. Die Kurven für 110 mm Hub gelten etwa für den Punkt, wo die Zugkraftkurve nach Überschreitung eines Maximums einen Sattel bildet. Für diesen Hub entnehmen wir aus Abb. 54 als größten Fluß $1,39 \cdot 10^6$ Maxwell, und daher wird hierfür bei Einsetzung des ganzen Kernquerschnitts

$$B = \frac{1,39 \cdot 10^6}{11^2 \frac{\pi}{4}} = 14700 \text{ Gauß} .$$

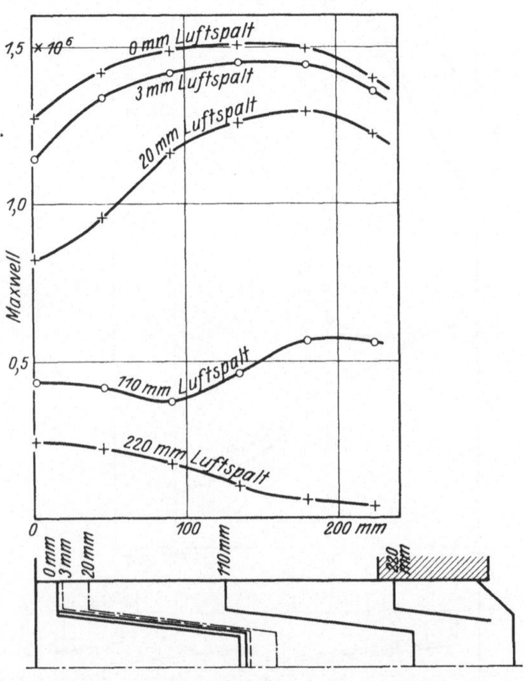

Abb. 53. Erregung mit 5 Amp. Prüfspulen auf Spulengrund.

An der Stelle 180 mm vom Deckel beträgt der Fluß $1,37 \cdot 10^6$ und der Kern ist hier stark ausgehöhlt. Wir erhalten hier

$$B = \frac{1,37 \cdot 10^6}{(11^2 - 6^2)\frac{\pi}{4}} = 20500 \text{ Gauß} .$$

Dies ist natürlich nur eine Näherungsrechnung, doch gibt sie einen guten Anhalt und dürfte für eine sorgfältige Durchrechnung des Magneten eine praktisch genügende Unterlage bieten.

Wie beim vorigen Magnet wurden auch hier mit Hilfe von Oszillogrammen die Spulenflüsse aufgenommen. Die erhaltenen Werte sind in Abb. 55 in üblicher Weise über dem Strom aufgetragen. Abb. 56a und b zeigen wieder die Oszillogramme bei frei beweglichem Kern und den Strömen 1,48 bzw. 5 Amp. Der Verlauf der Kurven ist ähnlich wie schon beim vorigen Magnet kurz angedeutet.

Bei diesem Magneten mag noch auf eine interessante Erscheinung hingewiesen werden, die bei den Versuchen auftrat und deren Durchführung anfangs stark hinderte. Bei Verwendung stärkerer Ströme (> 5 Amp.) traten Beschädigungen der Spulen auf, die sich durch Gehäuseschluß und Abbrechen der Anschlußverbindungen bemerkbar machten. Diese immer wiederkehrenden Störungen konnten nur durch besonders kräftige Abstützungen mittels Isolierstoffen sowie Umschnürung der Spulen beseitigt werden. Die Art der Beschädigungen und ihre wiederholte Wiederkehr in derselben Form führten nämlich zu der Überlegung, daß offenbar mechanische Kräfte und die dadurch erzeugten Bewegungen die Ursache für die Störungen bilden könnten. Wir wollen daher einmal die Kräfte zu erfassen suchen, die durch das Streufeld auf die von ihm durchsetzte Spule ausgeübt werden. Zu diesem Zweck betrachten wir das Raumelement $\mathrm{d}v$ des durchströmten Leiters, in welchem die Stromdichte s und die Induktion B herrscht. Auf dieses Raumelement wird die Kraft

$$\mathrm{d}K = s \cdot B \cdot \sin\varphi \cdot \mathrm{d}v \quad (21)$$

ausgeübt, worin φ der Winkel zwischen den Richtungen von s und B ist. Die Richtung dieser Kraft steht stets senkrecht zu jener der Stromdichte und der Induktion. Sie läßt sich in bekannter

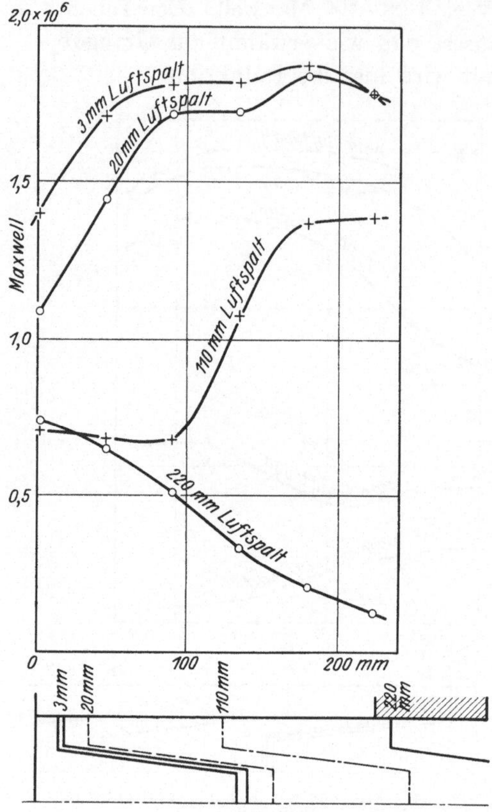

Abb. 54. Erregung mit 20 Amp. Prüfspulen auf Spulengrund.

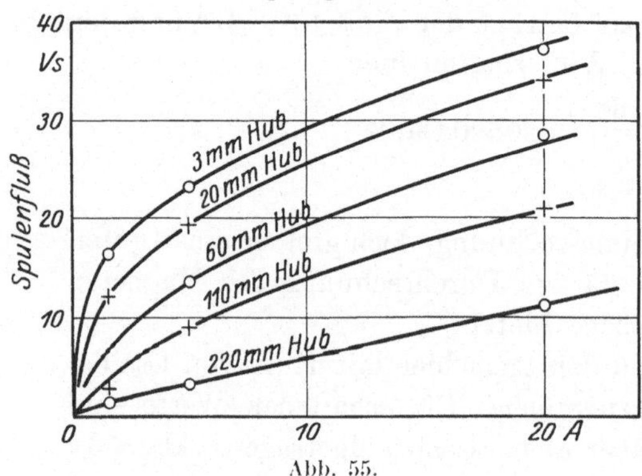

Abb. 55.

Weise durch die Fingerregel bestimmen. Blickt man also etwa in der Richtung des Flusses und ist die Stromrichtung von links nach rechts, so ist die Kraft aufwärts gerichtet.

Die gegebene Gleichung wollen wir verwenden, um die in der Spule auftretenden Kräfte wenigstens ihrer Größenordnung nach ab-

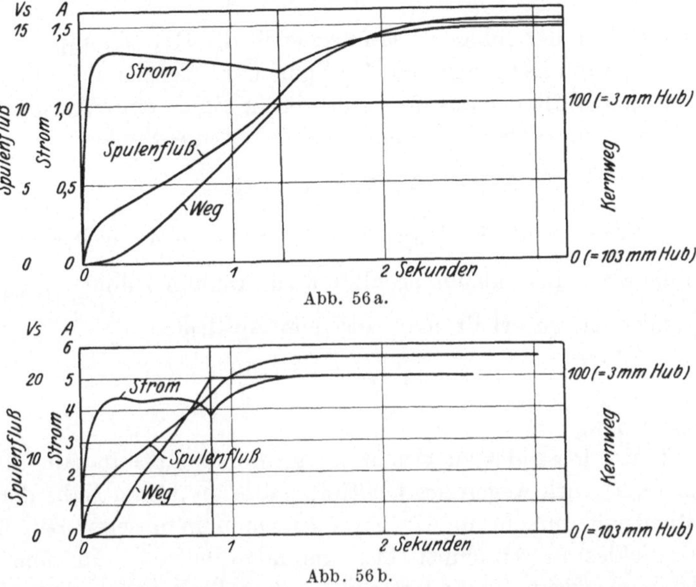

Abb. 56a.

Abb. 56b.

zuschätzen. Es handelt sich also darum, die Gl. (21) über den Spulenraum zu integrieren. Die Stromrichtung ist rein tangential, die Flußrichtung hat wegen der symmetrischen Anordnung offenbar keine tangentiale Komponente. Somit ist der Winkel $\varphi = \dfrac{\pi}{2}$ einzusetzen. In Abb. 57 ist ein Schnitt durch die Spule gezeigt, der durch deren Achse geht. Da die Induktionsrichtung in dieser Ebene liegt und die Strömung senkrecht dazu erfolgt, so liegt auch die Kraft auf das Volumenelement in der Zeichenebene. Aus der Symmetrie der Elementarkräfte folgt weiter, daß nur eine Bewegung der Spule in Richtung ihrer Achse zustande kommen kann. Die Richtung der Induktion habe gegen die Spulenachse den Winkel α; dann beträgt offenbar die Gesamtkraft in Richtung der Spulenachse

Abb. 57.

$$K_1 = \int s B \sin \alpha \cdot 2\pi r \, dr \, dx \,.$$

Nun ist s sicher über den ganzen Raum konstant, wenn wir von der Isolation absehen und den Strom uns über den ganzen Spulenquerschnitt verteilt denken; wir können s also vor das Integral setzen. Ferner wollen wir annehmen, daß die Radialkomponente des Flusses in einer Spulenscheibe von der Stärke dx nur von x abhängig ist, aber nicht von r. Dann können wir schreiben

$$\int B \sin\alpha \cdot 2\pi r\, dr = [B \sin\alpha \cdot 2\pi r] \cdot (R_2 - R_1).$$

Der Ausdruck in der eckigen Klammer stellt die Radialkomponente des Flusses durch die Längeneinheit der Spule dar. Bezeichnet nun Φ_s den gesamten Streufluß, der aus dem Kern in die Spule eintritt, so erhalten wir als Näherungswert der axialen Kraft auf die Spule

$$K_1 = s\,\Phi_s(R_2 - R_1)\cdot 10^{-8}, \tag{22}$$

wobei die Stromdichte in Amp./cm², der Fluß in Maxwell einzusetzen ist und die Kraft in Joule/cm erhalten wird. Da nun 1 Joule $= \dfrac{1}{9{,}81}$ mkg $= \dfrac{100}{9{,}81}$ cmkg ist, so erhält man aus dem Ausdruck

$$K_1 = s\,\Phi_s(R_2 - R_1)\cdot \frac{10^{-6}}{9{,}81}, \tag{22a}$$

die Kraft in kg.

Es ist nun folgendes zu beachten. Ist der Hauptluftspalt, also der Hub, klein, so wird wegen des Gleitluftspaltes in dessen Nähe der Fluß seine Richtung umkehren, wie wir dies schon in unserer Berechnung des Streufeldes in Abschnitt IV 2 gefunden hatten. In dem einen Teile der Spule wirkt also die Kraft in der einen Richtung, in dem anderen Teile entgegengesetzt. Sind die beiden Kräfte gleich groß, so heben sie sich gegenseitig auf, d. h. es kommt keine nach außen wirkende Kraft zustande, welche die Spule verschieben könnte. Die Kräfte sind beide stets nach der neutralen Ebene gerichtet, also in diesem Falle nach der Mittelebene der Spule; sie pressen die Spule zusammen. Dies Ergebnis bestätigt die allgemein bekannte Regel, daß gleichgerichtete Ströme einander anziehen. Sind die beiden Kräfte verschieden, liegt also die neutrale Ebene nicht in der Mitte der Spule, so versucht der Überschuß, also die Differenz der beiden Kräfte, die Spule aus ihrer Lage zu bringen. Wenn wir also den gesamten Streufluß messen, der in die innere Zylinderfläche der Spule eintritt, so haben wir schon bei Einsetzung dieses Wertes in Gl. (22) ganz selbsttätig die nach außen wirkende Überschußkraft erfaßt. Den genannten Streufluß erhalten wir aus der Differenz der Flüsse, welche mit den auf dem Kern liegenden Prüfspulen am Anfang und Ende der Hauptspule gemessen wurden. Wir entnehmen also aus Abb. 54 die Flußwerte für 15 mm und 220 mm, und zwar für einen Luftspalt von 110 mm, da hier die Differenz am größten wird. Es findet sich $\Phi_1 = (1{,}39 - 0{,}70)\cdot 10^6 = 0{,}69\cdot 10^6$ Maxwell bei 20 Amp. Die radiale Abmessung der Spule beträgt $R_2 - R_1 = 3$ cm, die axiale Wicklungslänge 19,8 cm und bei 20 Amp. beträgt dann die mittlere Stromdichte

$$s = \frac{20 \cdot 1504}{3 \cdot 19,8} = 507 \frac{\text{Amp.}}{\text{cm}^2}.$$

Daher wird die Gesamtkraft auf die Spule

$$K_1 = 507 \cdot 0,69 \cdot 10^6 \cdot 3 \cdot \frac{10^{-6}}{9,81} = 107 \text{ kg}.$$

Dies ist eine recht erhebliche Kraft, die schon merkliche Beschädigungen herbeiführen kann. Zunächst wird der Druck auf viele Isolierstoffe zerstörend wirken. Kommt aber noch eine Bewegung zustande, so ist die Wirkung dieselbe, als wenn die Spule frei fällt, wobei die Fallhöhe sich zu dem zurückgelegten Weg verhält, wie die errechnete Kraft zu dem Spulengewicht, das etwa 13,5 kg beträgt. Im übrigen ist aber auch die Rechnung an sich wichtig genug, da sie es erlaubt, auch die im Innern der Spulen wirkenden Drücke rechnerisch zu erfassen, nachdem man einmal die Feldverteilung bestimmt hat.

c) Zugmagnet mit 22° Kegelwinkel; hergestellt von Emag; geprüft von Theodor Fecker. Ebenso wie der vorige ist auch dieser Magnet vollständig zylindrisch hergestellt. In Abb. 58 ist er mit den Hauptmaßen im Schnitt gezeigt. Die beiden Spulen waren bei den Versuchen in Reihe geschaltet, sie hatten

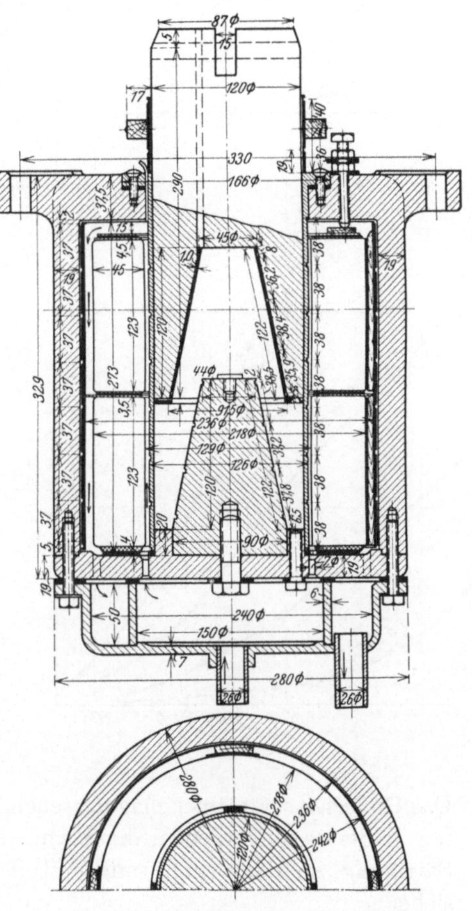

Abb. 58.

insgesamt 1800 Windungen aus Kupferdraht von 2,0 mm Durchmesser. Ihr Widerstand war 5,7 Ohm, das Drahtgewicht 29 kg. Kern und Pol sind aus Walzstahl hergestellt, Gehäuse und Deckel aus Stahlguß. Abb. 59 zeigt wieder die hieran gemessenen Zugkraftkurven für verschiedene Ströme, und zwar im selben Maßstab wie beim vorigen

Magnet. Wenn wir jetzt diese Kurven mit denen der vorhergehenden
Magnete vergleichen, so fällt uns sofort auf, daß die bisher beobachtete
Einsattelung hier nicht auftritt. Hieraus dürfte mit ziemlicher Sicherheit hervorgehen, daß die erwähnte Sattelform der Zugkraftkurve auf
die Verwendung von Gußeisen
für den magnetischen Rückschluß
(Gehäuse) zurückzuführen ist.

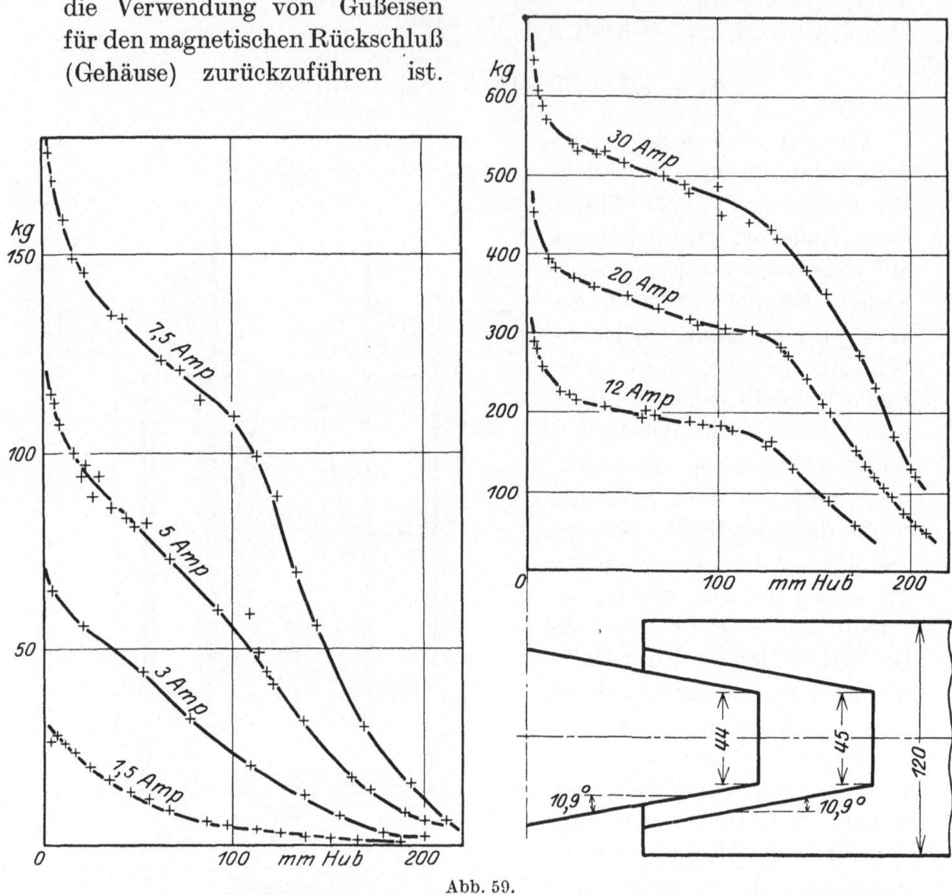

Abb. 59.

Das Gußeisen setzt einer magnetischen Überbeanspruchung einen größeren Widerstand entgegen, die Permeabilität sinkt schneller. Auch die
Sättigung an dem ringförmigen Teil des Hohlkegels spricht hierbei
sicher mit.

In ähnlicher Weise wie der vorige Magnet war auch dieser reichlich mit Prüfspulen ausgerüstet worden, die zu Flußmessungen dienten.
Hieraus wurden dann in gleicher Weise wie oben kurz erwähnt, Kraftflußbilder abgeleitet. In den Abb. 60a bis d und 61a bis d sind solche
für 4 verschiedene Kernstellungen und die beiden Ströme 5 und 20 Amp.
gezeigt. Auch hier zeigt sich ein recht wesentlicher Unterschied in

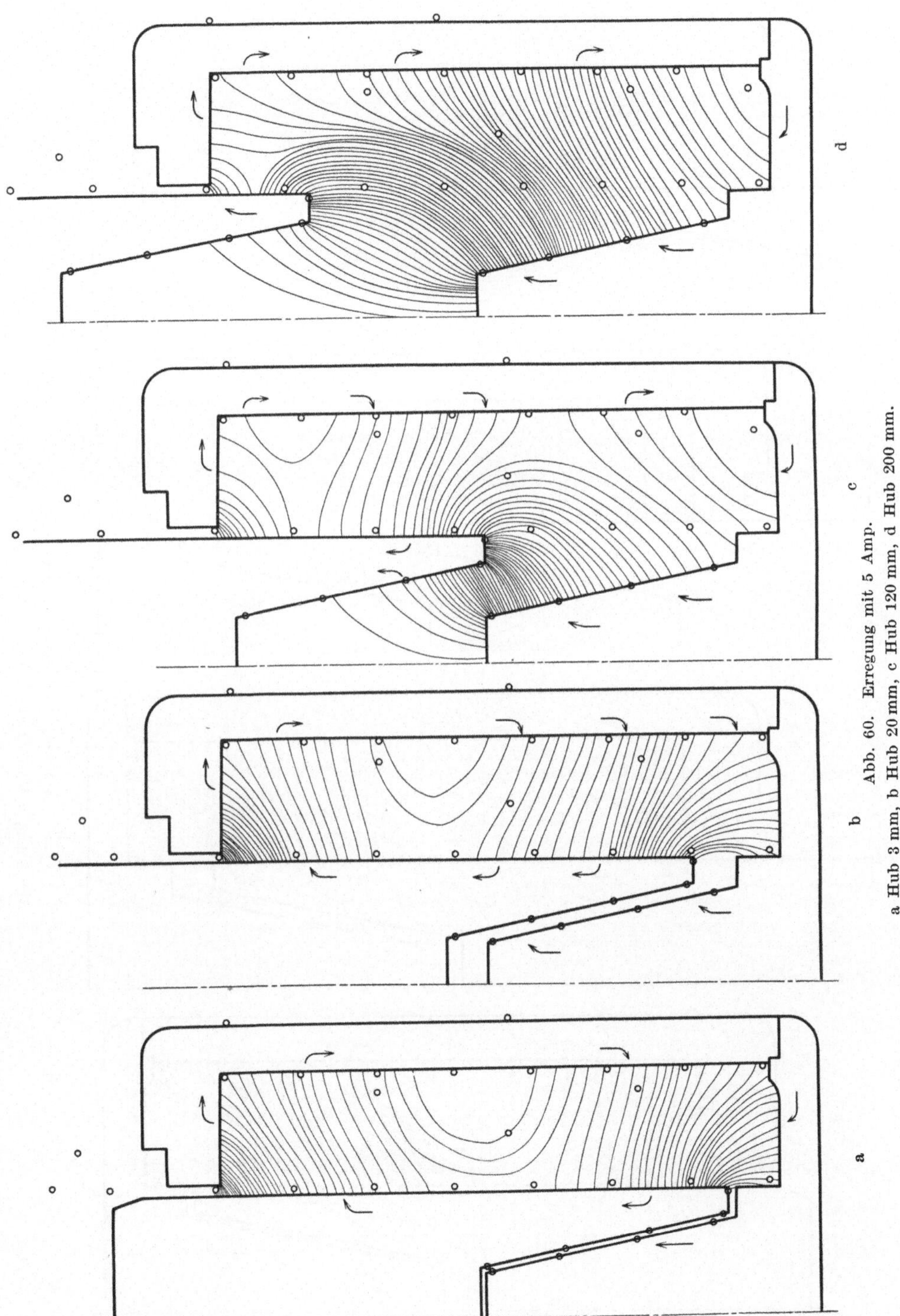

Abb. 60. Erregung mit 5 Amp.
a Hub 3 mm, b Hub 20 mm, c Hub 120 mm, d Hub 200 mm.

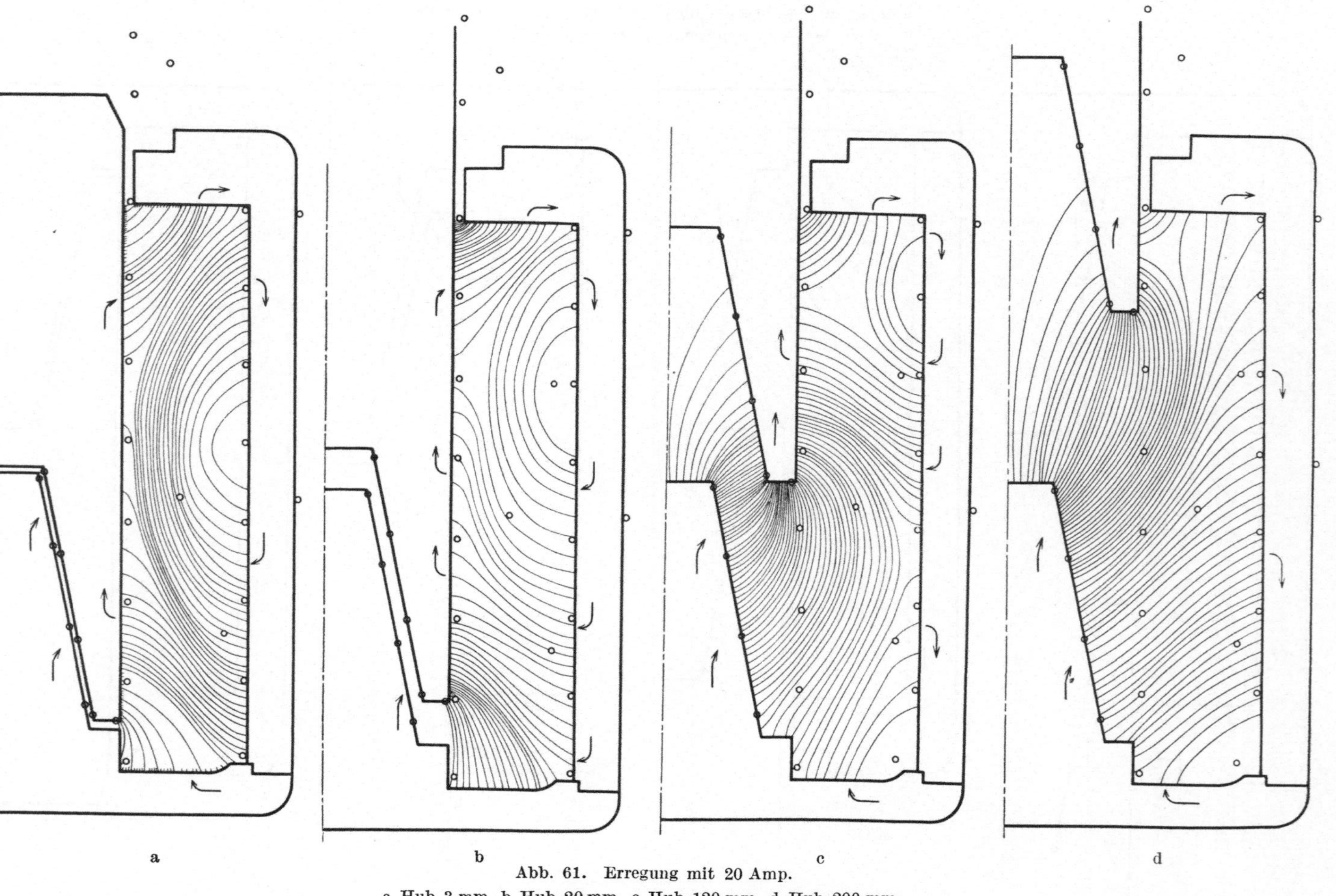

a

b

c

d

Abb. 61. Erregung mit 20 Amp.

a Hub 3 mm, b Hub 20 mm, c Hub 120 mm, d Hub 200 mm.

dem Verhalten der beiden Magnete, der offenbar durch den verschiedenen Werkstoff zu erklären ist. Die Meßwerte selbst sind in den Abb. 62 bis 65 in gleicher Weise und im gleichen Maßstab wie früher gezeigt. Wir wollen auch hier die Sättigung für den höchst beanspruchten Punkt nachrechnen. Es ist dies die Stelle etwa 160 mm vom Deckel. Mit der Prüfspule innerhalb der Hauptspule wurde

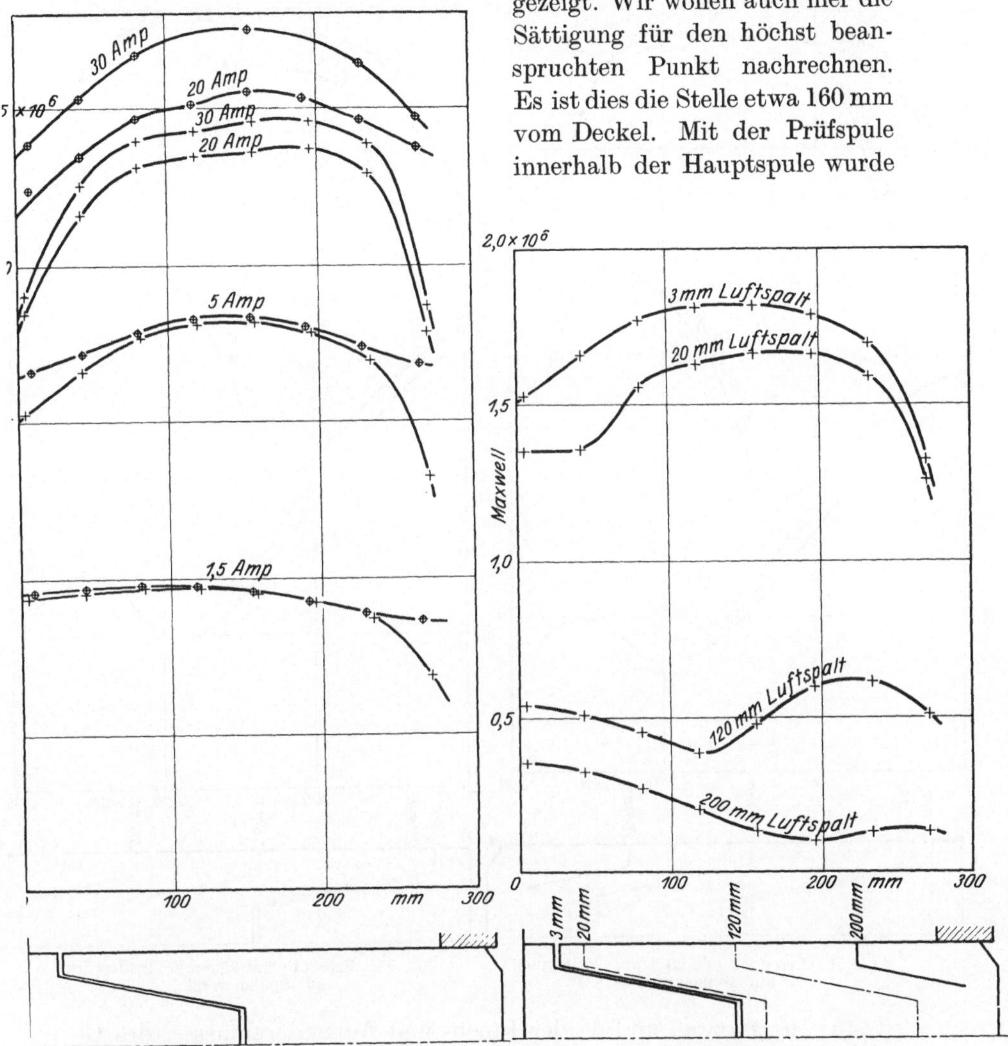

Abb. 62. Luftspalt 3 mm. + Prüfspulen auf Spulengrund. ⊕ Prüfspulen auf den Spulen.

Abb. 63. Erregung mit 5 Amp. Prüfspulen auf Spulengrund.

hier bei 3 mm Luftspalt und 30 Amp. ein Fluß von 2,455 · 10⁶ Maxwell gemessen. Bei dem Kerndurchmesser von 120 mm beträgt in diesem also die Induktion

$$B = \frac{2,455 \cdot 10^6}{12^2 \cdot \frac{\pi}{4}} = 21\,700 \text{ Gauß}.$$

Für das Gehäuse legen wir wieder die Messung mit der Prüfspule außerhalb der Hauptspule zugrunde. Diese ergab für denselben Punkt

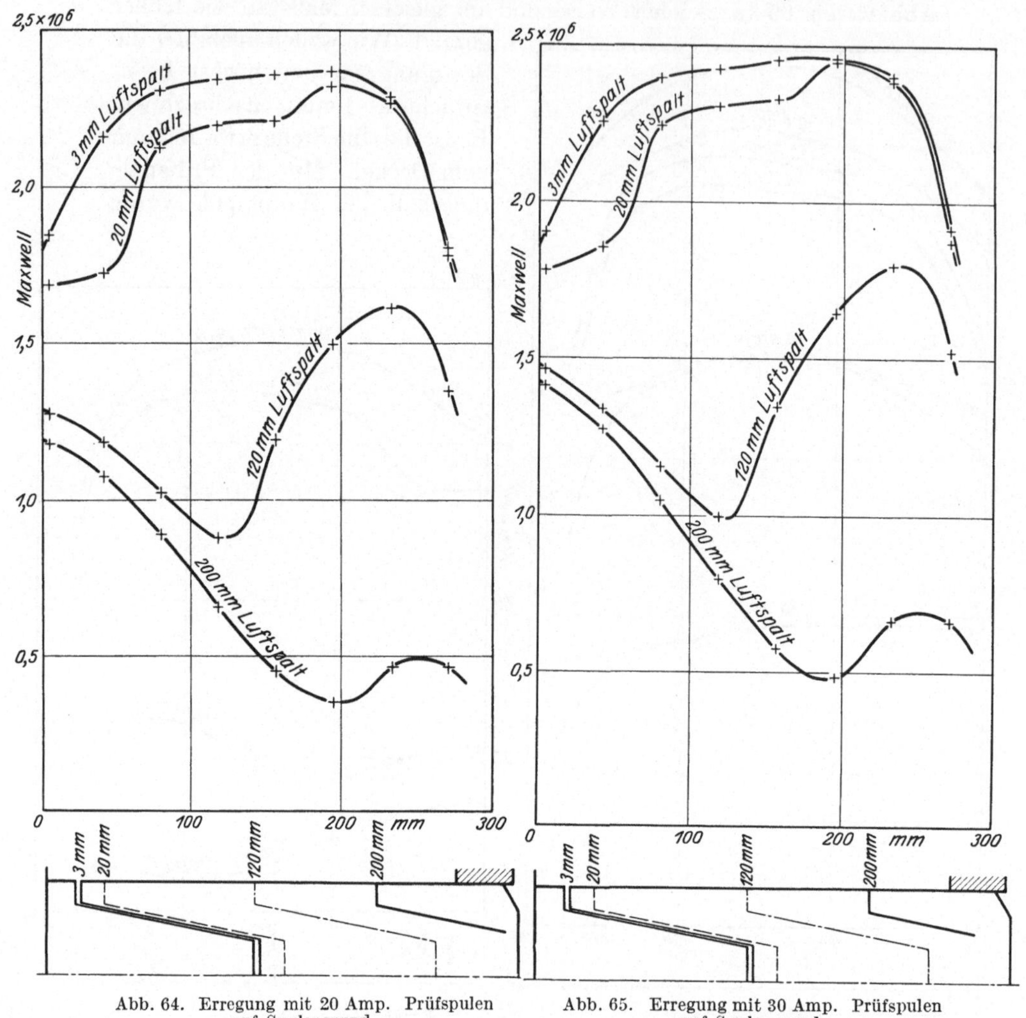

Abb. 64. Erregung mit 20 Amp. Prüfspulen   Abb. 65. Erregung mit 30 Amp. Prüfspulen
        auf Spulengrund.   auf Spulengrund.

2,745 · 10⁶ Maxwell und da der Innen- und Außendurchmesser des Gehäuses 242/280 mm beträgt, so wird die Induktion an dieser Stelle

$$B = \frac{2{,}745 \cdot 10^6}{(28^2 - 24{,}2^2)\dfrac{\pi}{4}} = 17\,600 \text{ Gauß}.$$

Diese Zahlen sollen nur einen Anhalt für die auftretenden Sättigungen
geben. Eine Erklärung für den Verlauf der Zugkraftkurve kann man
nur durch genaue Untersuchung und dauernden Vergleich zwischen

Rechnung und Messung gewinnen, wobei die Kennlinien des Werkstoffes in allen Teilen des Magneten dauernd zu beachten sind.

Die Herren, welche diese Versuche durchgeführt haben, haben es natürlich versucht, aus dem gemessenen Kraftfluß mit Hilfe der „Maxwellschen Formel" die Zugkraft zu errechnen. Dabei haben sich stets beträchtliche Abweichungen ergeben, und zwar in dem Sinne, daß die gemessenen Zugkräfte größer waren. Im besonderen bei diesem Magneten betrugen diese Abweichungen bei mittlerem Hub bis zu 100%, während bei sehr kleinem und sehr großem Hub diese Abweichungen geringer wurden. Diese letztere Beobachtung war auch schon bei dem vorhergehenden Graugußmagneten gemacht worden. Aber selbst wenn eine bessere Übereinstimmung erzielt wäre, so wäre dem Vorausberechner damit noch nicht geholfen, da die rechnerische Bestimmung der Feldverteilung in der dafür erforderlichen Genauigkeit äußerst schwierig, wenn nicht unmöglich ist.

Wie wir aber in Abschnitt II 3 gesehen haben, gibt die sogenannte „Maxwellsche Formel" nur unter ganz bestimmten Voraussetzungen die auf die Eisenoberfläche wirkende Kraft; diese Voraussetzungen treffen aber bei technischen Ausführungen niemals für eine größere Fläche zu, um so weniger, je höher die Induktion wird. Von Kalisch wurden auf analytischem Wege die Bedingungen festgelegt, unter welchen diese Formel genau zutrifft. Diese Bedingungen lassen sich aber im allgemeinen nicht willkürlich schaffen, um in einem gegebenen Fall eine technische Lösung zu finden. Die genannten Ableitungen dürften daher kaum mehr als theoretischen Wert besitzen.

Es sei daher nochmals an dieser Stelle auf die in Abschnitt IV 2 und 3 entwickelte Rechenmethode aufmerksam gemacht. Wir haben dort gesehen, daß die Übereinstimmung zwischen Rechnung und Messung befriedigte, solange die Sättigung nicht zu merken war. Wie schon am Schluß von Abschnitt IV 3 kurz betont, muß daher die Rechnung unter Berücksichtigung der Werkstoffkennlinien durchgeführt und dann mit der Messung verglichen werden. Die beschriebene Methode verlangt für ihre Anwendung nicht die Kenntnis, wie die Kräfte an den wirksamen Oberflächen zustande kommen, sondern es genügt, daß das Gesamtfeld und das Gesetz seiner Änderung bei der Bewegung des betrachteten Teiles bekannt ist. Die bisherigen Vergleiche zwischen Rechnung und Versuch in Abschnitt III 7 und IV 3 und 5 zeigen, daß dies sicher der beste Weg zu einer zuverlässigen Vorausberechnung ist. Findet man dabei in einzelnen Fällen, daß die Abweichung größer wird, als erwünscht ist, so ist der nächste Schritt der, daß man überlegt, ob in der angenommenen Feldverteilung nicht ein merklicher Fehler liegt. Auf Grund einer besseren, der Wirklichkeit mehr angepaßten Feldverteilung ist dann die Rechnung zu wiederholen.

Auch hier wurde in gleicher Weise wie früher durch Aufnahme von Oszillogrammen bei verschiedenen Strömen und Kernstellungen der Spulenfluß des Magneten bestimmt. Die erhaltenen Werte sind in Abb. 66 über dem Endwert des Stromes aufgetragen. Die oberste von diesen Kurven (für 3 mm Luftspalt) ist in Abb. 67 nochmals aufgetragen.

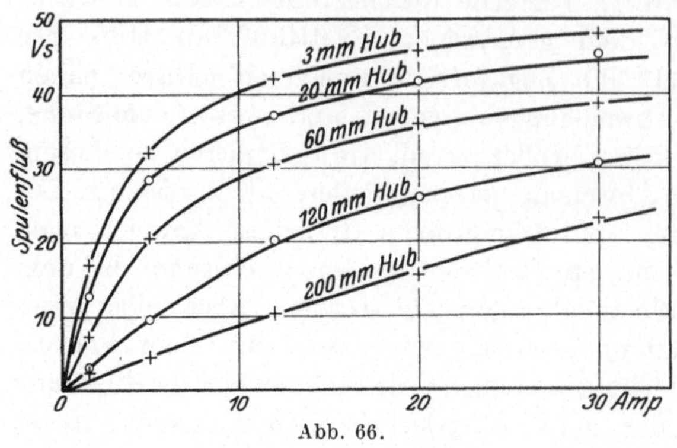

Abb. 66.

Dazu ist für drei Aufnahmen, und zwar für 12, 20 und 30 Amp. Endstrom aus dem jeweiligen Oszillogramm der für einen Zeitpunkt bestimmte Spulenfluß als Funktion des zur selben Zeit vorhandenen Stromes aufgetragen. Die Kurven zeigen, daß der Strom gegenüber dem im Ruhezustande zur Aufrechterhaltung des Spulenflusses notwendigen Wert beträchtlich vergrößert ist. Die Kurven erinnern in gewissem Sinne an die bekannten Hysteresisschleifen, haben aber mit

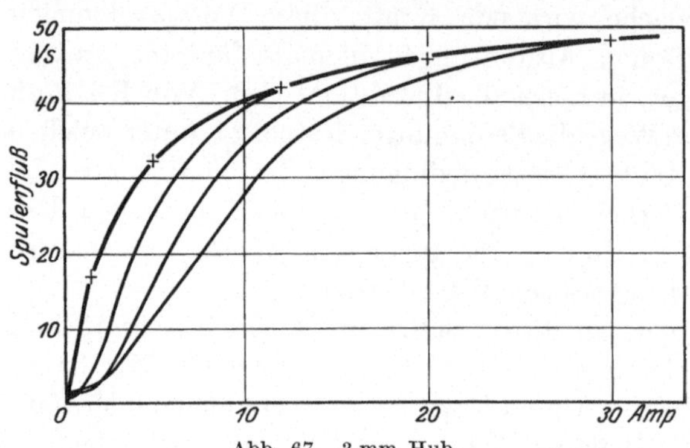

Abb. 67.   3 mm Hub.

diesen nichts zu tun. Durch Vorversuche war nachgewiesen worden, daß die Hysteresis hierbei von geringer Bedeutung ist. Durch die Änderung des Flusses werden während des Einschaltvorgangs im massiven Kern und Gehäuse Wirbelströme erzeugt. Diese wirken dem Hauptstrom entgegen und damit der Fluß aufrechterhalten

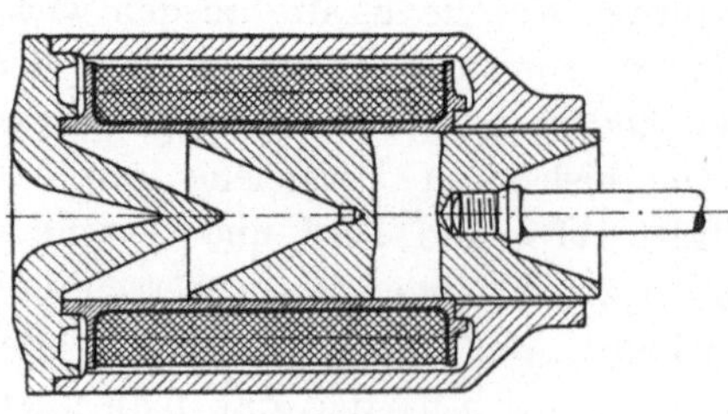
Abb. 68.

wird, muß der vom Netz gelieferte Strom soweit anwachsen, daß die von den Wirbelströmen ausgeübte Gegenwirkung aufgehoben ist.

An einem einfachen Beispiel wird in Abschnitt VII 4 diese gegenseitige Wirkung der Ströme klargelegt. Diese Verhältnisse müssen bei der Aufstellung der in Abschnitt VII 1 beschriebenen Arbeitsdiagramme (ΨJ-Diagramme) wohl beachtet werden. Der erwähnte Zusatzstrom ist nicht allein von dem Spulenfluß und der Kernstellung abhängig, sondern auch von ihren Differentialquotienten nach der Zeit, d. h. also von dem magnetischen Schwund und der Kerngeschwindigkeit. Diese Abhängigkeit läßt sich aus den erwähnten Oszillogrammen annähernd ableiten und damit das Arbeitsdiagramm entwickeln. Herr Fecker hat sich dieser Mühe unterzogen und aus den gewonnenen Kurven die mechanische Arbeit berechnet. Deren Wert muß

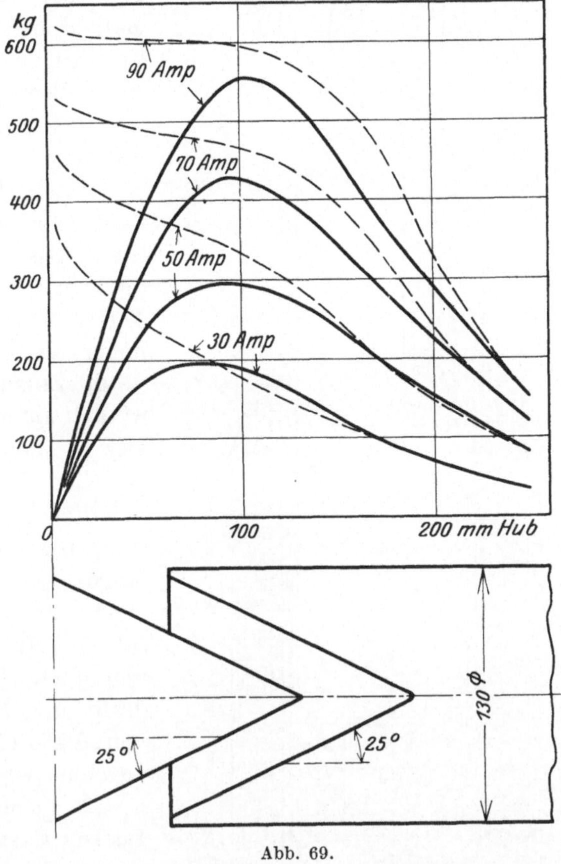

Abb. 69.

dann mit dem unmittelbar aus dem Kraft-Wegdiagramm berechneten, also mit $\int K_x \cdot dx$, übereinstimmen. Die Übereinstimmung zwischen beiden Rechenmethoden ist über Erwarten gut, denn die errechneten Zahlenwerte sind vollständig die gleichen.

Nachdem bei dem vorigen Magnet die erwähnten üblen Erfahrungen an den Spulen gemacht worden waren, wurde bei diesem ganz besondere Sorgfalt auf die

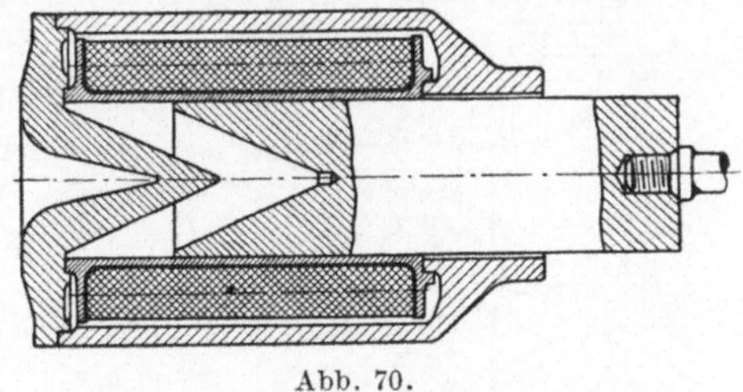

Abb. 70.

Abstützung der Spulen verwandt. Zunächst wurden die Spulen unter Einfügung dünner Preßspanblätter zwischen die einzelnen Lagen

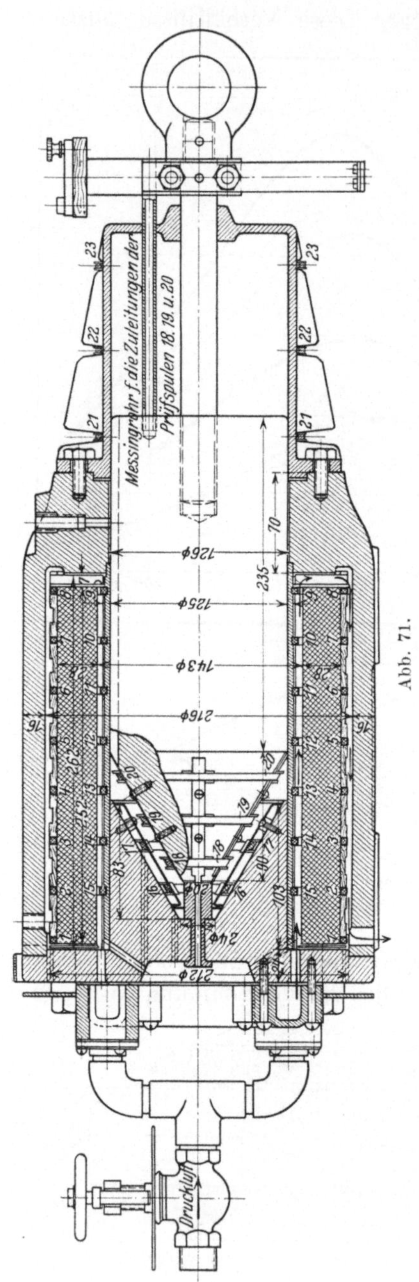

besonders fest gewickelt und dann
gegen das Gehäuse sorgfältig ab-
gestützt und verspannt. Diese
Maßnahmen haben sich sehr gut
bewährt, da auch bei den höchsten Beanspruchungen $(30 \cdot 1800$
$= 54000$ Amp.-Wdg.) sich keine
Störungen zeigten. Wie man sich
an Hand der Gl. (22) mit den
Zahlenwerten von Abb. 62 bis 65
leicht überzeugen kann, waren hier
die inneren Druckkräfte und die
Verschiebungskräfte beträchtlich
höher als beim vorigen Magneten.

**d) Zugmagnet mit 50° Kegel-
winkel; untersucht von E. Steil (Q. 43).**
Der in allen Teilen zylindrisch her-
gestellte Magnet ist in Abb. 68 im
Schnitt gezeigt. Seine Abmessungen waren die folgenden. Kernlänge $L = 30,5$ cm, Kerndurchmesser $2r = 13$ cm. Die Spule besaß 560 Windungen in 10 Lagen
von 4 mm (isol. 4,5 mm) Kupferdraht und hatte einen Widerstand
von 0,456 Ohm; mittlerer Spulen-
durchmesser 18,7 cm, Spulenlänge
$l_s = 26,1$ cm. Kern, Gehäuse und
Deckel waren aus bestem Dynamostahl hergestellt.

Die mit diesem Magneten ange-
stellten Zugkraftmessungen hatten
das auffallende Ergebnis, daß die
Zugkräfte einen Höchstwert überschritten und wieder bis auf null
für den Hub null herabsanken. In
Abb. 69 sind die Kurven für mehrere
Ströme ausgezogen wiedergegeben.
Der Hauptgrund für dieses Verhalten ist darin zu suchen, daß der
Kern zu kurz war. Wie man leicht
aus der Zeichnung des Magneten erkennt, treten bei kleinem Hub am
Gleitluftspalt die Kraftlinien in das hintere Kernende ein und bringen

so eine Gegenkraft hervor. Außerdem wurde durch Verminderung der Übertrittsfläche der magnetische Widerstand am Gleitluftspalt stark vergrößert und dadurch das Anwachsen des Kraftflusses, das sonst durch Verkleinerung des Hauptluftspalts eintritt, wirksam verhindert. Welche Gründe zu einer derartigen Konstruktion geführt hatten, geht aus der Arbeit nicht hervor. Steil hat jedoch einen weiteren Kern anfertigen lassen, welcher 10 cm länger war; Kernlänge also $L = 40,5$ cm; gleichzeitig wurde das Gehäuse etwas abgedreht, damit der Deckel etwas tiefer hineinragte. Abb. 70 zeigt den Magneten in dieser neuen Form und in Abb. 69 sind die hiermit aufgenommene Zugkraftkurven für die gleichen Ströme gestrichelt eingetragen. Die Kurven haben jetzt die uns schon bekannte Form; mit zunehmendem Strom bildet sich immer mehr auf eine gewisse Strecke ein wagerechter Verlauf, d. h. konstante Zugkraft, aus. Auch bei großem Hub zeigt sich teilweise eine Vergrößerung der Zugkraft. Ob das Schneiden der Kurven bei 30 Amp. berechtigt ist, erscheint zweifelhaft. Es mögen hier Meßungenauigkeiten vorliegen, da nach der Zeichnung erst bei etwa 100 mm Hub der Kern mit seinem hinteren Ende aus dem Gehäuse heraustritt, also eine Verlängerung des Kerns sicher eine Erhöhung der Zugkraft zur Folge haben muß. Unmittelbare Meßwerte sind von Steil leider nicht gegeben, sondern nur glatte Kurven, die, so sorgfältig es irgendmöglich war, übertragen wurden.

e) Zugmagnet mit 60° Kegelwinkel; untersucht von Karl Euler (Q.17). Auch dieser Magnet ist zylindrisch ausgeführt und in Abb. 71 im Längsschnitt gezeigt. Im Gegensatz zu den anderen Magneten ist hier der Kern zugespitzt und der Deckel hat einen Hohlkegel. Die Spule hatte 1088 Windungen aus $3,4 \times 1,2$ mm Flachkupfer mit einem Widerstand von 2,63 Ohm bei 15° C. Die wirksamen Eisenteile sind aus Stahlguß. Die in Abb. 72 aufgetragenen Zugkraftkurven zeigen ein wesentlich anderes Verhalten als die der bisher beschriebenen Magnete. Selbst für den höchsten Erregerstrom von 40 Amp., entsprechend $40 \cdot 1088 = 43520$ Amp.-Wdg., zeigt sich noch kein merkliches Abflachen der Kurven, wie wir es bisher beobachtet haben. Der größte Fluß, der mit einer auf dem zylindrischen Teil des Kerns sitzenden Prüfspule gemessen wurde, betrug etwa $2,52 \cdot 10^6$ Maxwell bei einem Hub von 28 mm und einer Erregung mit 40 Amp. Da der Kern einen Durchmesser von 125 mm hatte, so betrug seine Induktion an dieser Stelle

$$B = \frac{2,52 \cdot 10^6}{12,5^2 \, \frac{\pi}{4}} = 20\,500 \; \text{Gauß} .$$

Die auf der Spule liegende Prüfspule führte einen Fluß von etwa $2,7 \cdot 10^6$ Maxwell bei gleichem Hub und Strom und da die Gehäusedurchmesser 216/248 mm betrugen, so war die Induktion an dieser Stelle

$$B = \frac{2,7 \cdot 10^6}{(24,8^2 - 21,6^2)\,\frac{\pi}{4}} = 23\,200\ \text{Gauß}\,.$$

Diese Werte sind also recht erheblich und die in Abb. 73 gegebene Kurve des Spulenflusses für 28 mm Hub zeigt auch schon recht bedeutende Abflachung, also Sättigung an. Die Frage, welchen Einfluß die Sättigung verschiedener Teile des Magneten auf die Form der Zugkraftkurve hat, ist somit durch die vorliegenden Versuche noch nicht als geklärt anzusehen. Von Bedeutung ist dabei sicher auch, wie schon erwähnt, die Art des Werkstoffes und seine Magnetisierungskurve. In Abb. 74a und b sind ferner

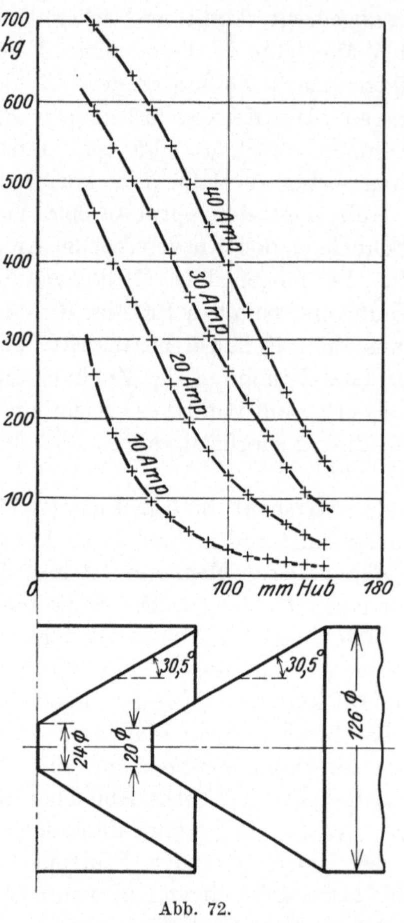

Abb. 72.

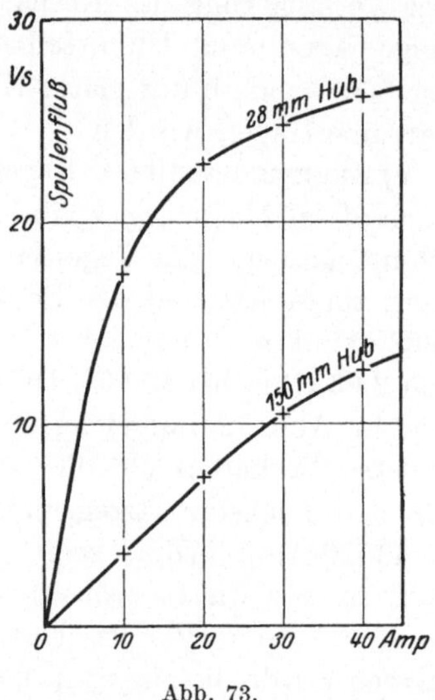

Abb. 73.

noch die Kraftflußbilder dieses Magneten für zwei Kernstellungen und die höchste verwendete Erregung von 40 Amp. gezeigt.

7. Der flache Mantelmagnet.

Will man Zugmagnete für Wechselstrom verwenden, so müssen sie aus Blechen zusammengesetzt werden, um die sonst im massiven Eisen auftretenden Wirbelstromverluste auf ein Mindestmaß zu beschränken,

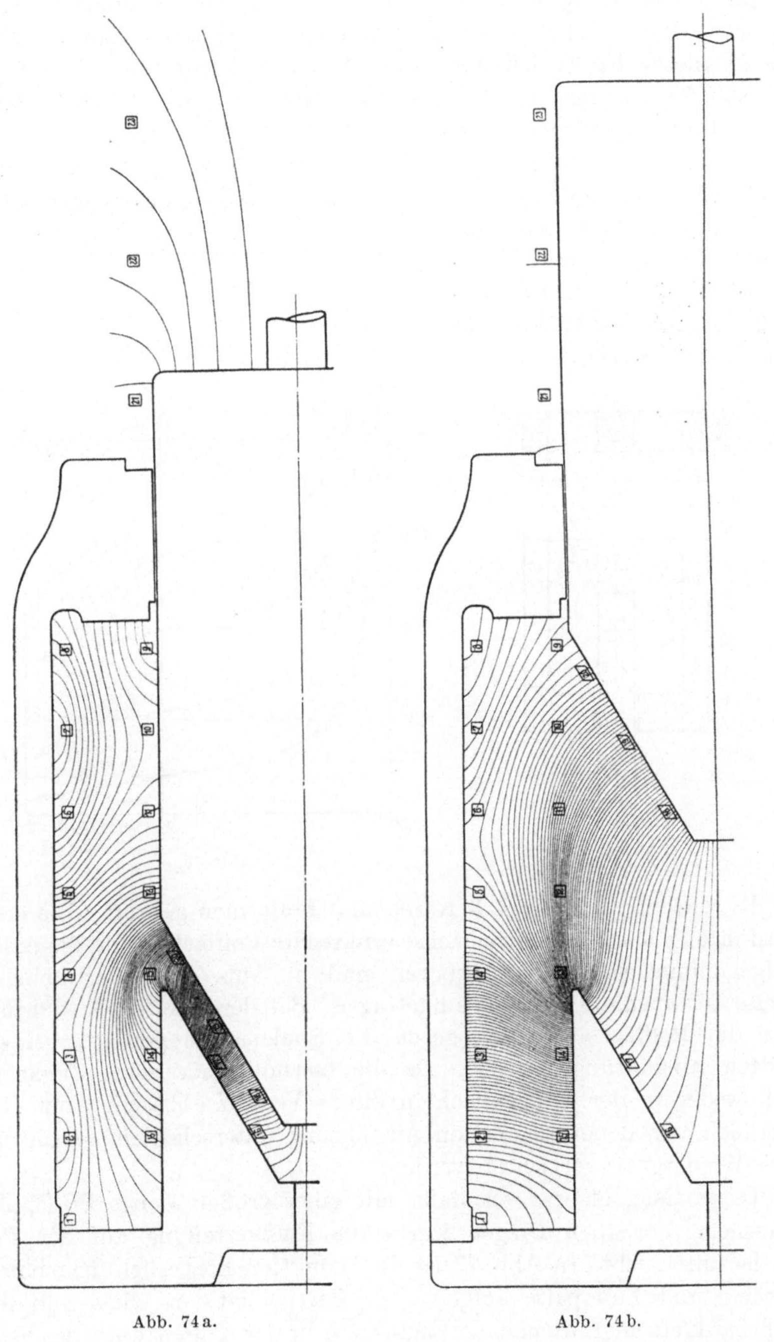

Abb. 74a.   Abb. 74b.

wie dies schon zu Beginn des IV. Abschnitts erwähnt wurde. Ein solcher Magnet wurde von Kalisch (Q. 26) untersucht, leider aber nur mit Gleichstrom, so daß der sehr wünschenswerte Vergleich zwischen dem Verhalten des Magneten bei Gleichstrom und bei Wechselstrom auch hier fehlt. In Abb. 75 ist der Eisenköprer maßstäblich dargestellt. Das Paket bestand aus 108 Blechen von 0,5 mm Stärke und 6 Blechen von 1 mm Stärke. Das Blech hatte eine Verlustziffer von 3,6 W/kg. Die Spule umhüllte den Pol und den Kern und war aus 9 Scheiben zusammengesetzt; sie hatte insgesamt 1404 Windungen aus $3 \times 2,5$ mm Flachkupferdraht und war kreisförmig gewickelt. Ihr Widerstand war 1,85 Ohm bei 20° C.

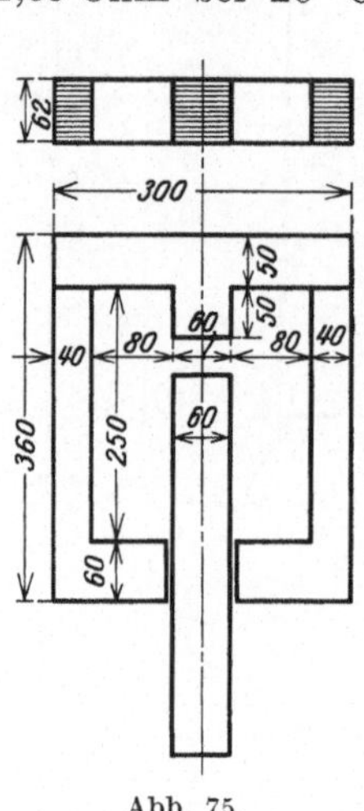

Abb. 75.

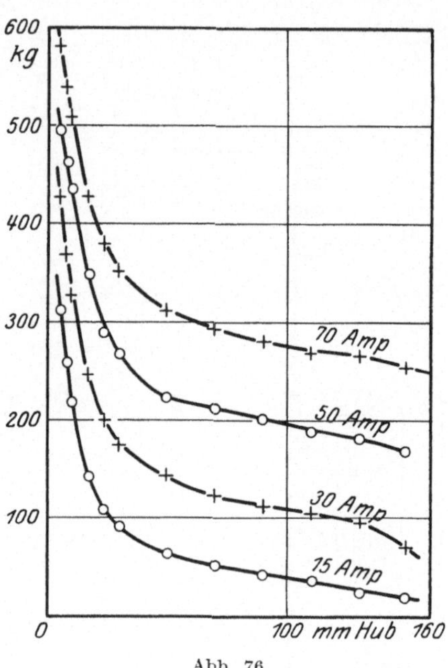

Abb. 76.

Es wurden im ganzen 3 Kerne und Polformen geprüft. Die erste Ausführung hatte zur Spulenachse senkrechte Polflächen und die damit aufgenommenen Zugkraftkurven sind in Abb. 76 in der üblichen Weise für mehrere Ströme aufgetragen. Bei der zweiten Ausführung war die Polfläche um 45° gegen die Spulenachse geneigt, bei der dritten Ausführung um 30°. Da die hiermit gemessenen Zugkräfte sich weder in der Größe noch in ihrem Verlauf abhängig vom Hub merklich von denen der ersten Ausführung unterscheiden, so soll auf ihre Wiedergabe verzichtet werden.

Dieser Magnet war ebenfalls mit einer großen Menge Prüfspulen versehen. Vor allen Dingen wurde die Flußverteilung auf der Polfläche untersucht. In Abb. 77 ist die Induktion körperlich für mehrere Ströme und Luftspalte aufgetragen. Hierbei ist vor allem auffällig, daß bei kleinem Luftspalt die Induktion in der Polmitte am höchsten

ist und nach dem Rande abnimmt. Bei größeren Luftspalten kehrt
sich die Erscheinung um. In der Abb. 78 sind ferner aus den Prüf-
spulenmessungen die Kraftflußbilder entwickelt. Hierbei ist vor allem
zu beachten, wie sich die Flußverteilung ändert, wenn der Strom von

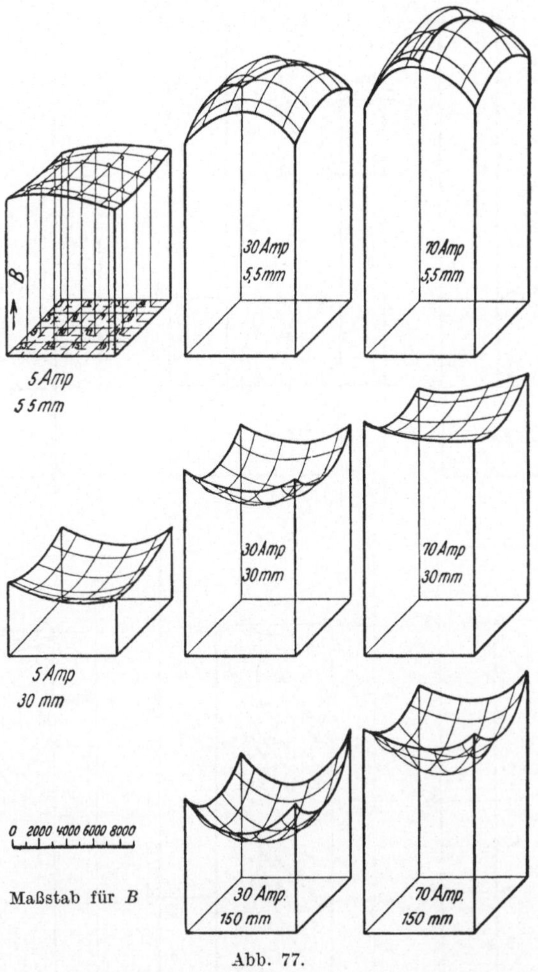

Abb. 77.

5 auf 30 Amp. ansteigt. Die Streubilder sind so gezeichnet, als wenn der
gesamte Streufluß einer Magnethälfte innerhalb des zugehörigen Fensters
in einer Ebene verlaufe. Die Pfeile deuten die Flußrichtung an, die
eingeschriebenen Zahlen geben den Fluß der betreffenden Röhre in
1000 Maxwell an, beim Pol nur für die Hälfte bis zur Mittellinie.

In seiner Arbeit geht Kalisch ganz besonders auf den Unterschied
ein, der sich zwischen der aus der „Maxwellschen Formel" berechneten
Zugkraft und der gemessenen ergibt. Seine Ergebnisse weichen zum

Teil recht erheblich von denen anderer Beobachter ab. Ferner leitet er analytisch die Bedingungen ab, unter welchen die Formel richtige Werte

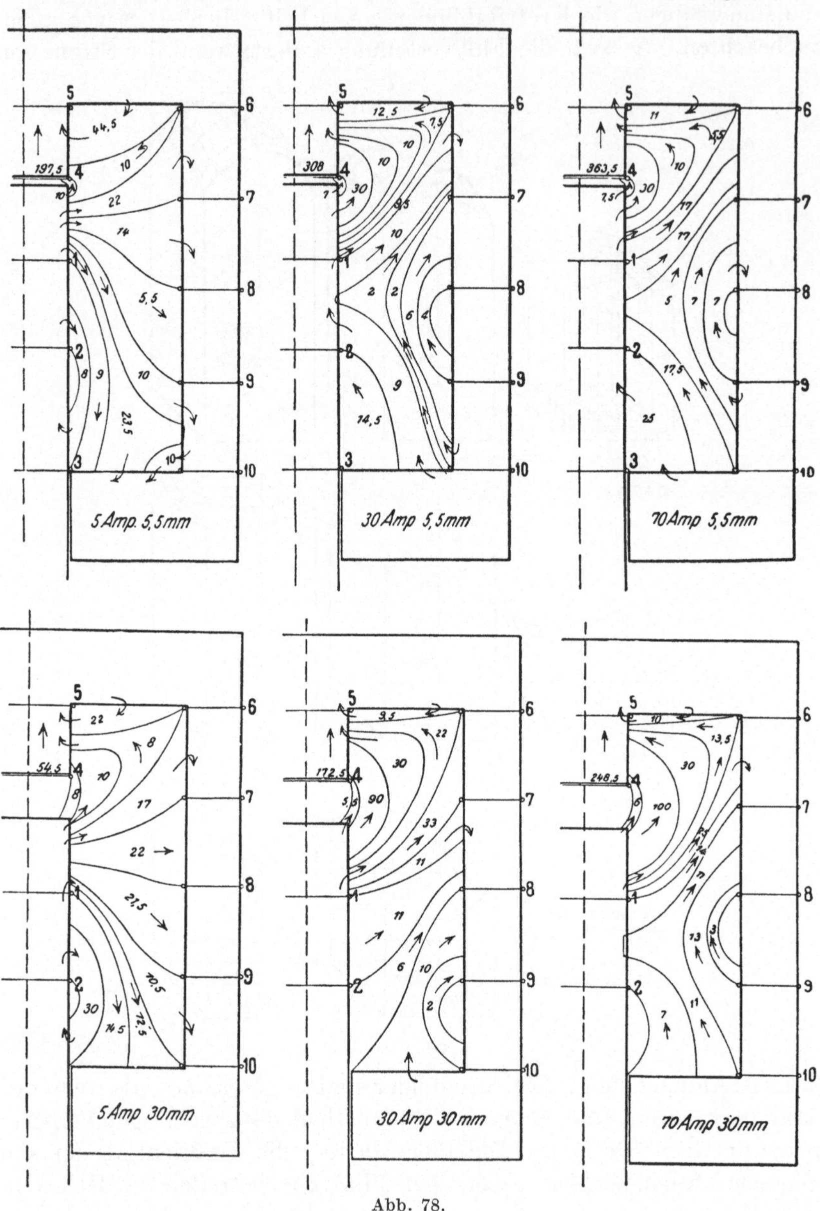

Abb. 78.

liefert, d. h. wann diese mit den gemessenen übereinstimmen müssen. Wer sich für diese Frage interessiert, dem sei ein Studium der Arbeit von Kalisch sehr empfohlen.

8. Zugmagnete ohne Eisenschluß.

In vielen Fällen werden in der Technik auch Spulen verwendet, bei welchen der Gegenpol zu dem einzuziehenden Kern fehlt. Häufig wird dann auch noch der äußere Eisenschluß fortgelassen, der den Kraftfluß auf der Außenseite der Spule zurückführen soll. Dann besteht der Magnet also nur noch aus der Spule und einem eisernen Kern. Man spricht in diesem Falle im allgemeinen von einem Solenoid, wenn auch dieser Ausdruck nicht ganz auf diese Ausführung beschränkt bleibt, sondern in seiner Bedeutung wechselt. Derartige Magnete werden besonders in solchen Fällen bevorzugt, wenn es sich darum handelt, einen möglichst leichten Apparat herauszubringen, wie er etwa bei Meßinstrumenten und Reglern gebraucht wird. Um der Forderung des geringen Gewichts noch mehr zu genügen, wird der Kern häufig nicht aus vollem Eisen, sondern etwa aus Rohr hergestellt. Bei Verwendung für Wechselstrom wird dann dies Rohr längs geschlitzt. Verschiedene Beobachter haben nun ihre Versuche in dieser Richtung ausgedehnt und die Zugkraftkurven an ihren Magneten mit denen bei fortgelassenem Gehäuse verglichen. Es besteht nämlich die Vermutung, die durch die bisherigen Versuche noch nicht ausreichend bestätigt ist, daß die Spule an sich, d. h. also vor allem ihre Form, das Verhältnis ihrer Abmessungen, zunächst einmal einen gewissen Verlauf der Zugkraftkurve, festlegt und daß durch den Eisenschluß, hauptsächlich den Gegenpol, jener Grundform eine weitere Kurve überlagert wird, welch letztere wieder durch den abnehmenden Luftspalt zwischen den sich nähernden Polen hervorgebracht wird. Wir wollen hier einige Beispiele geben, welche zur weiteren Erforschung dieses Gebiets anregen sollen.

a) Messungen von Kalisch (Q. 26). Bei dem im vorigen Abschnitt beschriebenen flachen Mantelmagnet wurde das obere Eisenjoch mit dem Pol entfernt und die Zugkraft für dieselben Ströme wiederum aufgenommen. In Abb. 79 wurden einige dieser Meßreihen aufgetragen. Für 50 und 70 Amp. sind außerdem noch die entsprechenden Kurven aus Abb. 76 gestrichelt hinzugezeichnet. Es zeigt sich,

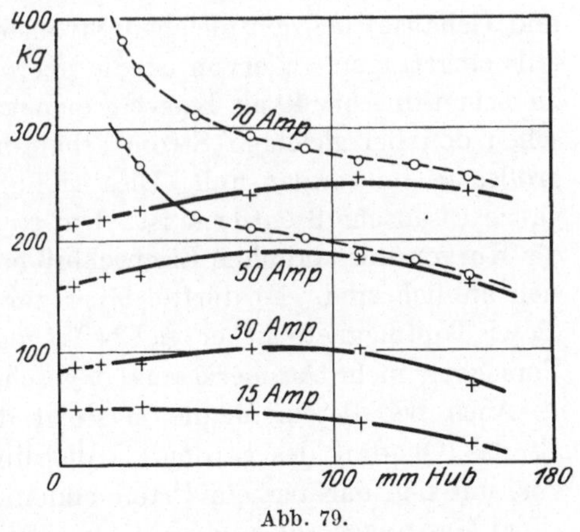

Abb. 79.

daß bei großem Hub die Zugkraft durch das Joch wenig beeinflußt wird. Erst von etwa 50 mm Luftspalt abwärts steigt die Zugkraft bei vorhandenem Gegenpol sehr schnell an.

Bei den Messungen ohne Gegenpol fällt vor allem auch auf, daß die Zugkräfte in einer gegebenen Stellung etwa proportional dem Strom ansteigen, sich also nicht mit dessen Quadrat ändern, wie wir es bisher kennengelernt haben.

b) Messungen von Steil. Der in Abschnitt IV 3 genau durchgerechnete Magnet (Abb. 39) wurde von Steil (Q. 43) auch noch nach vollständiger Entfernung von Gehäuse und Deckel durchgeprüft, wobei also der ganze Apparat nur aus Spule und Kern bestand. Die hieran gemessenen Werte sind in Abb. 80 für 60 und 90 Amp. durch Kurven dargestellt (leider gibt Steil in seiner Arbeit nirgends Meßwerte, sondern stets nur glatte Kurven). Die mit dem vollen Magneten (also mit Deckel

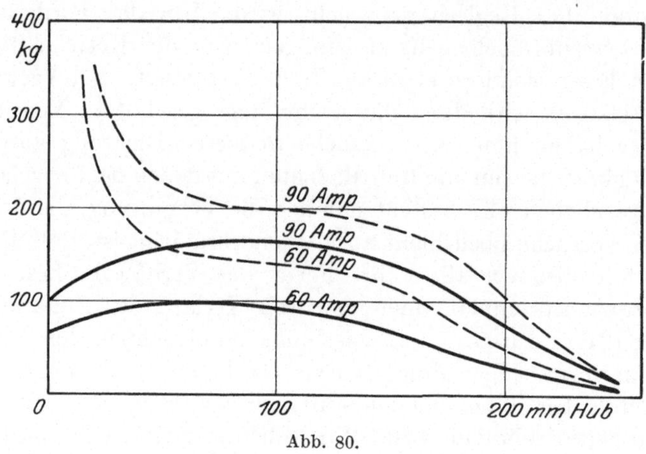

Abb. 80.

und Gehäuse) bei den gleichen Strömen gemessenen Werte sind ebenfalls eingetragen. Hiervon ist die obere Kurve (für 90 Amp.) dieselbe, die schon in Abb. 40 als Kurve d eingetragen ist. Die Abweichung zwischen den bei gleichem Strom erhaltenen Kurven ist hier wesentlich größer als im vorigen Fall. Dies ist nur natürlich, da ja hier auch der ganze Eisenschluß entfernt ist. Um so mehr fällt gerade hier auf, wie die Kurven mit und ohne Eisenschluß bei großem Luftspalt in der Form sich ähnlich sind. Es dürfte daher zur Klärung mancher Eigenheiten dieser Topfmagnete sicher viel beitragen, wenn auch diesem Punkt bei Versuchen mehr Aufmerksamkeit geschenkt würde.

Auch bei diesem Magneten steigt die Zugkraft sicher weniger an als das Quadrat des Stromes. Allerdings liegen zu wenig Messungen vor, um sich darüber ein Urteil bilden zu können.

c) Messungen von Underhill. Im Anschluß an die eben besprochenen Messungen sollen einige andere wiedergegeben werden, die von Underhill (Q. 47) vor längerer Zeit schon veröffentlicht worden sind. Die Meßmethode wurde dort wie folgt beschrieben: In Abb. 81 ist A eine Spule, welche den Kern bis zur Sättigung magnetisieren sollte. Nähere Angaben über Erregung dieser Spule, ihre Abmessungen und Kernabmessungen werden nicht gemacht. Es wird nur angegeben, daß der Kern einen kreisförmigen Querschnitt von 6,45 cm² besitzt. Die Spule war fest auf dem Kern montiert. Ferner ist B die zu prüfende Spule, welche soweit über den Kern geschoben wurde, daß der Höchstwert der Zugkraft auftrat. Die Messungen ergeben zunächst, daß die Zugkraft über dem Strom aufgetragen gerade Linien sind und zwar ist die Zugkraft proportional dem Strom. Die Abmessungen der untersuchten Spulen sowie der Quotient aus Zugkraft und Durchflutung der betreffenden Spule sind nach den Angaben von Underhill in der Zahlentabelle unten zusammengestellt. Wir wollen jetzt versuchen, die gemessenen Kräfte in Beziehung zu der Feldstärke in einer Spule zu bringen.

Die Feldstärke im Mittelpunkt einer kreisförmigen Spule, deren Querschnittabmessungen sehr klein gegen ihren Radius r sind, beträgt

$$H_0 = 2\pi \frac{ni}{r}, \qquad (23)$$

worin ni die Durchflutung der Spule ist. Diese Formel können wir auf eine beliebige Spule anwenden, wenn wir statt r einen bestimmten anderen Wert r_m einsetzen. Dieser Radius r_m ist nach der in Abschnitt VI 4 abgeleiteten

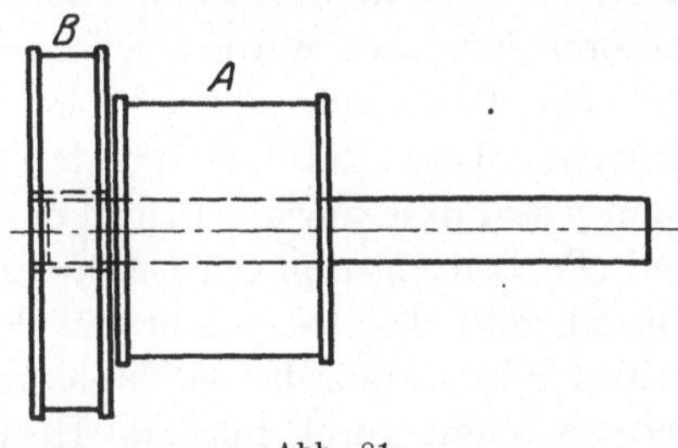

Abb. 81.

Gl. (45) zu berechnen. Wir wollen dies für die von Underhill benutzten Spulen tun. Ferner wollen wir für die Zugkraft einen der Maxwellschen Formel nachgebildeten Ausdruck verwenden. Wir setzen

$$K = \frac{kH_0q}{8\pi\,981\,000}, \qquad (24)$$

worin H_0 aus Gl. (23) mit r_m als Radius einzusetzen ist; k ist ein Faktor, den wir bestimmen wollen und der dieselbe Dimension wie H_0 hat; ferner ist $q = 6{,}45$ cm² der Kernquerschnitt. Wir erhalten folgende Zahlentafel:

D_0 cm	b cm	c cm	K/ni kg/AW	r_m cm	k
25,4	2,54	2,54	$0{,}57 \cdot 10^{-3}$	12,7	44 000
20,4	2,54	2,54	$0{,}72 \cdot 10^{-3}$	10,2	44 700
15,2	2,54	2,54	$0{,}97 \cdot 10^{-3}$	7,63	45 000
10,2	2,54	2,54	$1{,}44 \cdot 10^{-3}$	5,16	45 200
14,3	2,54	11,1	$1{,}32 \cdot 10^{-3}$	5,71	45 900
11,8	2,54	8,6	$1{,}48 \cdot 10^{-3}$	4,98	44 800
9,21	2,54	6,03	$1{,}67 \cdot 10^{-3}$	4,20	42 700
6,03	2,54	2,86	$2{,}05 \cdot 10^{-3}$	3,14	39 200

Bei der Verwendung der Gl. (23) ist wohl zu beachten, daß das absolute Maßsystem zu verwenden ist. Setzt man also rechts ni in Ampere ein, so muß noch im Nenner der Faktor 10 hinzugefügt werden. Der berechnete Faktor k ist nun tatsächlich für fast alle Spulen nahezu unveränderlich. Abgesehen von der letzten Spule betragen die Abweichungen vom Mittelwert nicht mehr als etwa 4%. Ein Grund für das andere Verhalten der letzten Spule ist aus den von Underhill gegebenen Unterlagen nicht zu erkennen.

V. Der Drehstrommagnet.

1. Allgemeine Überlegungen.

Für manche Zwecke der Technik ist es erwünscht, einen Magneten an alle drei Pole eines Drehstromsystems anschließen zu können. Bei Kranen, die häufig recht lange Zuleitungen besitzen und mit Drehstrommotoren betrieben werden, würde ein Einphasen-Bremsmagnet die betreffende Phase sehr stark belasten. Dies vermeidet man dadurch in einfacher Weise, daß man alle drei Phasen zum Magneten führt, so daß dann jede Phase nur ein Drittel der geforderten Leistung hergeben muß und alle Leitungen gleich belastet sind. Dazu kommt noch der weitere Vorteil, daß das bei jedem mit Wechselstrom betriebenen Magneten auftretende Geräusch bei Drehstrom außerordentlich vermindert ist. Dies ist leicht durch folgende Überlegungen einzusehen: Die Zugkraft eines Magneten ändert sich mit dem Quadrat des Stromes, der das Magnetfeld erzeugt. Ist dieser nun ein reiner Sinusstrom, also etwa durch die Gleichung gegeben

$$i = J \cdot \sin \omega t,$$

so wird die Zugkraft unter sonst konstanten Verhältnissen gekennzeichnet durch

$$i^2 = J^2 \sin^2 \omega t = \tfrac{1}{2} J^2 [1 - \cos 2 \omega t].$$

Die Zugkraft setzt sich also aus zwei Teilen zusammen, einem konstanten Teil (entsprechend dem Glied $\tfrac{1}{2} J^2$), dem Mittelwert und einem veränderlichen Teil (entsprechend dem Glied $\tfrac{1}{2} J^2 \cos 2 \omega t$). Die gesamte Zugkraft ändert sich daher mit der doppelten Frequenz des Wechselstroms zwischen null (für $\omega t = 0$) und dem doppelten Mittelwert $\left(\text{für } \omega t = \dfrac{\pi}{2}\right)$. Hat nun die Gegenkraft (die Last) den Mittelwert noch nicht erreicht, so wird sie doch in einem gewissen Zeitbereich die magnetische Zugkraft überwinden und den Anker um ein gewisses, wenn auch kleines Stück von dem Pol entfernen. In der übrigen Zeit überwiegt der magnetische Zug und der Anker wird wieder an den Pol angeschlagen. Durch diese dauernde kleine Bewegung wird nun bei geringer Last ein Summen hervorgerufen, das mit zunehmender Last stärker und im Augenblick des Abreißens zu einem äußerst heftigen schnarrenden Geräusch wird.

Ganz anders verhält sich der Magnet bei Drehstrom. Wir nehmen einmal der Einfachheit halber an, daß die drei Ströme um genau 120° gegeneinander verschoben sind, und daß sie sich gegenseitig magnetisch nicht beeinflussen. Dann wird die gesamte von allen drei Strömen hervorgerufene Zugkraft auf den gemeinsamen Anker proportional dem Ausdruck zu setzen sein:

$$J_1^2 \sin^2 \omega t + J_2^2 \sin^2(\omega t + \tfrac{2}{3}\pi) + J_3^2 \sin^2(\omega t + \tfrac{4}{3}\pi).$$

Die Ströme mögen gleiche Amplitude haben, dann erhält man nach Umformung der Kreisfunktionen, wie leicht verständlich,

$$\tfrac{1}{2}J^2[3 - \cos 2\omega t - \cos(2\omega t + \tfrac{4}{3}\pi) - \cos(2\omega t + \tfrac{8}{3}\pi)]$$
$$= \tfrac{1}{2}J^2[3 - \cos 2\omega t - 2\cos(2\omega t + 2\pi) \cdot \cos\tfrac{2}{3}\pi].$$

Nun ist aber $\cos\tfrac{2}{3}\pi = -\tfrac{1}{2}$ und somit verschwinden die von der Zeit abhängigen Glieder. Die Gesamtzugkraft ist daher proportional $\tfrac{3}{2}J^2$, also von der Zeit unabhängig, d. h. konstant. Die oben beschriebenen kleinen Ankerbewegungen, die das Geräusch beim Einphasenmagneten hervorbrachten, können gar nicht mehr auftreten.

Ganz genau werden diese Bedingungen jedoch niemals eintreten, da stets gegenseitige Beeinflussungen und Ungleichheiten der Ströme auftreten; diese werden teilweise durch die Konstruktion (ungleiche Kraftflußwege) und teilweise durch ungenaue Fabrikation hervorgerufen. Ferner greifen auch die Kräfte der drei Phasen an verschiedenen Stellen des Ankers an. Es wird sich also der Drehstromzugkraft eine Einphasen-Zugkraft überlagern, sodaß doch wieder ein Geräusch entsteht.

2. Analytische Ableitung.

Wir wollen jetzt die Vorgänge in einem mit Drehstrom erregten Magnetsystem verfolgen. In Abb. 82[1]) ist ein solches mit seinen Wicklungen schematisch dargestellt. Die drei Klemmen U, V, W eines Drehstromsystems liefern die Ströme i_1, i_2, i_3 mit den Amplituden J_1, J_2, J_3. Die von diesen Strömen erregten magnetischen Flüsse seien mit Φ_1, Φ_2, Φ_3 bezeichnet; die diesen entsprechenden EMKe seien E_1, E_2, E_3, die Windungszahlen der drei Spulen n_1, n_2, n_3, die magnetischen Leitwerte der drei Kraftflußwege λ_1, λ_2, λ_3, wobei diese zwischen den Vereinigungspunkten A und B gerechnet sein sollen. Die drei Wicklungen seien in Stern geschaltet mit C als Nullpunkt. In Abb. 83

---

1) In Abb. 82 sind versehentlich die Klemmenspannungen mit E_1, E_2, E_3 bezeichnet, anstatt richtig U_1, U_2, U_3 wie im Text verwendet.

ist ferner die räumliche Lage der drei angelegten Spannungen dargestellt, die als gleich groß und um genau 120° gegeneinander verschoben vorausgesetzt seien. Die Ohmschen Widerstände der Wicklungen seien als vernachlässigbar klein angenommen. Bei der Aufstellung der Beziehungen zwischen den einzelnen Größen müssen wir vor allem den Umlaufsinn und die Richtung beachten, die in Abb. 82

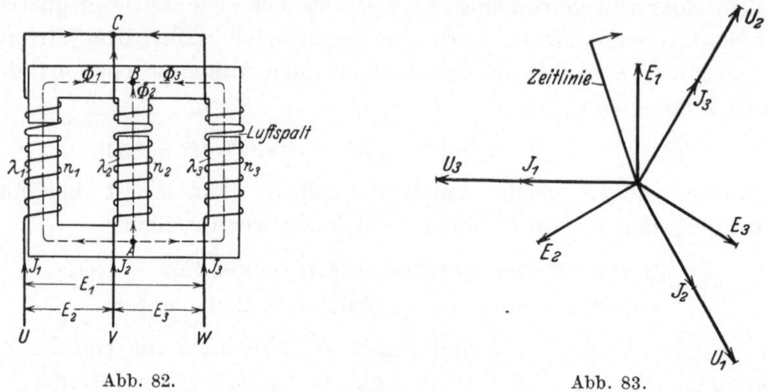

Abb. 82.

Abb. 83.

durch Pfeile angedeutet ist. Zunächst ergibt das Induktionsgesetz für die Spannungen zwischen den Punkten U, V, W bei Vernachlässigung des Widerstandes die Ausdrücke

$$u_1 = n_1 \frac{d\Phi_1}{dt} - n_3 \frac{d\Phi_3}{dt}, \tag{1a}$$

$$u_2 = n_2 \frac{d\Phi_2}{dt} - n_1 \frac{d\Phi_1}{dt}, \tag{1b}$$

$$u_3 = n_3 \frac{d\Phi_3}{dt} - n_2 \frac{d\Phi_2}{dt}. \tag{1c}$$

Ferner müssen wir die magnetischen Spannungen beachten und erhalten damit eine Beziehung zwischen Strom und Fluß

$$\frac{\Phi_1}{\lambda_1} - \frac{\Phi_2}{\lambda_2} = 4\pi(n_1 i_1 - n_2 i_2), \tag{2a}$$

$$\frac{\Phi_2}{\lambda_2} - \frac{\Phi_3}{\lambda_3} = 4\pi(n_2 i_2 - n_3 i_3), \tag{2b}$$

$$\frac{\Phi_3}{\lambda_3} - \frac{\Phi_1}{\lambda_1} = 4\pi(n_3 i_3 - n_1 i_1). \tag{2c}$$

Für die Punkte A und B bzw. C wenden wir das Kirchhoffsche Gesetz an und erhalten die Gleichungen

$$i_1 + i_2 + i_3 = 0, \tag{3}$$

$$\Phi_1 + \Phi_2 + \Phi_3 = 0. \tag{4}$$

Die Voraussetzung, daß die Klemmenspannungen um 120° verschoben sind und gleiche Größe haben, ergibt die weitere Beziehung, daß

$u_1 + u_2 + u_3 = 0$ sein muß. Wir wollen sinusförmigen Verlauf annehmen, dann können wir schreiben

$$\left.\begin{aligned} u_1 &= U \cdot \sin(\omega t + \alpha), \\ u_2 &= U \cdot \sin(\omega t + \tfrac{2}{3}\pi + \alpha), \\ u_3 &= U \cdot \sin(\omega t + \tfrac{4}{3}\pi + \alpha), \end{aligned}\right\} \tag{5}$$

wobei der Winkel α willkürlich ist und auch gleich null gesetzt werden kann. Die magnetischen Kennlinien sollen gerade sein, d. h. die λ sind konstant. Dann werden auch die Ströme sinusförmig sein. Wir setzen also an

$$\left.\begin{aligned} i_1 &= J_1 \sin(\omega t + \varphi_1), \\ i_2 &= J_2 \sin(\omega t + \varphi_2), \\ i_3 &= J_3 \sin(\omega t + \varphi_3). \end{aligned}\right\} \tag{6}$$

Die Phasenverschiebungen φ_1, φ_2, φ_3 würden sich bei völliger Symmetrie um je $\tfrac{2}{3}\pi$ unterscheiden. Aus Gl. (2) und (4) kann man nun die Einzelflüsse berechnen. Es ergibt sich

$$\Phi_1 = \frac{4\pi}{\lambda_1 + \lambda_2 + \lambda_3}\,[\lambda_1(\lambda_2 + \lambda_3)\,n_1 i_1 - \lambda_1\lambda_2\,n_2 i_2 - \lambda_1\lambda_3\,n_3 i_3]. \tag{7}$$

Durch zyklische Vertauschung der Indexzahlen an allen Stellen, d. h. indem man von 1 nach 2, von 2 nach 3, von 3 nach 1 fortschreitet, erhält man die entsprechenden Ausdrücke für Φ_2 und Φ_3. Wir wollen nun die folgenden Induktivitäten definieren:

$$\left.\begin{aligned} L_1 &= 4\pi n_1^2 \frac{\lambda_1(\lambda_2 + \lambda_3)}{\lambda_1 + \lambda_2 + \lambda_3}, & L_{12} &= 4\pi n_1 n_2 \frac{\lambda_1\lambda_2}{\lambda_1 + \lambda_2 + \lambda_3}, \\ L_2 &= 4\pi n_2^2 \frac{\lambda_2(\lambda_3 + \lambda_1)}{\lambda_1 + \lambda_2 + \lambda_3}, & L_{23} &= 4\pi n_2 n_3 \frac{\lambda_2\lambda_3}{\lambda_1 + \lambda_2 + \lambda_3}, \\ L_3 &= 4\pi n_3^2 \frac{\lambda_3(\lambda_1 + \lambda_2)}{\lambda_1 + \lambda_2 + \lambda_3}, & L_{31} &= 4\pi n_3 n_1 \frac{\lambda_3\lambda_1}{\lambda_1 + \lambda_2 + \lambda_3}. \end{aligned}\right\} \tag{8}$$

Auch hier gilt die Regel der zyklischen Vertauschung, wie leicht zu sehen. Mit Einführung dieser Größen in Gl. (7) erhalten wir nun

$$\left.\begin{aligned} n_1\Phi_1 &= L_1 i_1 - L_{12} i_2 - L_{13} i_3, \\ n_2\Phi_2 &= L_2 i_2 - L_{23} i_3 - L_{21} i_1, \\ n_3\Phi_3 &= L_3 i_3 - L_{31} i_1 - L_{32} i_2. \end{aligned}\right\} \tag{9}$$

Hiermit gehen wir in Gl. (1) und erhalten schließlich die Spannungsgleichungen:

$$\left.\begin{aligned} u_1 &= (L_1 + L_{31})\frac{di_1}{dt} - (L_{12} - L_{32})\frac{di_2}{dt} - (L_3 + L_{13})\frac{di_3}{dt}, \\ u_2 &= (L_2 + L_{12})\frac{di_2}{dt} - (L_{23} - L_{13})\frac{di_3}{dt} - (L_1 + L_{21})\frac{di_1}{dt}, \\ u_3 &= (L_3 + L_{23})\frac{di_3}{dt} - (L_{31} - L_{21})\frac{di_1}{dt} - (L_2 + L_{32})\frac{di_2}{dt}. \end{aligned}\right\} \tag{10}$$

Unter Beachtung von Gl. (3) kann man dies auch wie folgt schreiben:

$$\left.\begin{aligned}
u_1 &= L_a \frac{d\,i_1}{dt} + L_b' \frac{d\,i_2}{dt}\,, \\[4pt]
u_2 &= L_b \frac{d\,i_2}{dt} + L_c' \frac{d\,i_3}{dt}\,, \\[4pt]
u_3 &= L_c \frac{d\,i_3}{dt} + L_a' \frac{d\,i_1}{dt}\,,
\end{aligned}\right\} \tag{11}$$

wobei zur Abkürzung gesetzt ist:

$$\left.\begin{aligned}
L_a &= L_1 + 2L_{13} + L_3\,, & L_a' &= L_2 + L_{23} - L_{31} + L_{21}\,; \\
L_b &= L_2 + 2L_{21} + L_1\,, & L_b' &= L_3 + L_{31} - L_{12} + L_{32}\,; \\
L_c &= L_3 + 2L_{32} + L_2\,, & L_c' &= L_1 + L_{12} - L_{23} + L_{13}\,.
\end{aligned}\right\} \tag{12}$$

Die Bezeichnungen sind wieder so gewählt, daß sie sich für die drei Kreise durch zyklische Vertauschung auseinander ableiten lassen. Es werde ferner zur Abkürzung gesetzt

$$A = L_a L_b L_c + L_a' L_b' L_c'\,; \tag{13}$$

dann kann man aus Gl. (11) entwickeln

$$\left.\begin{aligned}
A \frac{d\,i_1}{dt} &= L_b L_c u_1 - L_b' L_c u_2 + L_b' L_c' u_3\,, \\[4pt]
A \frac{d\,i_2}{dt} &= L_c L_a u_2 - L_c' L_a u_3 + L_c' L_a' u_1\,, \\[4pt]
A \frac{d\,i_3}{dt} &= L_a L_b u_3 - L_a' L_b u_1 + L_a' L_b' u_2\,.
\end{aligned}\right\} \tag{14}$$

Wenn wir jetzt die Gl. (5) und (6) hier einsetzen, so können wir die einzelnen Ströme und ihre Phasenstellungen ausrechnen. Als Beispiel sei die Gleichung für Phase 1 angeführt:

$$\left.\begin{aligned}
\frac{A\,\omega\,J_1}{U} \cos(\omega t + \varphi_1) = L_b L_c \sin(\omega t + \alpha) - L_b' L_c \sin\left(\omega t + \frac{2}{3}\pi + \alpha\right) \\
+ L_b' L_c' \sin\left(\omega t + \frac{4}{3}\pi + \alpha\right).
\end{aligned}\right\} \tag{15}$$

Wenn man hier $\omega t = 0$ und $\omega t = -\dfrac{\pi}{2}$ setzt, so erhält man

$$\left.\begin{aligned}
\frac{A\,\omega J_1}{U} \cos\varphi_1 &= +L_b L_c \sin\alpha - L_b' L_c \cos\left(\frac{\pi}{6}+\alpha\right) - L_b' L_c' \cos\left(\frac{\pi}{6}-\alpha\right), \\[4pt]
\frac{A\,\omega J_1}{U} \sin\varphi_1 &= -L_b L_c \cos\alpha - L_b' L_c \sin\left(\frac{\pi}{6}+\alpha\right) + L_b' L_c' \sin\left(\frac{\pi}{6}-\alpha\right).
\end{aligned}\right\} \tag{15a}$$

Aus diesen Gleichungen läßt sich die Phasenlage des Stromes J_1 ermitteln. Dabei ist der Winkel α, wie schon gesagt, nebensächlich und kann gleich null gesetzt werden. Er bestimmt nur den Punkt, von welchem man die Zeit zählen will; die Wahl $\alpha = 0$ bedeutet, daß die Phasenverschiebungen von der Spannung U_1 aus zu rechnen sind.

Um die Amplitude J_1 zu bestimmen, quadriert man die beiden Gl. (15a) und addiert sie; man erhält dann

$$\left(A\,\frac{\omega J_1}{U}\right)^2 = L_b^2 L_c^2 + L_b L_c^2 L_b' + L_b'^2 L_c^2 - L_b L_c L_b' L_c' + L_c L_b'^2 L_c' + L_b'^2 L_c'^2. \tag{16}$$

Hieraus lassen sich dann die Ausdrücke für die anderen Ströme durch zyklische Vertauschung finden.

Von Wichtigkeit sind auch noch die Phasenspannungen. Bezeichnen wir die EMK je Phase mit e_1, e_2, e_3, so wird für Phase 1 nach Gl. (9)

$$e_1 = -n_1 \frac{d\Phi_1}{dt} = -L_1 \frac{di_1}{dt} + L_{12} \frac{di_2}{dt} + L_{13} \frac{di_3}{dt} \tag{17}$$

und entsprechend für die anderen beiden. Bezeichnet man die Phasenstellung der EMK mit ψ, so erhält man mit Gl. (6)

$$\left.\begin{aligned}E_1 \sin(\omega t + \psi_1) &= -L_1 \omega J_1 \cos(\omega t + \varphi_1) + L_{12}\omega J_2 \cos(\omega t + \varphi_2) \\ &\quad + L_{13}\omega J_3 \cos(\omega t + \varphi_3).\end{aligned}\right\} \tag{17a}$$

Hieraus kann man die Phasenstellungen und die Amplituden berechnen. Die letztere ergibt sich für Phase 1 zu

$$\left.\begin{aligned}E_1^2 &= L_1^2 \omega^2 J_1^2 - 2L_1 L_{12} \omega^2 J_1 J_2 \cos(\varphi_2 - \varphi_1) + L_{12}^2 \omega^2 J_2^2 \\ &\quad - 2L_1 L_{13} \omega^2 J_1 J_3 \cos(\varphi_1 - \varphi_3) \\ &\quad + 2L_{12}L_{13}\omega^2 J_2 J_3 \cos(\varphi_3 - \varphi_2) + L_{13}^2 \omega^2 J_3^2\end{aligned}\right\} \tag{18}$$

und für die anderen Phasen durch zyklische Vertauschung.

Es ist nun interessant, den Einfluß der Induktivitäten auf die Stromverteilung zu untersuchen. Wir wollen uns hierfür drei einfache Beispiele etwas näher ansehen.

Beispiel a. Alle λ sind gleich, ebenso die Windungszahlen. Wir erhalten also ein vollkommen symmetrisches Drehstromsystem. Bezeichnet man dann mit

$$L_0 = 4\pi n^2 \lambda \tag{19}$$

die Induktivität eines Schenkels ohne Einfluß von außen, so erhält man

$$L_1 = L_2 = L_3 = \tfrac{2}{3} L_0, \qquad L_{12} = L_{23} = L_{31} = \tfrac{1}{3} L_0;$$
$$L_a = L_b = L_c = 2 L_0, \qquad L_a' = L_b' = L_c' = L_0;$$
$$J_1 = J_2 = J_3 = \frac{U}{\sqrt{3}\,\omega L_0} = J_0;$$
$$\operatorname{tg}\varphi_1 = \sqrt{3}, \qquad \operatorname{tg}\varphi_2 = 0, \qquad \operatorname{tg}\varphi_3 = -\sqrt{3};$$
$$\varphi_1 = \tfrac{1}{3}\pi, \qquad \varphi_2 = 0, \qquad \varphi_3 = \tfrac{2}{3}\pi;$$
$$E_1 = E_2 = E_3 = \omega L_0 J_0;$$
$$\operatorname{tg}\psi_1 = -\tfrac{1}{3}\sqrt{3}, \qquad \operatorname{tg}\psi_2 = \infty, \qquad \operatorname{tg}\psi_3 = \tfrac{1}{3}\sqrt{3};$$
$$\psi_1 = \frac{5}{6}\pi, \qquad \psi_2 = \frac{3}{2}\pi, \qquad \psi_3 = \frac{\pi}{6}.$$

In Abb. 83 sind die Spannungs- und Stromvektoren ihrer Größe und Richtung nach ebenfalls dargestellt, wobei die Winkel gegen den Uhrzeigersinn als positiv gerechnet sind; es ist hier U_1 als Ausgangspunkt zu wählen, da wir im Beispiel $\alpha = 0$ gesetzt haben. Die Zeitlinie läuft also hierbei im Uhrzeigersinn um.

Beispiel b. Da die beiden äußeren Schenkel offenbar einen längeren Kraftlinienweg besitzen, so wollen wir auch den Einfluß dieser Verschiedenheit feststellen. Wir setzen zu diesem Zwecke $\lambda_1 = \lambda_3 = \varepsilon\,\lambda_2$; die Windungszahlen der drei Spulen seien wieder gleich. Es läßt sich leicht aus den bisherigen Formeln die jeweilige Formel für diesen Fall ableiten. Die Rechnung soll jedoch hier nicht wiedergegeben werden, da dies zu weit führen würde, und wir wollen uns nur darauf beschränken, die Zahlenwerte hinzuschreiben. Für den besonderen Fall $\varepsilon = \tfrac{2}{3}$ erhalten wir

$$J_1 = \tfrac{1}{6}\sqrt{73}\cdot J_0, \qquad J_2 = \tfrac{7}{6}\cdot J_0, \qquad J_3 = \tfrac{1}{6}\sqrt{73}\cdot J_0;$$

$$\operatorname{tg}\varphi_1 = \tfrac{9}{7}\sqrt{3}, \qquad \operatorname{tg}\varphi_2 = 0, \qquad \operatorname{tg}\varphi_3 = -\tfrac{9}{7}\sqrt{3};$$

$$\varphi_1 = 245°\,50', \qquad \varphi_2 = 0°, \qquad \varphi_3 = 114°\,10'.$$

Die EMKe in den drei Zweigen des Drehstromsystems sind wiederum, wie sich leicht durch zahlenmäßige Ausrechnung aus Gl. (17) feststellen läßt, gleich groß und haben dieselbe Lage wie vorher trotz der Verschiedenheit der aufgenommenen Ströme. Dies ist ein auffälliges Ergebnis, und wir wollen daher untersuchen, unter welchen Bedingungen dies zustande kommt.

Zu diesem Zwecke wollen wir auf unsere Ausgangsgl. (1) zurückgehen. Entfernen wir Φ_3 aus Gl. (1a) mit Hilfe von Gl. (4) und hierauf Φ_2 aus Gl. (1a) und (2a), so erhalten wir leicht nach einiger Umformung

$$(n_1 n_2 + n_2 n_3 + n_3 n_1)\frac{d\Phi_1}{dt} = n_2 u_1 - n_3 u_2. \tag{20}$$

Dividieren wir diese Gleichung durch den in Klammern stehenden Faktor und multiplizieren sie mit n_1, so erhalten wir laut Gl. (17) die der EMK eines Zweiges entgegenwirkende Spannung. Diese Spannung ist also nur von der Größe zweier verketteter Netzspannungen und von den Windungszahlen der drei Spulen abhängig. Wir hatten vorausgesetzt, daß das speisende Netz symmetrisch ist, daß also die verketteten Spannungen gleich groß und um je $120°$ gegeneinander verschoben sind. Für die Zahlenbeispiele hatten wir ferner gleiche Windungszahlen der drei Spulen angenommen. Damit wird dann

$$3\,n\,\frac{d\Phi_1}{dt} = u_1 - u_2 \tag{20a}$$

oder mit Benutzung von Gl. (5):

$$3\,n\,\frac{d\Phi_1}{dt} = U\left[\sin(\omega t + \alpha) - \sin(\omega t + \tfrac{2}{3}\pi + \alpha)\right].$$

Den Inhalt der eckigen Klammer können wir mit Hilfe der trigonometrischen Summenformel

$$\sin x - \sin y = 2 \cos \frac{x+y}{2} \cdot \sin \frac{x-y}{2}$$

in ein Produkt verwandeln und erhalten

$$3\,n\,\frac{d\Phi_1}{dt} = -2\,U \sin \frac{\pi}{3} \cdot \cos\left(\omega t + \frac{\pi}{3} + \alpha\right).$$

Nun kann man setzen

$$\cos\left(\omega t + \frac{\pi}{3} + \alpha\right) = -\sin\left(\omega t - \frac{\pi}{6} + \alpha\right),$$

und da $\sin \dfrac{\pi}{3} = \dfrac{1}{2}\sqrt{3}$ ist, so wird schließlich

$$n\,\frac{d\Phi_1}{dt} = \frac{U}{\sqrt{3}} \cdot \sin\left(\omega t - \frac{\pi}{6} + \alpha\right). \tag{21a}$$

In ganz gleicher Weise erhält man für die Spannungen der anderen Phasen

$$n\,\frac{d\Phi_2}{dt} = \frac{U}{\sqrt{3}} \cdot \sin\left(\omega t + \frac{\pi}{2} + \alpha\right), \tag{21b}$$

$$n\,\frac{d\Phi_3}{dt} = \frac{U}{\sqrt{3}} \cdot \sin\left(\omega t + \frac{7}{6}\pi + \alpha\right). \tag{21c}$$

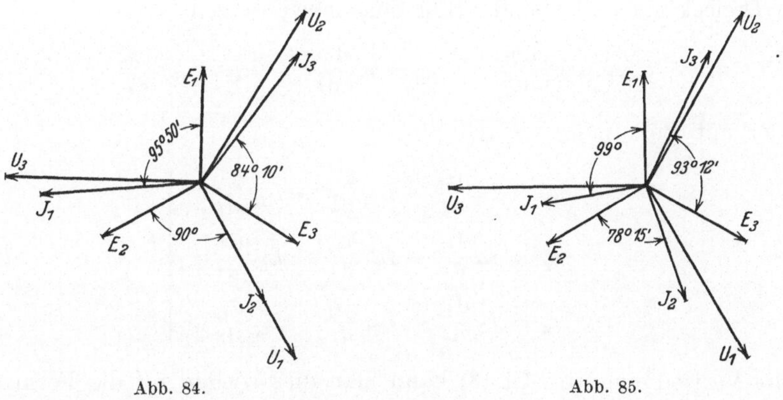

Abb. 84.   Abb. 85.

Dies Ergebnis zeigt, daß die Phasenspannung eine Amplitude $U/\sqrt{3}$ besitzt und um $\pi/6$ ($= 30°$) gegen die verkettete Spannung u_1 zurückbleibt. Dies stimmt mit der Abb. 84 überein. Hier ist die EMK eingetragen, die ja um π ($= 180°$) gegen die aufgedrückte Spannung verschoben ist. Wir sehen also, daß bei symmetrischem Drehstromsystem und gleicher Windungszahl die Phasenspannungen von Drosselspulen, zu denen der Elektromagnet ja gehört, stets symmetrisch sind, und zwar ganz unabhängig davon, wie die magnetischen Verhältnisse sind, ob sie symmetrisch sind oder nicht. Nur ist, wie wir wissen, die gerade Kennlinie Voraussetzung.

In Abb. 84 sind ferner auch die Klemmenspannungen und die Ströme in ihrer richtigen Lage für dieses Beispiel eingetragen.

Beispiel c. Es sollen jetzt Luftspalte eingeführt werden, wie sie ja bei Elektromagneten stets vorhanden sind. Gegenüber diesen können die magnetischen Widerstände des Eisenweges meist vernachlässigt werden. Dagegen kommt es hier vor, daß der Anker etwas schief steht. Es sollen deshalb für die Leitwerte folgende Annahmen gemacht werden: $\lambda_1 = (1 + \varepsilon)\,\lambda_2$; $\lambda_3 = (1 - \varepsilon)\,\lambda_2$, wodurch diese Schiefstellung zum Ausdruck gebracht ist. Die Abweichung gegen den Mittelkern soll ebenso wie vorhin gewählt werden, d. h. es soll hier $\varepsilon = \frac{1}{3}$ sein. Damit wird

$$J_1 = \tfrac{1}{6}\sqrt{31}\cdot J_0\,, \qquad J_2 = \tfrac{1}{12}\sqrt{163}\cdot J_0\,, \qquad J_3 = \tfrac{1}{12}\sqrt{241}\,;$$

$$\operatorname{tg}\varphi_1 = \tfrac{3}{2}\sqrt{3}\,, \qquad \operatorname{tg}\varphi_2 = -\tfrac{3}{25}\sqrt{3}\,, \qquad \operatorname{tg}\varphi_3 = -\tfrac{15}{17}\sqrt{3}\,;$$

$$\varphi_1 = 249^\circ\,, \qquad \varphi_2 = -11^\circ 45'\,, \qquad \varphi_3 = 123^\circ 12'\,.$$

In Abb. 85 sind die Spannungs- und Stromvektoren für dieses Beispiel ihrer Lage und Größe nach eingetragen.

Wir wollen ferner noch kurz den Fall untersuchen, daß die Spulen in Dreieck geschaltet sind. Hier müssen wir setzen

$$u_1 = n_1 \frac{d\Phi_1}{dt}\,; \qquad u_2 = n_2 \frac{d\Phi_2}{dt}\,; \qquad u_3 = n_3 \frac{d\Phi_3}{dt}$$

oder mit Benutzung von Gl. (9)

$$\left.\begin{aligned}
u_1 &= L_1 \frac{d i_1}{dt} - L_{12} \frac{d i_2}{dt} - L_{13} \frac{d i_3}{dt}\,; \\[4pt]
u_2 &= L_2 \frac{d i_2}{dt} - L_{23} \frac{d i_3}{dt} - L_{21} \frac{d i_1}{dt}\,; \\[4pt]
u_3 &= L_3 \frac{d i_3}{dt} - L_{31} \frac{d i_1}{dt} - L_{32} \frac{d i_2}{dt}\,.
\end{aligned}\right\} \tag{22}$$

Mit Verwendung von Gl. (3) kann man dies wieder auf die Form der Gl. (11) bringen, wobei jedoch die Koeffizienten jetzt die folgende Bedeutung haben:

$$\left.\begin{aligned}
L_a &= L_1 + L_{13}\,, & L_b &= L_2 + L_{21}\,, & L_c &= L_3 + L_{32}\,; \\
L_a' &= L_{32} - L_{31}\,, & L_b' &= L_{13} - L_{12}\,, & L_c' &= L_{21} - L_{23}\,.
\end{aligned}\right\} \tag{23}$$

Unter Beachtung dieser Gl. (23) sind alle folgenden für Sternschaltung abgeleiteten Gleichungen auch hier ohne weiteres verwendbar. Es ist nur zu berücksichtigen, daß hier $J_0 = \dfrac{U}{\omega L_0}$ zu setzen ist.

Wie schon zu Anfang erwähnt, gelten alle Entwicklungen nur für gerade Kennlinien, also solange die Leitwerte λ konstant sind. Da Elektromagnete meist mit größeren Luftspalten arbeiten, so wird die Rechnung in Annäherung zulässig sein. Ist nun eine merkliche Sättigung vorhanden, also die Kennlinie gekrümmt, so ist die nächste Folge, daß sich in dem aufgenommenen Strom Oberwellen ausbilden, durch die allein es dem Strom möglich wird, sich den Kennlinien des Werkstoffes anzupassen. Eine weitere Ursache für Abweichungen von den analytisch gegebenen Verhältnissen bildet die Streuung. In Verbindung mit der gekrümmten Kennlinie bewirkt sie eine weitere Verzerrung der Stromkurven sowie auch unter Umständen eine Verlagerung des Spannungsmittelpunkts. Alle diese Einflüsse zu untersuchen, würde uns jedoch zu weit von unserer Aufgabe entfernen. Auch wird es im allgemeinen genügen, selbst bei Verzerrung der Stromkurven mit ihrer Grundwelle zu rechnen, und für diese dürfte die gegebene Rechnung in den meisten Fällen zulässig sein.

3. Komplexe Rechnung.

Bei der Untersuchung von Wechselstromerscheinungen ergeben sich häufig Erleichterungen in der Rechnung, wenn man von der komplexen Rechenmethode Gebrauch macht. Ganz besonders ist dies der Fall, wenn es sich um Drehstromsysteme handelt. Diese Rechnungsart besteht darin, daß man die bei Wechselstrom auftretenden Vektoren in der komplexen Zahlenebene darstellt. Das Grundsätzliche dieser Methode dürfte allgemein bekannt sein, so daß es überflüssig erscheint, sie im einzelnen zu beschreiben und es soll daher gleich ihre Anwendung auf den vorliegenden besonderen Fall gezeigt werden.

Wir denken uns einen Vektor in der komplexen Zahlenebene, dessen Betrag gleich der Einheit ist und der einen Winkel φ mit der positiven reellen Achse einschließt. Diesen Vektor können wir durch den folgenden Ausdruck darstellen:

$$e^{i\,\varphi} = \cos\varphi + i\sin\varphi, \tag{24}$$

wobei die rechte Seite die Zerlegung dieses Vektors in zwei in die Richtung der reellen bzw. imaginären Achse fallende Komponenten darstellt. Ein Drehstromsystem setzt sich nun aus drei Vektoren zusammen. Ist das System symmetrisch, so sind diese Vektoren um je $\frac{2}{3}\pi$ (120°) gegeneinander verdreht. Die Einheitsvektoren haben dann die Werte

$$e^{i\,\varphi}, \quad e^{i(\varphi+\frac{2}{3}\pi)} = e^{i\frac{2}{3}\pi}\cdot e^{i\,\varphi}, \quad e^{i(\varphi+\frac{4}{3}\pi)} = e^{i\frac{4}{3}\pi}\cdot e^{i\,\varphi}.$$

Wir setzen nun zur Abkürzung

$$e^{i\frac{2}{3}\pi} = k; \tag{25}$$

dann setzt sich das symmetrische Drehstromsystem aus den drei Vektoren zusammen:

$$e^{i\varphi}, \quad k e^{i\varphi}, \quad k^2 e^{i\varphi}.$$

Der Faktor k hat also die Bedeutung, daß durch Multiplikation eines beliebigen Vektors mit k der Vektor um $\tfrac{2}{3}\pi$ (120°) im positiven Sinne gedreht wird. Eine Drehung um denselben Winkel im negativen Sinne geschieht durch Division mit k oder durch Multiplikation mit k^{-1}. Es ist dies ein ähnlicher Vorgang, wie wir ihn schon von jeher bei der komplexen Rechnung für die imaginäre Einheit $i = \sqrt{-1}$ kennen. Eine Multiplikation mit i dreht den Vektor um $\pi/2$ (90°) im positiven Sinne; eine Division mit i, oder was hier dasselbe ist, eine Multiplikation mit $-i$ dreht den Vektor um den gleichen Winkel im negativen Sinne. Nun gelten, wie man leicht ableiten kann, die folgenden Formeln für diese Größe k:

$$k^3 = 1; \quad 1 + k + k^2 = 0. \tag{26}$$

Da der Faktor -1 eine Drehung eines Vektors um π (180°) bedeutet, so findet sich auch

$$-k = e^{i\left(\frac{2}{3}\pi - \pi\right)} = e^{-i\frac{\pi}{3}} = k^{-\frac{1}{2}} = 1 + k^2, \tag{27}$$

wobei der letzte Betrag ohne weiteres aus Gl. (26) folgt. Ferner ist

$$- k^2 = e^{i\left(\frac{4}{3}\pi - \pi\right)} = e^{i\frac{\pi}{3}} = k^{\frac{1}{2}} = 1 + k. \tag{27a}$$

Wir wollen noch untersuchen, welchen Wert die Differenz $(1 - k)$ besitzt. Mit Anwendung von Gl. (24) auf Gl. (25) finden wir

$$1 - k = 1 - e^{i\frac{2}{3}\pi} = 1 - \cos\tfrac{2}{3}\pi - i\sin\tfrac{2}{3}\pi.$$

Nun ist

$$1 - \cos\frac{2}{3}\pi = 2\sin^2\frac{\pi}{3}; \quad \sin\frac{2}{3}\pi = 2\sin\frac{\pi}{3}\cdot\cos\frac{\pi}{3},$$

und daher

$$1 - k = -2i\sin\frac{\pi}{3}\cdot\left[\cos\frac{\pi}{3} + i\sin\frac{\pi}{3}\right] = -i\sqrt{3}\,e^{i\frac{\pi}{3}},$$

$$1 - k = \sqrt{3}\cdot e^{i\left(\frac{\pi}{3} - \frac{\pi}{2}\right)} = \sqrt{3}\cdot e^{-i\frac{\pi}{6}} = \sqrt{3}\cdot k^{-\frac{1}{4}}. \tag{28}$$

Ähnlich erhält man

$$1 - k^2 = \sqrt{3}\,k^{\frac{1}{4}}. \tag{28a}$$

Alle diese Formeln werden aber ohne jede Ableitung nur durch den Augenschein verständlich, wenn man sie sich graphisch darstellt, wie dies in Abb. 86 geschehen ist. Wir schreiben jetzt die in Gl. (5) gegebenen Spannungen wie folgt:

$$u_1 = U e^{i\omega t}, \quad u_2 = k U e^{i\omega t}, \quad u_3 = k^2 U e^{i\omega t}. \tag{5a}$$

Hierbei haben wir den Winkel α als unwesentlich fortgelassen. Mit diesen Ausdrücken gehen wir in die Gl. (14) und erhalten

$$A\frac{di_1}{dt} = [L_b L_c - L_b' L_c k + L_b' L_c' k^2] U e^{i\omega t}, \tag{14a}$$

sowie zwei weitere, die durch zyklische Vertauschung entstehen. Die Integration liefert

$$i_1 = -[L_b L_c - L_b' L_c k + L_b' L_c' k^2] i \cdot \frac{U}{A\omega} \cdot e^{i\omega t}, \tag{29}$$

und die Amplitude hat den Wert

$$J_1 = -i[L_b L_c - L_b' L_c k + L_b' L_c' k^2] \cdot \frac{U}{A\omega}. \tag{30}$$

Diese Gleichung gibt uns ohne weiteres eine Anweisung für die graphische Summation. Die in Abb. 86 gezeichneten Einheitsvektoren multiplizieren wir mit dem entsprechenden, in der eckigen Klammer stehenden Faktor und setzen sie durch Parallelverschiebung aneinander, wie wir es von dem Parallelogramm der Kräfte her kennen. Den resultierenden (Schluß-)Vektor müssen wir noch, da vor der Klammer der Faktor $-i$ steht, um $\pi/2$ ($90°$) im negativen Sinne, d. h. hier im Sinne des Uhrzeigers, drehen. Durch zeichnerisches und rechnerisches Zusammenarbeiten können wir also auf diesem Wege ziemlich schnell zum Ergebnis gelangen.

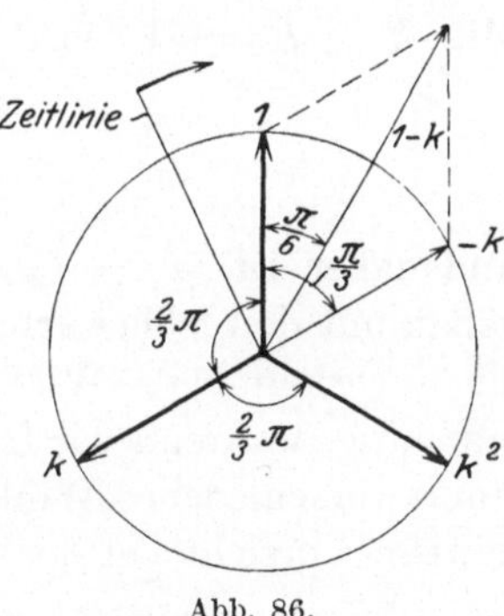

Abb. 86.

Wir wollen jetzt noch kurz auf unser Zahlenbeispiel a eingehen. Hierfür wird, wie schon erwähnt,

$$L_b = L_c = 2L_0, \quad L_b' = L_c' = L_0, \quad \text{also} \quad A = 9L_0^3, \quad J_0 = \frac{U}{\sqrt{3}\,\omega L_0}.$$

Mit Einsetzung dieser Werte in Gl. (35) ergibt sich

$$\frac{J_1}{J_0} = -i[4 - 2k + k^2] \cdot \frac{\sqrt{3}}{9}.$$

Nun ist $1 + k^2 = -k$ und mit Gl. (28) erhalten wir

$$\frac{J_1}{J_0} = -i \cdot 3[1 - k]\frac{\sqrt{3}}{9} = -i k^{-1} = e^{-i\frac{2}{3}\pi} = e^{i\frac{1}{3}\pi}.$$

Es ist also $\varphi_1 = \frac{1}{3}\pi$ und $J_1 = J_0$.

Für die zweite Phase erhalten wir durch zyklische Vertauschung aus Gl. (30):

$$J_2 = -i[L_c L_a k - L_c' L_a k^2 + L_c' L_a'] \cdot \frac{U}{A\,\omega} . \qquad (30\,\mathrm{a})$$

Mit den oben gegebenen Werten ergibt sich dann weiter

$$\frac{J_2}{J_0} = -i[4k - 2k^2 + 1] \cdot \frac{\sqrt{3}}{9} .$$

Hier setzen wir $k + 1 = -k^2$ und erhalten:

$$\frac{J_2}{J_0} = -i[k - k^2]\, 3 \cdot \frac{\sqrt{3}}{9} = -i k^{\frac{1}{2}} = 1 .$$

Es wird $J_2 = J_0$ und $\varphi_2 = 0$. Um den dritten Strom zu finden, gehen wir jetzt gleich von der Gleichung für J_2/J_0 aus, da wir beobachten, daß diese aus derjenigen für J_1/J_0 durch Multiplikation der rechten Seite mit k hervorging. Wir tun dasselbe und erhalten:

$$\frac{J_3}{J_0} = -i[4k^2 - 2 + k] \cdot \frac{\sqrt{3}}{9} .$$

Mit $k^2 + k = -1$ wird jetzt

$$\frac{J_3}{J_0} = -i\, 3[k^2 - 1] \cdot \frac{\sqrt{3}}{9} = i k^{\frac{1}{2}} = e^{i\frac{2}{3}\pi} ,$$

und daher ist $J_3 = J_0$ sowie $\varphi_3 = \frac{2}{3}\pi$. Diese Ergebnisse stimmen genau mit den früher erhaltenen überein. Der Vorteil dieses Verfahrens ist unverkennbar. Wir erhalten hier die Phasenlage φ vollkommen eindeutig, während wir früher $\operatorname{tg}\varphi$ erhielten und da der Tangens zweier um π verschiedener Winkel denselben Wert hat, so war immerhin eine gewisse Vorsicht bei der Bestimmung von φ am Platze.

4. Berechnung der Energie und der Zugkraft.

Für unseren Zweck der Bestimmung der auftretenden Zugkräfte benötigen wir die magnetische Energie des Systems, welche wir jetzt unter denselben Voraussetzungen berechnen wollen, nämlich gerade Kennlinie und Vernachlässigung der Streuung. Nach unserer Gl. I (11a) erhalten wir für den vorliegenden Fall

$$W = -\int[e_1 i_1 + e_2 i_2 + e_3 i_3]\,\mathrm{d}t = \int[i_1 n_1\,\mathrm{d}\Phi_1 + i_2 n_2\,\mathrm{d}\Phi_2 + i_3 n_3\,\mathrm{d}\Phi_3] .$$

Mit Gl. (9) ergibt sich dann

$$W = \int[i_1(L_1\,\mathrm{d}i_1 - L_{12}\,\mathrm{d}i_2 - L_{13}\,\mathrm{d}i_3) + i_2(L_2\,\mathrm{d}i_2 - L_{23}\,\mathrm{d}i_3 - L_{21}\,\mathrm{d}i_1)$$
$$+ i_3(L_3\,\mathrm{d}i_3 - L_{31}\,\mathrm{d}i_1 - L_{32}\,\mathrm{d}i_2)] .$$

Das Integral für das erste Glied jeder runden Klammer läßt sich sofort ausrechnen und gibt $\frac{1}{2} i^2 L$. Die übrigen Glieder fassen wir paarweise zusammen und beachten, daß $i_1\, di_2 + i_2\, di_1 = d(i_1\, i_2)$ ist. Dann erhalten wir schließlich für die magnetische Energie den Ausdruck

$$W = \tfrac{1}{2} i_1^2 L_1 + \tfrac{1}{2} i_2^2 L_2 + \tfrac{1}{2} i_3^2 L_3 - i_1 i_2 L_{12} - i_2 i_3 L_{23} - i_3 i_1 L_{31}. \quad (31)$$

Hier müssen wir jetzt die Ausdrücke für den Strom aus Gl. (6) einsetzen. Für jedes der drei ersten Glieder von (31) wird

$$i^2 = J^2 \sin^2(\omega t + \varphi) = \tfrac{1}{2} J^2 [1 - \cos 2(\omega t + \varphi)].$$

Für das vierte Glied wird

$$\begin{aligned} i_1 i_2 &= J_1 J_2 \sin(\omega t + \varphi_1) \cdot \sin(\omega t + \varphi_2) \\ &= \tfrac{1}{2} J_1 J_2 [\cos(\varphi_2 - \varphi_1) - \cos(2\omega t + \varphi_1 + \varphi_2)] \end{aligned}$$

und entsprechend für die letzten beiden Glieder. Wir sehen also, daß jedes der sechs Glieder von Gl. (31) sich zusammensetzt aus einem von der Zeit unabhängigen Gliede, dem Mittelwert, und aus einem weiteren Gliede, das mit der doppelten Frequenz des Wechselstroms um diesen Mittelwert pendelt. Für unsere weiteren Rechnungen wollen wir nur den Mittelwert der magnetischen Energie benutzen. Wie leicht einzusehen, erhalten wir für diesen den Ausdruck

$$\left. \begin{aligned} W_m &= \tfrac{1}{4} J_1^2 L_1 + \tfrac{1}{4} J_2^2 L_2 + \tfrac{1}{4} J_3^2 L_3 - \tfrac{1}{2} J_1 J_2 L_{12} \cos(\varphi_2 - \varphi_1) \\ &\quad - \tfrac{1}{2} J_2 J_3 L_{23} \cos(\varphi_3 - \varphi_2) - \tfrac{1}{2} J_3 J_1 L_{31} \cos(\varphi_1 - \varphi_3). \end{aligned} \right\} \quad (32)$$

Diese Gleichung wollen wir jetzt auf den Fall des symmetrischen Drehstromsystems anwenden. Wir wissen, daß hierfür

$$\begin{aligned} L_1 &= L_2 = L_3 = \tfrac{2}{3} L_0, & L_{12} &= L_{23} = L_{31} = \tfrac{1}{3} L_0, \\ J_1 &= J_2 = J_3 = J_0, & \varphi_3 &= \varphi_2 + \tfrac{2}{3}\pi = \varphi_1 + \tfrac{4}{3}\pi \end{aligned}$$

zu setzen ist. Wenn wir jetzt diese Werte in Gl. (32) einführen, so erhalten wir nach kurzer Rechnung

$$W_0 = \frac{3}{2} \cdot \frac{J_0^2}{2} L_0. \quad (33)$$

Dies Ergebnis ist bemerkenswert. Eigentlich hätten wir es schon voraussagen können. Ist nämlich J' der Effektivwert (quadratische Mittelwert) des Stromes, also $J_0 = J'\sqrt{2}$, so ist offenbar die mittlere magnetische Energie jeder Spule $\tfrac{1}{2} J'^2 L_0$ und die des ganzen Systems dreimal so groß, was durch Gl. (33) ausgedrückt wird.

Ist das Drehstromsystem nicht symmetrisch, so ergeben sich gewisse Abweichungen von dem eben gefundenen Wert. Wir wollen dies durch einen Faktor k ausdrücken, indem wir schreiben

$$W = k \cdot W_0. \quad (32\,\mathrm{a})$$

(Der Index m ist fortgelassen worden; wir wollen jedoch trotzdem nur den Mittelwert berücksichtigen.) Für die oben näher besprochenen Beispiele b und c erhalten wir nach einer mehr oder weniger umständlichen Rechnung, die hier fortbleiben soll,

$$\text{Beispiel b:} \qquad k = \frac{2 + \varepsilon}{3\varepsilon}, \qquad\qquad (34\,\text{a})$$

$$\text{Beispiel c:} \qquad k = \frac{3 - \alpha^2}{3(1 - \alpha^2)}. \qquad\qquad (34\,\text{b})$$

Durch Einsetzen von Zahlenwerten können wir leicht den Einfluß der erwähnten Abweichungen von der symmetrischen Anordnung auf die magnetische Energie berechnen.

Der Fall b ist nur von Bedeutung, wenn kein oder ein kleiner Luftspalt vorhanden ist, denn nur dann muß man den magnetischen Widerstand des Eisens berücksichtigen. Für einen Wert $\varepsilon = \frac{2}{3}$, wie schon früher gewählt, wird $k = \frac{4}{3} = 1{,}33$; die Abweichung von 1 ist also recht beträchtlich. Schon bei kleinem Luftspalt wird aber der magnetische Widerstand des Eisens bei mäßigen Sättigungen verhältnismäßig klein, so daß die Unterschiede in den drei Kraftflußwegen vernachlässigbar werden. Dagegen könnte eine Ungleichheit des Luftspaltes von Bedeutung sein, und wir hatten deshalb in Beispiel c eine Schrägstellung des Ankers untersucht. Wenn wir $\alpha = \frac{1}{3}$ wählen, so bedeutet das, daß der Luftspalt eines Außenkerns $\frac{4}{3}$ und der des andern Außenkerns $\frac{2}{3}$ desjenigen im Mittelkern ist. Bei dieser schon recht großen Schrägstellung wird $k = \frac{13}{12} = 1{,}08$; d. h. die Größe der gesamten magnetischen Energie wird nicht allzusehr von einer Ungleichheit der Luftspalte infolge Schrägstellung des Ankers beeinflußt.

Die Energie des magnetischen Feldes haben wir aber nicht um ihrer selbst willen berechnet, sondern um daraus die Zugkraft des Magneten abzuleiten. Hierzu wollen wir den zuletzt gefundenen Ausdruck für W_0, also den für die Energie bei völliger Symmetrie des Drehstromsystems, benutzen. Für diese Energie müssen wir erst feststellen, was sich bei einer Bewegung des Ankers ändert. Drehstrommagnete werden nun wohl nur für konstante Spannung hergestellt, und da wir bei unseren Entwicklungen den Wicklungswiderstand vernachlässigt haben, so müssen wir nach den Ableitungen in Abschnitt II 1 die Zugkraft schreiben

$$K = -\frac{\mathrm{d}W_0}{\mathrm{d}x}. \qquad\qquad (35)$$

Wie wir oben gesehen haben, ist die Spulenspannung (EMK) beim symmetrischen System gegeben durch

$$E = J_0 \cdot \omega L_0,$$

so daß also
$$W_0 = \frac{3}{2} \cdot \frac{E^2}{2\,\omega^2 L_0}$$

zu setzen ist. Hierin ist nur noch L_0 mit x veränderlich, und wir erhalten

$$K = \frac{3}{2}\,\frac{E^2}{2\,\omega^2 L_0^2} \cdot \frac{\mathrm{d}L_0}{\mathrm{d}x}\,. \tag{35a}$$

Es ist zu beachten, daß von Spannungen und Strömen durchweg Amplituden gegeben sind. Nun müssen wir feststellen, wie die in L_0 allein veränderliche Größe λ [s. Gl. (19)] von x abhängig ist. Wir wollen hierfür zunächst vereinfachende Annahmen machen, und zwar: Die magnetische Spannung innerhalb des Eisens soll gegenüber der des Luftspalts vernachlässigbar sein; der wirksame Querschnitt q des den Luftspalt durchsetzenden Kraftflusses sei von der Größe x des Luftspaltes nicht abhängig; Streuung sei nicht vorhanden. Dann können wir $\lambda = q/x$ setzen, und wir erhalten

$$\frac{\mathrm{d}L_0}{\mathrm{d}x} = -\,4\,\pi\,n^2\,\frac{q}{x^2} = -\,\frac{L_0}{x}\,.$$

Das Minuszeichen bedeutet, daß die Kraft in Richtung abnehmender x wirkt, also den Luftspalt zu verkleinern sucht. Dies merken wir uns, lassen aber im übrigen das Minuszeichen in der Folge fort. Nun steht in Gl. (35a) L_0^2 im Nenner, und es wird

$$\frac{1}{L_0^2} \cdot \frac{dL_0}{dx} = \frac{1}{L_0^2}\frac{L_0}{x} = \frac{1}{L_0 x} = \frac{1}{4\,\pi\,n^2 q}\,.$$

Dieser Ausdruck ist von x unabhängig, somit ist die Zugkraft konstant. Wir erhalten für diese den folgenden Ausdruck mit gleichzeitiger Einführung des technischen Maßes

$$K = \frac{3}{2} \cdot \frac{E^2}{2\,\omega^2} \cdot \frac{1}{4\,\pi\,n^2 q} \cdot \frac{10^{11}}{9{,}81}\,\mathrm{kg}\,. \tag{35b}$$

Hierin ist E in Volt, q in cm^2 einzusetzen. Jetzt handelt es sich darum, die analytisch abgeleiteten Gesetze und Beziehungen mit Messungen am ausgeführten Magnet zu vergleichen und festzustellen, wieweit die gemachten Voraussetzungen zulässig sind und die mehrfach angedeuteten störenden Einflüsse Abweichungen hervorrufen.

5. Spannungs- und Feldmessungen.

In Abb. 87 ist ein Drehstrommagnet maßstäblich dargestellt, wie er von der Firma F. Klöckner, Köln-Bayenthal, listenmäßig als Bremslüftmagnet für Kranausrüstungen hergestellt wird. Dieser Magnet wurde auf der Technischen Hochschule in Stuttgart von Herrn Ernst

Rosenberg unter Leitung von Herrn Prof. Dr.-Ing. Fritz Emde sorgfältig durchgeprüft. Jede Spule des Magneten hatte 270 Win-

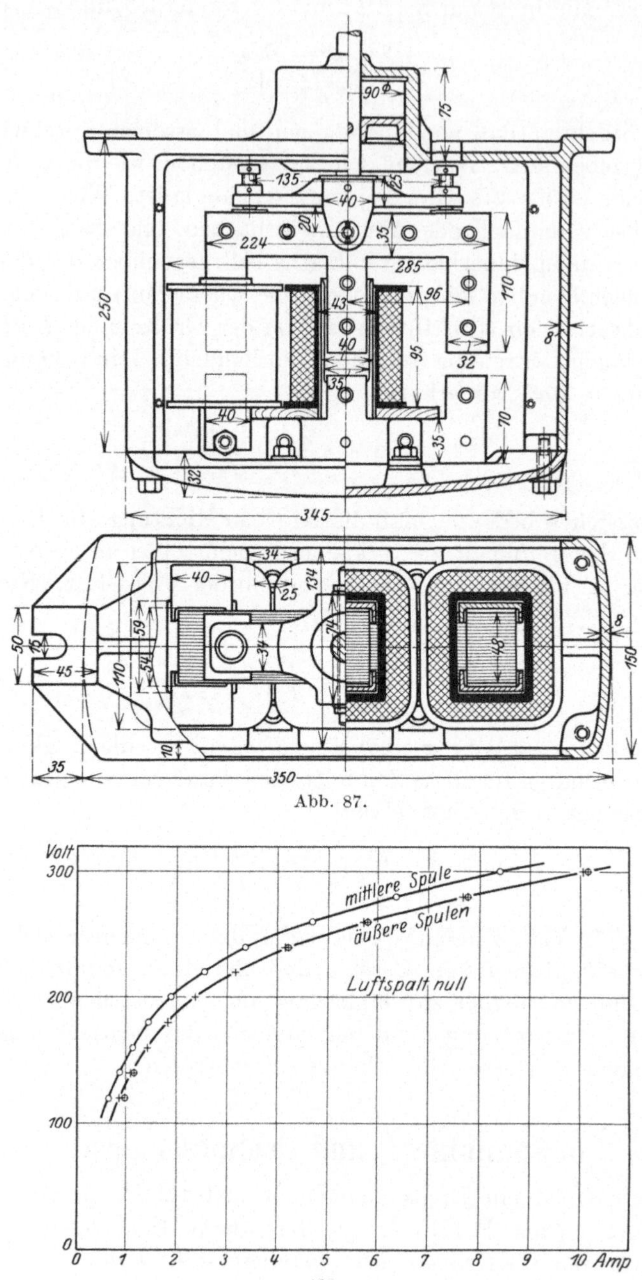

Abb. 87.

Abb. 88.

dungen Kupferdraht von 1,8 mm Durchmesser; ihr Widerstand war 0,47 Ohm bei 18° C.

In Abb. 88 und 89 sind die Kennlinien dieses Magneten gezeigt, und zwar die verketteten Spannungen des angelegten Drehstromsystems, abhängig von der Stromaufnahme der Spulen. Die erstere zeigt sie für den Luftspalt null, also wenn die beiden Eisenkerne aufeinanderliegen. Die Kurven für die beiden äußeren Spulen fallen praktisch zusammen, dagegen ist die Stromaufnahme in dem mittleren Kern etwas niedriger. Sobald nun ein Luftspalt eingeführt

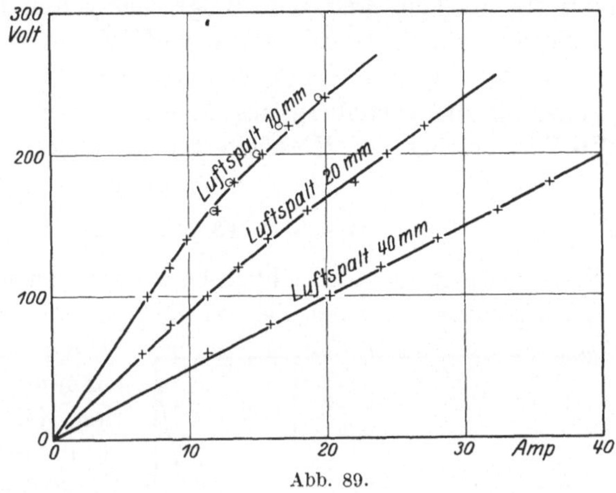

Abb. 89.

wird, verschwindet allmählich dieser Unterschied. Schon bei 10 mm Luftspalt sind die Abweichungen zwischen der mittleren Spule und den äußeren

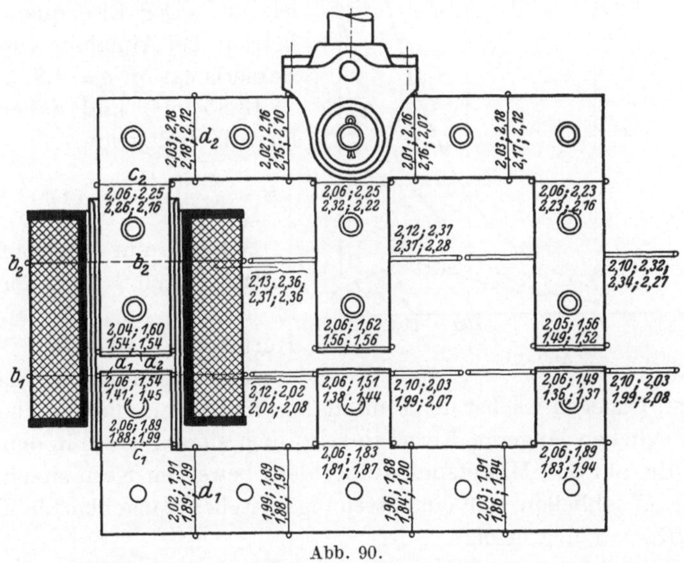

Abb. 90.

gering, wie auf Abb. 89 angedeutet ist, und bei größeren Luftspalten kann man mit gleicher Stromaufnahme in allen drei Spulen rechnen.

In der Zeichnung des Magneten, Abb. 90, sind ferner Prüfspulen eingezeichnet, die an verschiedenen Stellen angebracht waren, und zwar waren 20 Stück auf dem Eisenkörper und 6 Stück auf den Spulen aufgebracht. Diesen Prüfspulen sind Zahlen beigeschrieben, welche den gemessenen, durch die Spule tretenden Fluß in Millivoltsekunden bei einer verketteten Spannung von 220 Volt und einer Frequenz von 50 Hertz angeben. Der Reihenfolge nach gelten die Zahlen in der ersten Reihe für einen Luftspalt von 0 und 10 mm, in der zweiten Reihe für 20 und 30 mm. Ein Vergleich der Zahlen zeigt den Einfluß des Luftspalts auf die Verteilung des Flusses in recht deutlicher Weise. Für 220 Volt beträgt der Höchstwert des Flusses durch jede Spule

$$\Phi = \frac{U \cdot \sqrt{2}}{\sqrt{3} \cdot \omega n} = \frac{220 \sqrt{2} \cdot 10^3}{\sqrt{3} \cdot 2\pi 50 \cdot 270} = 2,12 \text{ mVs}.$$

Dieser Fluß ist auch tatsächlich beim Luftspalt null in denjenigen Prüfspulen gemessen worden, die um die Magnetspulen herumgelegt waren.

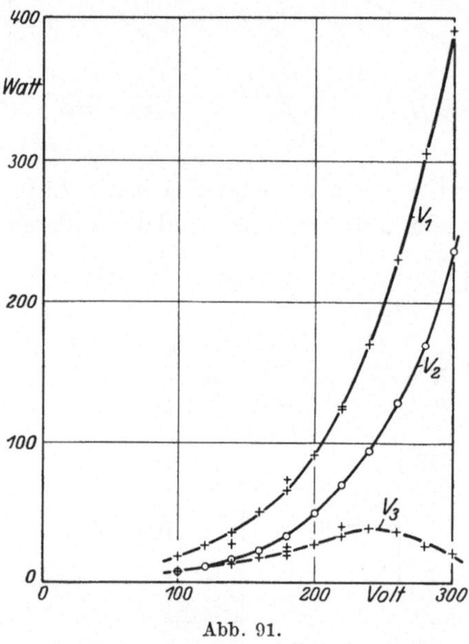

Abb. 91.

Um einen sehr geringen Betrag, nämlich um die durch die Spulen gehende Streuung, ist der Fluß im Eisen kleiner. Er beträgt im Höchstfall 2,06 mVs, und zwar tritt dieser Wert in den Kernen innerhalb der Spulen auf. Der Eisenquerschnitt beträgt bei Annahme von 10% Papierisolation $q = 4,8 \cdot 3,2 \cdot 0,9 = 13,85 \text{ cm}^2$, und daher wird hier die Induktion

$$B = \frac{2,06 \cdot 10^5}{13,85} = 14\,900 \text{ Gauß}.$$

Sobald nun ein Luftspalt auftritt, breitet sich der Fluß in diesem aus, die auf den Kernenden sitzenden Prüfspulen zeigen einen kleineren Fluß an. Dagegen wächst der Fluß in den Prüfspulen, die am Übergang des beweglichen längeren Kerns in sein Joch sitzen, sowie in den Prüfspulen, die auf den Hauptspulen über dem bewegten Kern sitzen. Dies läßt darauf schließen, daß eine Streuung zwischen benachbarten Kernen vom Luftspalt aus erfolgt.

Ein ganz eigenartiges Verhalten des Magneten zeigte sich bei den Verlustmessungen. Es wurden die von jeder Spule aufgenommenen Verluste getrennt gemessen, und von diesen derjenige Teil in Abzug gebracht, der vom Strom abhängig ist. Der Rest soll als Eisenverlust angesehen werden und ist in Abb. 91 über der Spannung aufgetragen.

Hierbei zeigt sich, daß bei zunehmender Spannung und damit wachsender Eisensättigung die Verluste in den drei Kernen sehr verschieden werden. In Kern 1 und 2 steigen die Verluste dauernd an, wenn auch in verschiedenem Maße. In Kern 3 dagegen überschreitet der Verlust ein Maximum und nimmt wieder ab. Bei Umkehrung der Phasenfolge zeigte Spule 2 den geringsten und Spule 3 den höchsten Verlust. Diese Erscheinung hängt offenbar davon her, daß infolge der Sättigung und des verschiedenen magnetischen Widerstandes in den drei Kernen gewisse Oberwellen erzeugt werden, die einen starken Einfluß auf die Verluste haben. Wir haben bei unserer rechnerischen Untersuchung diesen Umstand nicht berücksichtigt, da wir ja konstante Induktivitäten vorausgesetzt hatten. Eine Berücksichtigung der Sättigung würde die Aufgabe sehr umständlich machen und dürfte für den Magneten nicht notwendig sein.

6. Zugkraftmessungen.

Wir kommen schließlich zu den Zugkraftmessungen, die für jeden Elektromagnet die wichtigsten sind. In Abb. 92 ist die gemessene Zugkraft für verschiedene Spannungen über dem Luftspalt aufgetragen. An den Kurven fällt sofort auf, daß die Zugkraft auf einem ziemlich großen Bereich fast konstant ist. Hier wollen wir uns der Formel erinnern, die wir für die Zugkraft des Drehstrommagneten ab-

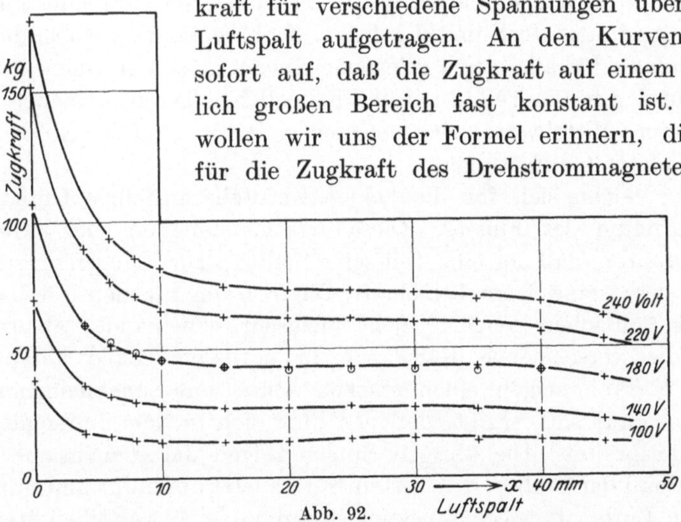

Abb. 92.

geleitet haben und die tatsächlich ergab, daß die Zugkraft des Drehstrommagneten unabhängig vom Luftspalt sein muß. In Gl. (35 b) haben wir die Zugkraft in technischem Maß angegeben und wir wollen daher hierin sofort die Zahlenwerte einsetzen. Wir wählen die mittelste der in Abb. 92 aufgetragenen Kurven, also die für 180 Volt. Da E in Gl. (35 b) die Amplitude der Sternspannung bezeichnet, so ist $E = \dfrac{180\,\sqrt{2}}{\sqrt{3}}$ zu setzen, wobei wir die Ohmsche Komponente der Spannung vernachlässigen.

Ferner ist $n = 270$ Windungen und für q wollen wir den Eisenquerschnitt des Kerns einsetzen, den wir schon mit $q = 13{,}85 \text{ cm}^2$ berechnet haben. Mit diesen Werten und $\omega = 2\,\pi\,50$ erhalten wir daher

$$K = \frac{3}{2} \cdot \frac{1}{2} \left(\frac{180\sqrt{2}}{\sqrt{3} \cdot 2\,\pi\,50} \right)^2 \cdot \frac{10^{11}}{4\,\pi\,270^2 \cdot 13{,}85 \cdot 9{,}81} = 132 \text{ kg}.$$

Wenn wir uns nun die Kurve für 180 Volt in Abb. 92 ansehen, so sehen wir, daß im mittleren Teile, also etwa bei $x = 25$ mm Luftspalt eine Zugkraft von 43 kg aufgetreten ist, d. i. weniger als ein Drittel des gemessenen Wertes. Wir müssen also versuchen, diese Abweichung aufzuklären.

Nun sind, wie schon erwähnt, Flußmessungen durch Prüfspulen ausgeführt worden, die in Abb. 90 angedeutet sind. Wie die beigeschriebenen Zahlen erweisen, sind die Unterschiede bei gleich gelegenen Spulen der drei Kerne nicht sehr groß. Ebenso weichen die vier auf jedem der Joche angebrachten Spulen nicht sehr voneinander ab. Wenn man den jeweiligen Mittelwert bildet, so beträgt die größte Abweichung kaum 2% und dies können wir vernachlässigen. Die Spulen sind mit a an der Polfläche, b auf der Hauptspule, c beim Übergang des Kerns in das Joch und d auf dem Joch bezeichnet, wobei diese Bezeichnungen für alle gleich gelegenen Spulen gilt. Der Index 1 bezieht sich auf den festen Teil, 2 auf den beweglichen Teil des Magneten. Die erwähnten Mittelwerte der gemessenen Werte sind in Abb. 93 über dem Luftspalt aufgetragen.

Nun zeigen sich für die beiden Kernteile auffällige Unterschiede im Verhalten des Flusses. Diese Verschiedenheiten sind darauf zurückzuführen, daß der eine Teil seine Stellung zur Erregerspule ändert, der andere seine Lage beibehält. Die Kurven für den Fluß an den beiden Polflächen weichen nicht allzusehr voneinander ab und hier mag die verschiedene Kernlänge in gewissem Maße mitsprechen. Beide Kurven zeigen einen starken Abfall mit zunehmendem Luftspalt, woraus sich ergibt, daß der Fluß sich in dem Luftspalt sofort stark ausbreitet. Die übrigen Spulen zeigen die gemeinsame Eigenschaft, daß der Fluß in dem festen Kern zuerst abnimmt und mit wachsendem Luftspalt wieder ansteigt, während im beweglichen Kern sich bei kleinem Luftspalt eine Zunahme und dann eine Abnahme des Flusses zeigt. Es sei ferner noch erwähnt, daß die Flüsse genau proportional der angelegten Spannung ansteigen. Dies ist bis zu einer Spannung von 250 Volt verkettet durch Versuch nachgewiesen. Bei der von uns gewählten Spannung von 180 Volt verkettet beträgt der wirksame Fluß, d. h. der Spulenfluß dividiert durch die Windungszahl der Spule,

$$\Phi = \frac{180 \cdot \sqrt{2} \cdot 10^3}{\sqrt{3} \cdot 2\,\pi\,50 \cdot 270} = 1{,}735 \text{ mVs}.$$

Der an der Polfläche tatsächlich gemessene Fluß, der also für die Erzeugung der Zugkraft maßgebend ist, beträgt jedoch 1,68 mVs bei
aufeinanderliegenden Kernen (Luftspalt $x = 0$). Daher erhalten wir als
Abreißkraft:

$$Z_0 = \left(\frac{1,68}{1,735}\right)^2 \cdot 132 = 124\ \text{kg}\,.$$

Gemessen wurden 114 kg, wie aus Abb. 92 für $x = 0$ zu entnehmen,
d. s. also rund 8,1% weniger; mit dieser Übereinstimmung können wir

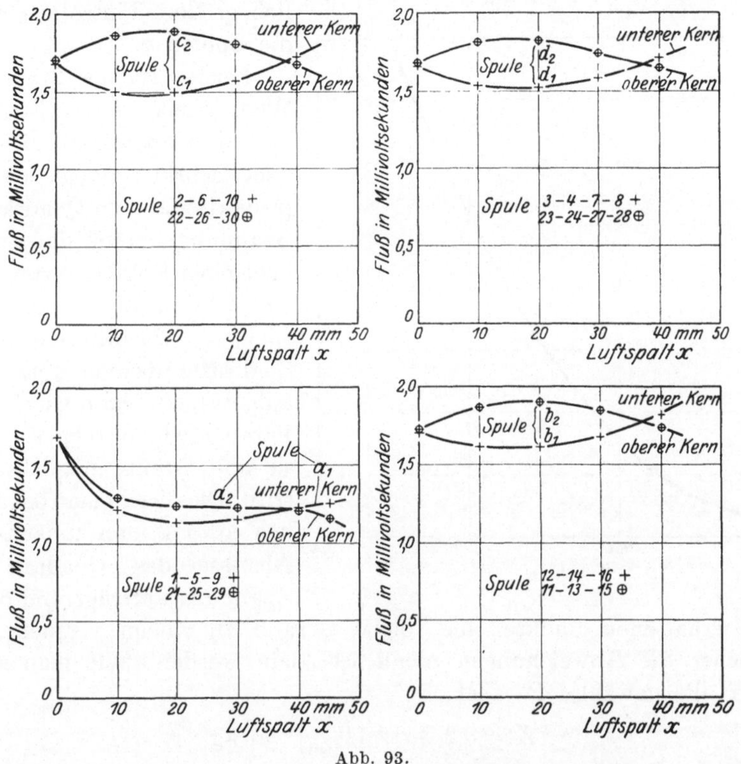

Abb. 93.

zufrieden sein. Für den vorhin schon gewählten Luftspalt $x = 25$ mm
ergibt sich ein mittlerer Fluß für die beiden Polflächen nach Abb. 93
von 1,18 mVs Daher müßte hier die Zugkraft herrschen:

$$Z_{25} = \left(\frac{1,18}{1,735}\right)^2 \cdot 132 = 61\ \text{kg}\,.$$

Gemessen sind hier, wie schon erwähnt, 43 kg; dies sind 30% weniger
als berechnet. Wir müssen jedoch beachten, daß es nicht leicht ist,
den wirklich aus der Polfläche tretenden Fluß zu messen. Die Prüfspule läßt sich nicht unmittelbar auf der Polkante anbringen, sondern
sie steht um eine gewisse, wenn auch an und für sich kleine Strecke

davon ab. Gerade an der Polkante wird sich aber der Fluß sehr zusammendrängen und zum Teil durch die Seitenflächen der Kerne treten, so daß ein höherer Fluß gemessen ist, als für die senkrecht zur Polfläche wirkende Zugkraft einzusetzen ist. Wenn wir die Rechnung als richtig annehmen, so müßte der wirklich nur durch die Polfläche tretende Fluß noch um etwa 16% kleiner sein als mit den Prüfspulen *a* gemessen und dies liegt durchaus im Bereich der Möglichkeit. Bestätigt wird dies in gewissem Sinne dadurch, daß die Prüfspule *b* und vor allem *c* wesentlich größere Flüsse zeigen als die Spulen *a*.

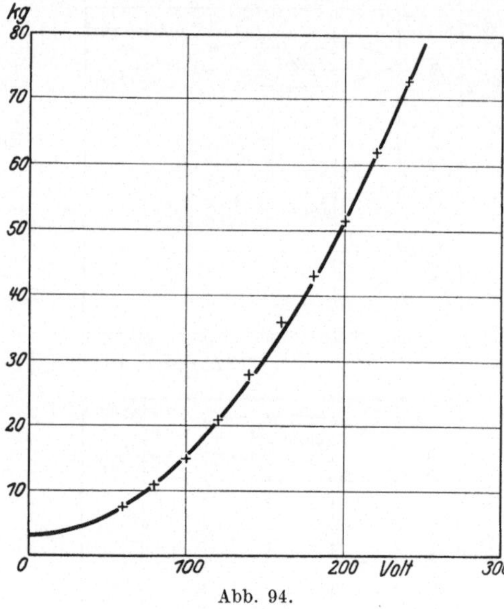

Abb. 94.

Ferner ist die Frage von Wichtigkeit, wie die Zugkraft mit der Spannung ansteigt. Die Theorie verlangt, daß sie proportional dem Quadrat der Spannung sein soll, daß sie also nach einer Parabel ansteigt. In Abb. 94 sind die bei einem Luftspalt $x = 25$ mm gemessenen Zugkräfte über der Spannung aufgetragen. Dann wurde eine Parabel so hindurchgelegt, daß sie alle Punkte möglichst gut trifft. Dies macht man bekanntlich so, daß man zunächst als Abszisse das Quadrat der Spannung aufträgt und durch die erhaltenen Punkte eine solche Gerade zu ziehen versucht, bei welcher die Abweichungen möglichst klein werden. Wie man sieht, trifft die gewählte Parabel

$$Z = 3{,}2 + 12{,}1 \left(\frac{U}{100}\right)^2 \text{ in kg},$$

die gemessenen Punkte sehr gut. Es zeigt sich nur der auffällige Umstand, daß die Parabel nicht durch den Nullpunkt des Koordinatenkreuzes geht, sondern eine Strecke von 3,2 kg auf der Ordinatenachse abschneidet. Dies läßt darauf schließen, daß bei der Messung der Zugkräfte irgendein konstanter Fehler sich eingeschlichen hat. Es ist dabei jedoch zu beachten, daß das aktive Eisen des beweglichen Kerns schon ein Gewicht von 5,6 kg hat, sodaß die bewegten Massen (Kern und Gestänge) schon recht erheblich gegenüber dem erwähnten Fehler ist. Im übrigen ist der Fehler für die Messung vernachlässigbar, da die Unsicherheit in der Erfassung des wirksamen Flusses von viel größerem Einfluß ist, wie wir gesehen haben.

Für einen Drehstrommagneten hat Liska (Q. 33) vor langer Zeit Messungen veröffentlicht und findet dabei verhältnismäßig gute Übereinstimmung zwischen Rechnung und Messung. Es ist jedoch zu erwähnen, daß Liska bei der Berechnung zwar die Streuung berücksichtigt, jedoch nur als Spannungsabfall, nicht aber bei der Berechnung der Zugkraft. Dies wäre nur berechtigt, wenn die Streuung von der Kernstellung unabhängig und ohne Einfluß auf die Zugkraft wäre.

VI. Weitere Berechnungen für Elektromagnete.
1. Die Spulenberechnung.

In den vorhergehenden Abschnitten haben wir versucht, die Grundsätze festzulegen, welche für die Erfassung der magnetischen Zugkräfte maßgebend sind. Ist nämlich ein Elektromagnet irgendwelcher Art zu entwerfen, so besteht zunächst die Forderung, daß er durch seine Bewegung eine mechanische Arbeit verrichten soll. Es ist also die Zugkraft in Abhängigkeit von dem Wege. zu bestimmen. Das hierfür notwendige magnetische Feld müssen wir nun erzeugen.

Zu diesem Zwecke bringen wir auf dem Eisen eine Spule an, durch welche wir einen elektrischen Strom schicken. Aus der magnetischen Berechnung ist uns die Durchflutung sowie der Kraftfluß bekannt. Handelt es sich um Gleichstromerregung, so kommt für die Bemessung der Spule nur die Durchflutung in Frage. Die Windungszahl wird dann so bemessen, daß die vorgeschriebene Gleichspannung bei dem sich ergebenden Spulenwiderstand gerade so viel Strom hindurchtreibt, wie für die gewünschte Durchflutung notwendig ist. In diesem Falle ist somit der Strom und damit die Durchflutung nur von der Spannung abhängig. Die Kern-(Anker-)Stellung übt keinen Einfluß aus. Der erzeugte Kraftfluß dagegen ändert seine Größe, sobald der Kern eine andere Lage einnimmt.

Ähnliche Verhältnisse liegen vor, wenn es sich bei Speisung mit Wechselstrom um sogenannte Stromspulen handelt. Hier wird die Spule in eine lange Leitung eingeschaltet, die einen bestimmten Strom führt. Bei Wechselstrom bestimmt der im Magneten vorhandene Kraftfluß (genauer der Spulenfluß) die an den Spulenklemmen herrschende Spannung. Diese ändert sich daher auch mit der Kernstellung. Gegenüber der Verbrauchsspannung des betreffenden Kreises ist aber die Spulenspannung in diesem Falle ein solch geringer Betrag, daß ihre Änderung nicht von Bedeutung ist.

Anders liegt die Sache, wenn die Spule an eine gegebene Wechselspannung angeschlossen wird. Diese ist von der Kernstellung unabhängig und daher bleibt auch der Spulenfluß der Magneten unveränderlich. Von dem Einfluß der im allgemeinen sehr geringen ohmschen

Spannung der Spule wollen wir hier absehen. Der von der Spule aufgenommene Strom und damit die Durchflutung ändert sich dagegen mit der Lage des Kerns. In diesem Falle ist also die Windungszahl so zu bemessen, daß sowohl der gewünschte Spulenfluß auftritt, als auch die dafür notwendige Durchflutung vorhanden ist.

a) Die Wicklung. Um den Drähten, aus welchen die Spule gewickelt werden soll, eine gute und sichere Lage zu geben, bildet man zuerst einen Spulenkasten aus. Dieser besteht aus einem Boden, der auf dem Eisenkern aufliegt und zwei Endscheiben. Ein solcher Kasten ist in Abb. 23 eingezeichnet. Die Endscheiben müssen so groß sein, daß sie die Wicklung um ein weniges überragen. Die eine Endscheibe wird häufig doppelt ausgeführt, um den Anfang des Wicklungsdrahtes gut und ohne Störung der oberen Lagen herausführen zu können.

Zur Herstellung des Kastens wird im allgemeinen Preßspan verwendet, welcher so stark gewählt wird, daß der Kasten genügend Steifheit besitzt. Manchmal wird auch ein Metallkasten hergestellt, etwa aus Messing. Dieser wird dann innen mit Preßspan ausgekleidet; wenn höhere Temperaturen vorkommen können, wählt man zum Auskleiden Glimmererzeugnisse. Diesen Metallkasten kann man nur bei Gleichstrom verwenden. Bei Wechselstrom würde er eine kurzgeschlossene Windung darstellen und sich übermäßig erwärmen. Macht man jedoch einen Sägeschnitt einseitig durch den Kasten, so ist diese Windung unterbrochen und man kann ihn auch im Notfall bei Wechselstrom verwenden. Immerhin ist zu beachten, daß die Streulinien in dem Metall Wirbelströme erzeugen und dadurch Erwärmung hervorrufen.

Als Leiter wird meistens Kupferrunddraht genommen, zuweilen auch Aluminiumrunddraht. Selten kommt Vierkantdraht zur Anwendung. Die einzelnen Lagen werden hin- und zurückgewickelt, d. h. die eine etwa von links nach rechts, die nächste von rechts nach links. Hieraus folgt, daß zwischen zwei aufeinanderfolgenden Lagen auf dem einen Ende die Spannung null, auf dem andern die auf die Windungen zweier Lagen entfallende Spannung herrschen muß. Dies ist wohl zu beachten und es empfiehlt sich, in manchen Fällen zwischen je zwei Lagen eine dünne Preßspanscheibe zu legen, um Windungsschlüsse zu verhüten. Für Spulen, welche aus dickerem Draht (etwa 2 mm Durchmesser und mehr) gewickelt werden, läßt man häufig den Spulenkasten ganz fort. In solchem Falle müssen die an den Außenflächen liegenden Drähte, vor allem an den Kanten durch Isolierband besonders gesichert werden, um ein Herausgleiten des Drahtes zu verhindern. Die fertige Spule wird mit Isolierband umbandelt zum Schutze gegen Beschädigungen von außen.

Als Drahtisolation wird vorzugsweise Baumwolle benutzt, mit welcher der Draht zweimal besponnen wird. Zuweilen wird auch wegen Raumersparnis einfache Bespinnung gewählt, doch ist diese Isolation unsicher, da sie häufig zu Windungsschlüssen führt. Bei dünnen Drähten wird der Füllfaktor der Spule bei Baumwollisolation schon sehr schlecht, da der mindeste Gesamtauftrag, also die Vergrößerung des Durchmessers durch die Isolierung 0,16 mm beträgt. In solchen Fällen verwendet man doppelte Seidenbespinnung; dies gilt vor allem für die sehr dünndrähtigen Spulen in Meßinstrumenten. Ferner wird auch häufig Draht verwendet, der als Isolation eine Lackschicht trägt. Hierbei ist der Füllfaktor des Spulenraumes noch günstiger. Doch muß dieser Lackdraht besonders sorgfältig gewickelt werden und stets einen festen Spulenkasten haben, da sonst Windungsschlüsse zu befürchten sind. Bei Aluminiumdraht läßt man meist die Isolation ganz fort, da die Oxydschicht der Oberfläche im allgemeinen genügende Isolierung bietet.

Der für Maschinen und Apparate zu verwendende Kupferdraht und seine Isolierung ist in den letzten Jahren vom Verband Deutscher Elektrotechniker genormt worden und in die DIN-Normen aufgenommen. Es sind hier folgende Normen zu nennen:

DIN VDE 6430: Technische Lieferbedingungen.

   ,,   ,,   6431: runder Kupferdraht (Abmessungen).

   ,,   ,,   6435: Isolationsauftrag: Lack.

   ,,   ,,   6436:   ,,   Seide, Baumwolle, Papier.

In manchen Fällen, wo große Leiterquerschnitte und wenige Windungen verwendet werden, etwa aus Flach- oder auch Rundkupfer, wird dieses in Form einer Schraubenlinie mit dem nötigen Luftabstand zwischen den einzelnen Windungen blank gewickelt. Anfang und Ende werden mittels Schrauben isoliert befestigt und die ganze Spule schwebt frei in der Luft.

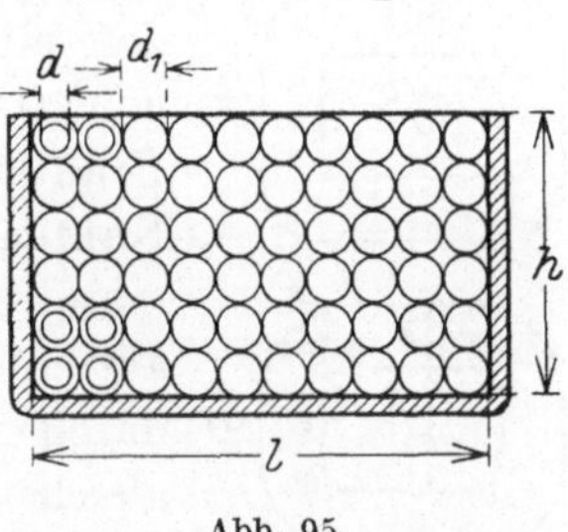

Abb. 95.

In Abb. 95 ist ein Querschnitt durch die Wicklung gezeigt. Das Beispiel zeigt in jeder Lage 10 Drähte, welche eine Länge l in Anspruch nehmen; übereinander sind 6 Lagen angeordnet, so daß die Spule im ganzen aus 60 Windungen besteht. Der Durchmesser des blanken Drahtes werde mit d und der des isolierten mit d_1 bezeichnet. Ist ferner n die Windungszahl, so ist der Kupferquerschnitt der ganzen Spule

$$n q = n \frac{\pi}{4} d^2.$$

Der in Anspruch genommene Wicklungsquerschnitt ist dagegen

$$l h = Q = n d_1^2.$$

Das Verhältnis dieser beiden Beträge wollen wir den Füllfaktor nennen und mit φ bezeichnen. Es ist also

$$\varphi = \frac{n q}{Q} = \frac{\pi}{4} \frac{d^2}{d_1^2}. \tag{1}$$

Vielfach wird mit einem Einbetten der Drähte einer Lage in die Vertiefungen der darunter liegenden gerechnet, wie in Abb. 96 gezeigt. Dies würde also eine Vergrößerung des Füllfaktors in Gl. (1) zur Folge haben. Diese Anschauung ist jedoch nicht berechtigt, denn wir müssen uns überlegen, daß der Draht in einer flachen Schraubenlinie verläuft und daß diese Schraubenlinie in der nächsten Lage in der entgegen-

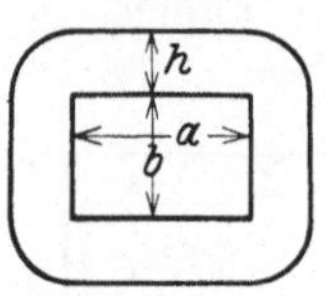

Abb. 96.

gesetzten Richtung läuft. Daher werden die Drähte zweier aufeinander folgenden Lagen einen gewissen Winkel miteinander einschließen, nämlich den doppelten Steigungswinkel der Schraubenlinie, und somit ist dies Einbetten nicht möglich. Im Gegenteil wird der Füllfaktor noch etwas kleiner, als sich aus Gl. (1) ergibt, da stets kleine Zwischenräume zwischen den einzelnen Drähten sich ausbilden. Merklich wird dieser Einfluß allerdings erst bei dünnen Drähten, etwa unter 1 mm Durchmesser, und bleibt auch da in der Größenordnung von wenigen Prozent.

Wichtig ist ferner die mittlere Windungslänge l_m; diese ist durch die Länge einer Linie gegeben, die in halber Wickelhöhe einmal den Kern umläuft. Hierbei sind die verschiedenen Querschnittsformen der Spulen zu beachten. Abb. 97a zeigt zunächst den einfachen viereckigen Kern, der vor allem bei geblättertem Eisen in Betracht kommt. Um die Drahtlänge zu verkürzen, pflegt man hier häufig die Kanten zu brechen. Ist der Kern massiv, so kann man statt dessen die Kanten nach einem Kreisbogen abrunden, wie Abb. 97b zeigt. Man gewinnt hierdurch in geringem Maße an Eisenquerschnitt bei gleicher Wicklungslänge. Läßt man diesen Abrundungsradius r größer werden, so wird er schließlich gleich $b/2$ und der Kern ist dann durch zwei Halbkreise begrenzt. Wird ferner $a = b$, so geht der Querschnitt in den Kreis über, wie Abb. 97c zeigt. Die jeweilige mittlere Windungslänge leitet man sich für den gegebenen Fall am besten selbst ab. Besondere Formeln hierfür aufzustellen, dürfte unnötig sein.

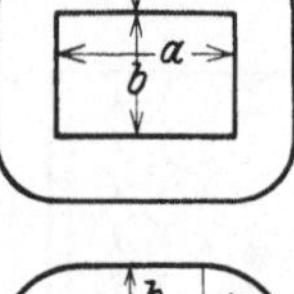

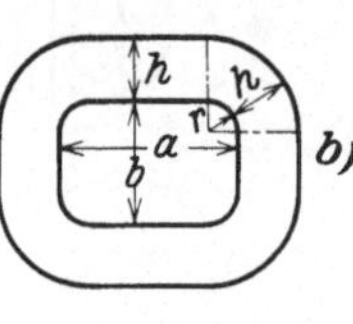

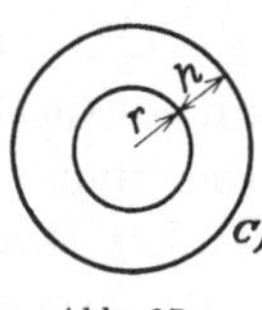

Abb. 97.

Für den Gleichstromwiderstand der Spule erhalten wir jetzt mit den benutzten Zeichen den Ausdruck

$$r = \frac{\varrho\, l_m\, n}{q},\qquad (2)$$

wobei ϱ den spezifischen Widerstand des Leiterstoffes bedeutet. Mit Benutzung von Gl. (1) können wir auch schreiben

$$r = \frac{\varrho\, l_m\, n^2}{\varphi Q},\qquad (2a)$$

also wächst der Widerstand bei gegebenem Wicklungsquerschnitt mit dem Quadrat der Windungszahl.

Bei Angaben an die Werkstatt muß diese auch das Gewicht des zu bestellenden Kupfers kennen. Ist γ das spez. Gewicht des Leiterstoffes, so wird das Leitergewicht der Spule

$$G = \gamma q l_m n = \gamma \varphi Q l_m. \tag{3}$$

Etwas größer ist das Wicklungsgewicht der Spule. Wenn γ_1 das spez. Gewicht und q_1 den Querschnitt des Isolierstoffes bezeichnet, so wird das Wicklungsgewicht

$$G_w = (\gamma q + \gamma_1 q_1) l_m n. \tag{4}$$

Für Runddraht ergibt sich im besonderen

$$G_w = [(\gamma - \gamma_1) d^2 + \gamma_1 d_1^2] \frac{\pi}{4} l_m n = \left[1 + \left(\frac{\pi}{4\varphi} - 1\right) \frac{\gamma_1}{\gamma}\right] \cdot G. \tag{4a}$$

Wie man leicht feststellen kann, ist dieser Wert nur um wenige Prozent größer als der in Gl. (3). Erst von 1 mm abwärts dürfte es nötig sein, den Unterschied zu beachten.

b) Die Gleichstromspule. Als Beispiel wollen wir die Erregerspule für den in Abschnitt III 6 entwickelten und in Abb. 23 gezeichneten Relaismagneten hier berechnen. Es mögen dafür 220 Volt Gleichstrom zur Verfügung stehen. Die erforderliche Durchflutung war dort zu $\vartheta = 1623$ AW festgestellt worden.

Aus dem Ohmschen Gesetz erhalten wir zunächst

$$U = J r = \frac{\varrho \, l_m n}{q} J = \frac{\varrho \, l_m \vartheta}{q}. \tag{5}$$

Der spez. Widerstand wird meist in Ohm mm²/m gegeben, so daß wir l_m in m und q in mm² einzusetzen haben. Wenn wir also die mittlere Windungslänge kennen, so läßt sich hieraus der Leiterquerschnitt berechnen, da alle anderen Größen bekannt sind. Auf das Eisen legen wir eine Hülse von 2 mm Stärke, etwa aus Preßspan; hierauf werden zwei Endscheiben angebracht, für deren Stärke wir 3 mm wählen. Dabei soll ein Wickelraum von $l_1 = 80$ mm Länge und $h_1 = 30$ mm Höhe zur Verfügung stehen. Dann wird (siehe Abb. 23)

$$l_m = [2(40 + 42) + 2\pi 17] \cdot 10^{-3} = 0{,}271 \text{ m}.$$

Mit $\varrho = \frac{1}{47}$ für warmes Kupfer ergibt sich dann aus Gl. (5)

$$q = \frac{0{,}271 \cdot 1623}{47 \cdot 220} = 0{,}0426 \text{ mm}^2.$$

Ist d der Drahtdurchmesser, so wird

$$q = d^2 \frac{\pi}{4}, \quad \text{also} \quad d = \sqrt{\frac{4}{\pi} 0{,}0426} = 0{,}233 \text{ mm} \approx 0{,}25 \text{ mm}.$$

Es ist zweckmäßig, die Drahtstärke nach oben abzurunden, um mit Sicherheit die gewünschte Erregung zu erreichen. Der Draht sei mit Baumwolle zweimal besponnen und habe einen Isolierauftrag von 0,16 mm, so daß der Durchmesser des isolierten Drahtes 0,41 mm beträgt. Da der angenommene Wicklungsquerschnitt $80 \cdot 30$ mm^2 beträgt, so erhalten wir

$$n = \frac{80 \cdot 30}{0,41^2} = 14\,300 \text{ Windungen}.$$

Mit diesen Zahlen erhalten wir den Widerstand der Spule

$$r = \frac{\varrho\, l_m n}{d^2 \frac{\pi}{4}} = \frac{0,271 \cdot 14\,300}{47 \cdot 0,25^2 \frac{\pi}{4}} = 1\,680 \text{ Ohm}.$$

Daher beträgt der die Spule durchfließende Strom

$$J = \frac{U}{r} = \frac{220}{1\,680} = 0,131 \text{ Amp.}$$

und die Durchflutung $\vartheta = 0,131 \cdot 14\,300 = 1870$ AW. Wir erhalten also etwas mehr als die gewünschte Erregung und haben dadurch eine gewisse Sicherheit. Der in der Spule auftretende Verlust beträgt

$$V = J^2 r = 0,131^2 \cdot 1\,680 = 24,5 \text{ Watt}.$$

Die Spule sei, wie in der Abbildung gezeigt, in einen Spulenkasten hineingewickelt; dann kann man nur die äußere Mantelfläche als wärmegebend ansehen, während die Kühlung der anderen Seiten so gering ist, daß wir sie vernachlässigen können. Die Mantelfläche hat den Inhalt

$$F = 80 \cdot [2\,(40 + 42) + 2\pi \cdot 32] \cdot 10^{-6} = 0,0292 \text{ m}^2.$$

Nehmen wir eine Kühlziffer $\mu = 14\,\frac{\text{Watt}}{\text{m}^2{}^\circ\text{C}}$ an, wie sie etwa für ruhende Körper ohne künstlichen Luftzug gilt, so erhalten wir eine Oberflächenerwärmung von

$$\tau = \frac{24,5}{14 \cdot 0,0292} = 60\,^\circ\text{C}.$$

Die Erwärmung ist etwas zu hoch. Die Wahl eines dünneren Drahtes, etwa 0,22 mm (isoliert auf 0,38 mm), würde eine zu geringe Durchflutung ergeben haben. Wir wählen daher Draht von gleicher Stärke (0,25 mm), aber zweimal mit Seide besponnen ($d_1 = 0,32$ mm). Jetzt wird die Windungszahl

$$n = \frac{80 \cdot 30}{0,32^2} = 23\,400,$$

und damit der Wicklungswiderstand

$$r = \frac{0,271 \cdot 23\,400}{47 \cdot 0,25^2 \frac{\pi}{4}} = 2\,760 \text{ Ohm}.$$

Ferner erhalten wir einen Strom

$$J = \frac{220}{2760} = 0,08 \text{ Amp.}$$

und eine Durchflutung $\vartheta = 0,08 \cdot 23400 = 1870$ AW. Dieser Wert ändert sich nicht, denn wir haben ja den Leiterquerschnitt nicht geändert und dieser bestimmt nach unserer Ausgangsgleichung die Durchflutung. Der Verlust wird jetzt

$$V = 0,08^2 \cdot 2760 = 17,6 \text{ Watt},$$

und damit die Erwärmung

$$\tau = \frac{17,6}{14 \cdot 0,0292} = 43\,°\text{C}.$$

Dies ist ein zulässiger Wert, der dadurch erreicht ist, daß mehr Kupfer hineingesteckt ist. Außerdem wurde teuerer Isolierstoff verwendet. Wir wollen noch eben das Gewicht berechnen. Dieses beträgt

$$G = 8,9 \cdot 0,25^2 \frac{\pi}{4} \cdot 10^{-4} \cdot 2,71 \cdot 23400 = 2,76 \text{ kg},$$

gegen vorher 1,7 kg. Die Zehnerpotenz ist deswegen eingefügt worden, weil die Drahtstärke in dm einzusetzen ist, um kg zu erhalten.

c) Die Wechselstromspule. Wie schon wiederholt erwähnt, ist bei Verwendung von Wechselstrom zu unterscheiden zwischen Stromspulen und Spannungsspulen. Die ersteren verhalten sich magnetisch genau wie bei Gleichstrom, während Spannungsspulen das Verhalten des Magneten ganz erheblich ändern. In Abschnitt III 6 ist schon für denselben Magnet eine Spannungsspule unter Berücksichtigung der anderen magnetischen Verhältnisse berechnet worden, so daß dies hier unterbleiben kann. Wir wollen uns aber noch kurz mit einer Stromspule beschäftigen, für welche wir 10 Amp. als Dauerstrom annehmen. Dann werden wir also $\frac{1623}{10} \approx 170$ Windungen aufbringen müssen. Soll der Wicklungsraum ausgenutzt werden, so würde der Durchmesser des isolierten Drahtes $\sqrt{\frac{80 \cdot 30}{170}} = 3,8$ mm sein müssen, also bei 0,3 mm Auftrag 3,5 mm Durchmesser für den Leiter selbst. Dieser Leiter ist aber viel zu stark, denn die Stromdichte ist hier nur $s = \dfrac{10}{3,5^2 \frac{\pi}{4}} = 1,04$ A/mm^2. Bei derartigen Spulen kann man mit der Stromdichte meist bis gegen 2 A/mm^2 gehen. Wir wählen vorsichtig 2,6 mm Drahtstärke (zweimal mit Baumwolle besponnen $d_1 = 2,86$ mm). In einer Lage kann man 28 Windungen unterbringen; wir wickeln also 6 Lagen und erhalten damit 168 Windungen. Nun wird

$$r = \frac{0,233 \cdot 168}{47 \cdot 2,6^2 \frac{\pi}{4}} = 0,157 \text{ Ohm.}$$

(Die mittlere Windungslänge ist etwas verkleinert mit Rücksicht auf die geringere Wickelhöhe.) Es werden also hier $10^2 \cdot 0{,}157 = 15{,}7$ Watt in Wärme umgesetzt. Dies ist zwar etwas weniger, als wir vorhin für die Gleichstromspule zugelassen haben; doch werden bei Wechselstrom in geringem Maße noch Wirbelströme erzeugt, welche die Verluste vermehren. Da ferner auch die Kühloberfläche kleiner geworden ist (227 statt 292 cm²), so soll die Spule so bestehen bleiben. Das Kupfergewicht beträgt

$$G = 8{,}9 \cdot 2{,}6^2 \frac{\pi}{4} \cdot 10^{-4} \cdot 2{,}33 \cdot 168 = 1{,}85 \, \mathrm{kg} \,,$$

also etwas weniger, als wir vorhin benötigten.

2. Günstige Abmessungen.

a) Der Kernquerschnitt. In Abb. 97b ist ein rechteckiger Kern gezeigt, dessen Kanten abgerundet sind. Hier kann man im Zweifel sein, wie groß die Abrundung zu wählen ist. Erwünscht ist zunächst, daß der Eisenquerschnitt möglichst groß gemacht wird, um den magnetischen Widerstand klein zu halten und dadurch an Erregerstrom zu sparen. Ferner will man eine vorgeschriebene Wirkung durch möglichst kleine Verluste erzielen. Da Windungszahl und Drahtquerschnitt durch andere Vorschriften bedingt sind, so kann man einen geringen Verlust nur durch Verkleinerung der mittleren Windungslänge erreichen. Dies führt uns zu der Forderung, daß das Verhältnis Q/l_m ein Maximum werden soll, wenn hier Q den Kernquerschnitt bezeichnet. Da r die Veränderliche ist, so muß der Differentialquotient dieses Verhältnisses nach r verschwinden. Dies führt zu der Bedingung

$$l_m \frac{dQ}{dr} = Q \cdot \frac{dl_m}{dr} \,.$$

Nun ist

$$Q = ab - (4 - \pi) r^2 \,; \qquad l_m = 2(a+b) + \pi h - (4 - \pi) 2r \,;$$

also wird

$$\frac{dQ}{dr} = -(4-\pi) 2r \,; \qquad \frac{dl_m}{dr} = -(4-\pi) 2 \,.$$

Mit Einsetzung dieser Werte in die Bedingungsgleichung erhält man die einfache Beziehung

$$l_m \cdot r = Q \,. \tag{6}$$

Mit Einführung der oben gefundenen Ausdrücke für Q und l_m und Umformung findet sich

$$r = \frac{2ab}{m + \sqrt{m^2 - 4(4-\pi)ab}} \approx \frac{ab}{m} \,. \tag{7}$$

Die Näherung des abgekürzten Ausdrucks ist gut, da das zweite Glied
unter der Wurzel sehr klein gegen m² ist. Hierbei ist

$$m = 2(a + b) + \pi h$$

die mittlere Windungslänge bei rechteckigem Kern, wie ihn Abb. 97a
zeigt. Als Beispiel werde gewählt: $a = 30$ mm, $b = 20$ mm, $h = 10$ mm;
dann wird $m = 131,4$ mm und somit $r = \dfrac{30 \cdot 20}{131,4} = 4,6$ mm. Da eine
geringe Abweichung von der Stelle des Maximums auf dieses selbst
wenig Einfluß hat, so kann man in diesem Falle etwa 5 mm als Abrundung wählen.

b) Der Zylindermagnet. Bei dem in Abschnitt IV besprochenen
Topfmagnet war in Gl.(12) die Zugkraft bestimmt worden. Wenn
man nun den äußeren Durchmesser etwa der Raumverhältnisse wegen
als gegeben annimmt, so wird bei großem Kerndurchmesser die magnetische Ausnutzbarkeit vergrößert, die elektrische verkleinert. Umgekehrt ist es bei kleiner werdendem Kern. Es ist ohne weiteres erkennbar, daß in beiden Fällen im Grenzfall die Wirkung null wird, nämlich,
einmal verschwindet die Erregung und das andere Mal der Kraftfluß.
Dazwischen muß demnach ein günstigster Wert bestehen. Um die Aufgabe möglichst einfach zu gestalten, soll bei der Zugkraftformel in
Gl. IV (12) das zweite Glied, also die Streuung, fortgelassen werden.
Dann ist die Zugkraft

$$K = 2 \pi \vartheta^2 \frac{\pi r^2}{(l - x)^2} . \tag{8}$$

Als Bedingung ist ferner gegeben, daß die Erwärmung und damit also
der Verlust eine bestimmte Größe nicht überschreitet. Der Verlust beträgt

$$V = \frac{\varrho \, l_m \vartheta^2}{\varphi Q} . \tag{9}$$

Hierin sind l_m und Q durch r bestimmt, nämlich

$$l_m = \pi (r + r_a), \qquad Q = (r_a - r) \, l_s . \tag{10}$$

Es soll nun K bei gegebenem, also konstantem V ein Maximum werden.
Somit haben wir die beiden Bedingungen

$$\frac{\mathrm{d} K}{\mathrm{d} r} = 0, \qquad \frac{\mathrm{d} V}{\mathrm{d} r} = 0 .$$

Die erste Bedingung liefert

$$\frac{1}{\vartheta} \frac{\mathrm{d} \vartheta}{\mathrm{d} r} + \frac{1}{r} = 0 \tag{I}$$

und die zweite gibt zunächst

$$\frac{1}{\vartheta} \frac{\mathrm{d} \vartheta}{\mathrm{d} r} + \frac{1}{2 \, l_m} \frac{\mathrm{d} l_m}{\mathrm{d} r} - \frac{1}{2 Q} \frac{\mathrm{d} Q}{\mathrm{d} r} = 0 . \tag{II}$$

Ferner erhält man $\quad \dfrac{\mathrm{d}\,l_m}{\mathrm{d}\,r} = \pi, \quad \dfrac{\mathrm{d}\,Q}{\mathrm{d}\,r} = -\,l_s,$

und dies in II eingesetzt gibt

$$\frac{1}{\vartheta}\,\frac{\mathrm{d}\,\vartheta}{\mathrm{d}\,r} = -\frac{1}{2}\left[\frac{1}{r_a + r} + \frac{1}{r_a - r}\right] = -\frac{r_a}{r_a^2 - r^2}\,. \tag{IIa}$$

Aus Gl. I und IIa erhält man nun ohne weiteres

$$r^2 + r\,r_a - r_a^2 = 0$$

oder

$$\frac{r}{r_a} = \frac{1}{2}\left(\sqrt{5} - 1\right) = 0{,}618\,. \tag{11}$$

Wenn man in Gl. IV (12) auch das zweite Glied in der Klammer, das Streuungsglied, berücksichtigt, bei welchem ϱ von r abhängig ist, so verschiebt sich der günstigste Punkt um einen geringen Betrag. Auf zeichnerischem Wege wurde ermittelt, daß das Maximum der Zugkraft etwa bei dem Werte $r/r_a = 0{,}65$ liegt.

Wir wollen nun mit diesem rechnerischen Ergebnis die wirklichen Ausführungen vergleichen, die wir in Abschnitt IV besprochen haben.

$$\text{Steil (ebener Pol)} \quad \frac{2\,r}{2\,r_a} = \frac{85}{209} = 0{,}41\,,$$

$$\text{,,} \quad \text{(Kegelpol)} \quad = \frac{130}{244} = 0{,}53\,,$$

$$\text{Euler} \quad = \frac{126}{216} = 0{,}58\,,$$

$$\text{Melchinger} \quad = \frac{110}{200} = 0{,}55\,,$$

$$\text{Fecker} \quad = \frac{120}{242} = 0{,}50\,.$$

Die erhaltenen Zahlen liegen zum Teil nicht unbedeutend unter dem Wert aus Gl. (11). Dies ist in der Hauptsache wohl dadurch begründet, daß der Raum zwischen Kern und Gehäuse nicht ganz von der Spule ausgefüllt werden kann, sondern daß auch Konstruktionsteile untergebracht werden müssen. Dies läßt sich in der Ableitung dadurch berücksichtigen, daß man für den Wicklungsquerschnitt den Ausdruck setzt

$$Q = (r_a - r - a)\,l_s\,. \tag{10a}$$

Gl. (I) und (II) bleiben bestehen; bei (IIa) ist diese Ergänzung von a zu berücksichtigen. Wenn man $a = \alpha \cdot r_a$ setzt, so erhält man schließlich

$$\frac{r}{r_a} = \frac{1}{2}\left[\sqrt{5 - 3\alpha + \frac{\alpha^2}{4}} - 1 - \frac{\alpha}{2}\right]\,. \tag{11a}$$

Setzt man beispielsweise hierin $\alpha = 0{,}1$, so findet man $r/r_a = 0{,}56$, und dies ist ein Wert, der im Mittel etwa mit den obengefundenen Zahlen übereinstimmt.

c) Spule mit Vorwiderstand. Zuweilen kommt es vor, daß aus irgendeinem Grunde der Wicklung eines Magneten ein bestimmter Widerstand R vorgeschaltet werden muß, der vielleicht für einen besonderen Zweck benötigt wird. Bei vorgeschriebenem Wickelraum der Spule läßt sich leicht zeigen, daß es hier offenbar einen günstigsten Drahtquerschnitt gibt, mit dem sich die höchste Erregung erzielen läßt. Denn ist der Draht sehr stark, so geht die Windungszahl zurück, während der Strom wegen des Vorwiderstandes eine gewisse Grenze nicht überschreitet. Bei dünnem Draht wächst zwar die Windungszahl, aber auch der Widerstand, so daß der Strom sehr zurückgeht. Ist r der Spulenwiderstand und U die angelegte Gleichspannung, so ist die Erregung

$$\vartheta = \frac{U n}{r + R} = U \cdot \frac{n}{\dfrac{\varrho\, l_m\, n}{q} + R} .$$

Bei Runddraht mit dem Durchmesser d_1 des isolierten Drahtes ist der Wicklungsquerschnitt Q gegeben durch

$$Q = n \cdot d_1^2 .$$

Mit $q = \dfrac{\pi}{4} d^2$ wird dann die Durchflutung

$$\vartheta = \frac{U \cdot Q}{\dfrac{\varrho\, l_m\, Q}{\dfrac{\pi}{4} d^2} + R d_1^2} .$$

Jetzt muß noch eine Beziehung zwischen d und d_1 gegeben werden. Hier sind zwei verschiedene Fälle zu unterscheiden. Man kann entweder mit konstantem Füllfaktor

$$\varphi = \frac{\pi}{4}\, \frac{d^2}{d_1^2} \tag{I}$$

oder mit konstantem Isolationsauftrag

$$d_1 = d + a \tag{II}$$

rechnen. Um den günstigsten Wert zu erhalten, muß der Differentialquotient von ϑ nach d zum Verschwinden gebracht werden. Im Falle I führt dies nach kurzer Umformung zu dem bekannten Ergebnis

$$r = R . \tag{12a}$$

Dagegen findet sich im Falle II nach Einführung von r das Ergebnis

$$\frac{r}{R} = \frac{d}{d_1} . \tag{12b}$$

Bei dünnem Draht weicht das Verhältnis d/d_1 schon recht beträchtlich von der Einheit ab. Da nun in gewissem Bereich der Drahtstärken der Auftrag tatsächlich konstant gehalten wird, so ist hier die Gl. (12b) zu verwenden. Bei starkem Draht werden die beiden Bedingungen (12a) und (12b) praktisch auf dasselbe hinauslaufen, da man bei den stets vorhandenen Sprüngen der Drahtstärke und im Auftrag weder die eine noch die andere genau einhalten kann. Wie schon gesagt, kommt es hierauf auch nicht so sehr an, da bei kleinen Abweichungen der Betrag des Maximums sich nicht stark ändert. Die ganze Ableitung ging davon aus, daß die Durchflutung einen Höchstwert annehmen soll. Fragt man dagegen nach den in der Spule auftretenden Verlusten, so gilt für deren Höchstwert stets die Bedingung Gl. (12a). Der Höchstverlust beträgt $V = U^2/2R$, welchen die Spule abführen muß.

3. Kurzschlußwindungen bei Wechselstrom.

In Abschnitt V über den Drehstrommagnet haben wir schon gesehen, daß die Zugkraft vollständig konstant wird, wenn es uns gelingt, die drei Felder eines genau symmetrischen Drehstromsystems auf denselben Anker wirken zu lassen. Damit kommt dann auch das bei Einphasenstrom auftretende sehr starke Geräusch in Fortfall. Der dort beschriebene Drehstrommagnet war jedoch keine ideale Lösung, da die drei Felder an verschiedenen weit auseinanderliegenden Stellen des Ankers angriffen, so daß immer wieder ein Geräusch auftreten muß. An jedem Pol wirkt ja doch nur ein einphasiges Feld. Um nun hier eine Besserung zu schaffen, hat man seit jeher das Mittel angewandt, über die halbe Polfläche eine Kurzschlußwindung zu legen. Hierdurch wird in dieser Fläche der Fluß in der Phase verschoben, so daß die Gesamtzugkraft auf der ganzen Polfläche zu keinem Zeitpunkt mehr den Wert null annehmen kann. Wir wollen jetzt das Verhalten eines Einphasenmagneten mit derartig abgeschirmter Polfläche genauer untersuchen, um die Wirkungsweise einer solchen Maßnahme zu erkennen und einen Anhalt über den zu erreichenden Erfolg zu gewinnen.

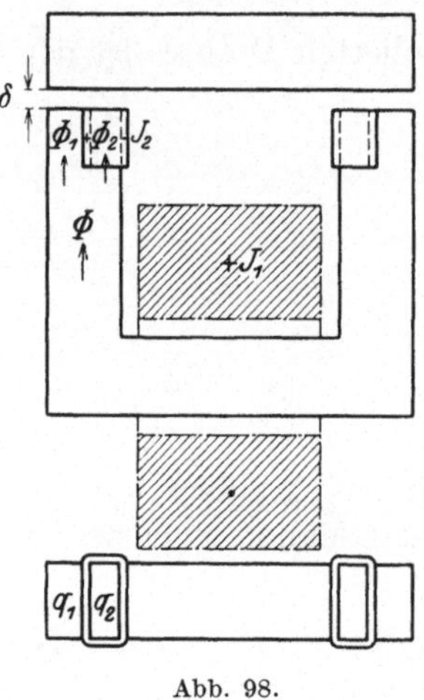

Abb. 98.

In Abb. 98 ist ein einfacher Magnet nebst Anker dargestellt. Auf jedem der beiden Pole ist eine Kurzschlußwindung angebracht; die Lage der Erregerspule ist angedeutet. Gleichzeitig ist darin die Stromrichtung und die sich daraus ergebende Richtung des Hauptflusses Φ vermerkt. Dieser teilt sich in die beiden Flüsse Φ_1 und Φ_2, welche durch die beiden Polflächen q_1 und q_2 hindurchtreten und durch den Luftspalt δ nach dem Anker gehen. Wir können daher folgende Gleichungen aufstellen

$$\Phi = \Phi_1 + \Phi_2, \tag{13}$$

$$\frac{1}{2} \cdot 4\pi n_1 i_1 = \Phi_1 \cdot \frac{\delta}{q_1} = \Phi_2 \cdot \frac{\delta}{q_2} - 4\pi n_2 i_2. \tag{14}$$

Hierbei haben wir den magnetischen Widerstand des Eisens als vernachlässigbar gering vorausgesetzt. Die Gleichungen (14) können wir leicht auf die folgende Form bringen

$$n_1 \Phi = \tfrac{1}{2} L_1 i_1 + M i_2 \,. \tag{15a}$$

$$n_2 \Phi_2 = L_2 i_2 + \tfrac{1}{2} M i_1 \,, \tag{15b}$$

worin die Induktivitäten durch folgende Ausdrücke definiert werden.

$$L_1 = 4\pi n_1^2 \frac{q_1 + q_2}{\delta} \,; \qquad M = 4\pi n_1 n_2 \frac{q_2}{\delta} \,; \qquad L_2 = 4\pi n_2^2 \frac{q_2}{\delta} \,, \tag{16}$$

Wir nehmen nun an, daß die Hauptspule an eine sinusförmige Wechselspannung u angeschlossen ist. Sind dann r_1 und r_2 die Widerstände der Spulen, so haben wir die Gleichungen

$$i_1 r_1 + n_1 \frac{\mathrm{d}\Phi}{\mathrm{d}t} = u = U \sin\omega t \,, \tag{17a}$$

$$i_2 r_2 + n_2 \frac{\mathrm{d}\Phi_2}{\mathrm{d}t} = 0 \,. \tag{17b}$$

Hier müssen wir den Fluß durch Benutzung der Gl. (15a) und (b) entfernen und können dann nach bekannten Regeln die Lösung gewinnen. Da es uns nur um den stationären Zustand zu tun ist, so setzen wir als Lösungen an

$$i_1 = J_1 \sin(\omega t + \varphi_1) \,; \qquad i_2 = J_2 \sin(\omega t + \varphi_2). \tag{18}$$

Durch Einsetzen dieser Ausdrücke in Gl. (17a) und (b) können wir die vier unbekannten Größen, die Amplituden J_1 und J_2 und ihre Phasenstellungen φ_1 und φ_2 leicht bestimmen. Die Rechnung soll hier nicht im einzelnen durchgeführt, sondern nur die Ergebnisse hingeschrieben werden. Zur Vereinfachung der Schreibweise sollen folgende Abkürzungen eingeführt werden

$$\text{Übersetzung:} \qquad v = \frac{M J_1}{L_2 J_2} \,, \tag{19}$$

$$\text{Streufaktor:} \qquad k^2 = 1 - \frac{M^2}{L_1 L_2} = \frac{q_1}{q_1 + q_2} \,, \tag{20}$$

$$\text{Verlustwinkel:} \qquad \mathrm{tg}\,\varepsilon = \frac{r_2}{\omega L_2} \,, \tag{21}$$

$$k^2 - \frac{2 r_1}{\omega L_1} \cdot \frac{r_2}{\omega L_2} = a \,; \qquad \frac{2 r_1}{\omega L_1} + \frac{r_2}{\omega L_2} = b \,. \tag{22}$$

Wir erhalten nun aus den Gl. (17a, b und 18) die Beziehungen

$$\mathrm{tg}\,\varphi_2 = -\frac{a}{b} \,, \tag{23}$$

$$\mathrm{tg}\,\varphi_1 = \mathrm{tg}\,(\varphi_2 - \varepsilon) \,, \tag{24}$$

$$\frac{U}{J_1 \omega L_1} \cdot v = \frac{a}{\sin\varphi_2} \,, \tag{25}$$

$$v = \frac{2}{\cos\varepsilon} \,. \tag{26}$$

Aus Gl. (23) und (25) folgt, daß bei positivem a, und das dürfte meist der Fall sein, der Winkel φ_2 im zweiten Quadranten liegt. Dagegen liegt der Winkel φ_1 im vierten Quadranten und wir erhalten aus Gl. (24)

$$\varphi_1 = \varphi_2 - \varepsilon - \pi\,. \tag{27}$$

Der Winkel φ_1 hat einen negativen Betrag, der Strom J_1 bleibt also hinter der Spannung U zurück.

Jetzt wollen wir die Zugkraft berechnen, welche der aus der Polfläche tretende Fluß auf den Anker ausübt. Nach Abschnitt IV, Gl. (16a) erhalten wir

$$Z = \frac{1}{8\pi}\left[\frac{\Phi_1^2}{q_1} + \frac{\Phi_2^2}{q_2}\right] = \frac{1}{8\pi}\left[\frac{(\Phi - \Phi_2)^2}{q_1} + \frac{\Phi_2^2}{q_2}\right]. \tag{28}$$

Hier setzen wir die Werte von Φ und Φ_2 aus Gl. (15a) und (b) unter Benutzung der Gl. (18) ein. Bei Beachtung der Gl. (16), (19) und (26) kann man das Ergebnis recht beträchtlich vereinfachen. Ferner wollen wir die Zugkraft bei Abwesenheit der Kurzschlußwicklung einführen. Nennen wir Z_0 deren Mittelwert, so ist

$$Z_0 = \frac{1}{8\pi}\left(\frac{4\pi n_1 J_1}{2\delta \cdot \sqrt{2}}\right)^2 \cdot (q_1 + q_2) = \frac{1}{8\pi} \cdot \frac{L_1^2 J_1^2}{8\,n_1^2(q_1 + q_2)}\,. \tag{29}$$

Wenn wir dann Gl. (28) durch (29) dividieren, so erhalten wir schließlich nach den notwendigen Umformungen und Vereinfachungen

$$\frac{Z}{Z_0} = \frac{q_1 + q_2\sin^2\varepsilon}{q_1 + q_2} - \frac{q_1}{q_1 + q_2}\cos 2\,(\omega t + \varphi_1) + \frac{q_2\sin^2\varepsilon}{q_1 + q_2}\cdot\cos 2\,(\omega t + \varphi_2)\,. \tag{30}$$

Diese Gleichung können wir in zwei zerlegen, und zwar

$$\frac{Z_1}{Z_0} = \frac{q_1}{q_1 + q_2}\left[1 - \cos 2\,(\omega t + \varphi_1)\right], \tag{31a}$$

$$\frac{Z_2}{Z_0} = \frac{q_2}{q_1 + q_2}\sin^2\varepsilon\left[1 - \cos 2\,(\omega t + \varphi_2)\right]. \tag{31b}$$

Wie sich leicht durch besondere Rechnung nachweisen läßt, gibt Z_1 die von der Fläche q_1 ausgeübte Zugkraft, während Z_2 diejenige gibt, welche von der abgeschirmten Polfläche q_2 ausgeht. Diese fällt wegen des Faktors $\sin^2\varepsilon$ nur klein aus. Da die Winkel φ_1 und φ_2 verschiedene Werte haben, so gehen die von den beiden Polflächen ausgeübten Kräfte zu verschiedenen Zeiten durch null und die Gesamtkraft auf den Anker verschwindet zu keinem Zeitpunkt. Wir wollen uns daher mit dem Gesamtwert der Zugkraft beschäftigen.

Die Zugkraft setzt sich also wieder zusammen aus einem Mittelwert

$$\frac{Z_m}{Z_0} = \frac{q_1 + q_2\sin^2\varepsilon}{q_1 + q_2}\,, \tag{32a}$$

und einem zeitlich veränderlichen Wert

$$\frac{Z_t}{Z_0} = -\frac{q_1}{q_1 + q_2}\cos 2\,(\omega t + \varphi_1) + \frac{q_2\sin^2\varepsilon}{q_1 + q_2}\cos 2\,(\omega t + \varphi_2)\,. \tag{32b}$$

Ohne weiteres erkennen wir schon eines, nämlich, daß die mittlere Zugkraft bei Vorhandensein der Kurzschlußwicklung kleiner ist als ohne diese, denn der Zähler von (32a) ist kleiner als der Nenner.

Von besonderer Bedeutung für unseren Zweck ist die Frage nach der kleinsten Zugkraft. Der veränderliche Teil der Zugkraft setzt sich nach Gl. (32b) aus zwei cos-Wellen zusammen. Diese können wir aber auch durch eine cos-Welle darstellen, deren Amplitude sich wie folgt ergibt:

$$a \cos(\varphi + \alpha) + b \cos(\varphi + \beta) = c \cdot \cos(\varphi + \gamma),$$

$$\varphi = 0; \qquad c \cdot \cos\gamma = a \cos\alpha + b \cos\beta,$$

$$\varphi = -\frac{\pi}{2}; \qquad c \cdot \sin\gamma = a \sin\alpha + b \sin\beta,$$

$$\text{also} \qquad c^2 = a^2 + b^2 + 2ab \cos(\alpha - \beta).$$

Wir erhalten also als Amplitude unserer Zugkraft

$$\frac{Z_a}{Z_0} = \frac{1}{q_1 + q_2} \sqrt{q_1^2 + (q_2 \sin^2\varepsilon)^2 - 2 q_1 q_2 \sin^2\varepsilon \cdot \cos 2(\varphi_2 - \varphi_1)}$$

oder mit Beachtung von Gl. (27) und geringer Umformung

$$\frac{Z_a}{Z_0} = \frac{1}{q_1 + q_2} \sqrt{q_1^2 + (q_2^2 + 4 q_1 q_2) \sin^4\varepsilon - 2 q_1 q_2 \sin^2\varepsilon}. \tag{33}$$

Die kleinste Zugkraft tritt nun offenbar auf, wenn wir diese Amplitude von dem Mittelwert abziehen und daher wird dieser geringste Wert, den die Zugkraft annehmen kann

$$\frac{Z_m - Z_a}{Z_0} = \frac{q_1 + q_2 \sin^2\varepsilon}{q_1 + q_2} - \frac{1}{q_1 + q_2} \sqrt{q_1^2 + (q_2^2 + 4 q_1 q_2) \sin^4\varepsilon - 2 q_1 q_2 \sin^2\varepsilon}. \tag{34}$$

Für $\varepsilon = 0$ wird dieser Wert null; das bedeutet aber folgendes: Wenn die Kurzschlußwicklung widerstandslos ist, also der entstehende Strom das Feld vollständig verdrängt und nur die Fläche q_1 für die Zugkraft wirksam ist, geht diese durch null, wobei gleichzeitig der Mittelwert ebenfalls verkleinert ist. Für $\varepsilon = \pi/2$ wird ebenfalls $Z_m - Z_a = 0$; dies ist der Fall, wenn $r_2 = \infty$ oder $L_2 = 0$ also die Kurzschlußwicklung gar nicht vorhanden ist. Zwischen diesen beiden Grenzwerten gibt es nun offenbar ein Maximum und dieses finden wir, wenn wir den Differentialquotienten von $Z_m - Z_a$ nach ε verschwinden lassen. Hieraus erhalten wir die Bedingung für den Höchstwert

$$\sin^2\varepsilon = \frac{2 q_1}{4 q_1 + q_2}. \tag{35}$$

Dies ist eine sehr einfache Beziehung, welche es uns ermöglicht, die Abmessungen der Kurzschlußwicklung festzulegen. Mit Gl. (21) ergibt sich dann weiter

$$\text{tg}\,\varepsilon = \frac{r_2}{\omega L_2} = \sqrt{\frac{2 q_1}{2 q_1 + q_2}}. \tag{35a}$$

Zu beachten ist hierbei allerdings, daß L_2 den Luftspalt δ enthält, daß somit dieser günstigste Wert nur für einen bestimmten Luftspalt gilt. Da jedoch dieser praktisch eine gewisse Grenze nicht unterschreitet, weil man meist einen Abstandsstift aus unmagnetischem Stoff auf dem Pol anbringt, so können wir doch Gl. (35) als Richtlinie ansehen. Der höchste erreichbare Wert der zeitlich kleinsten Zugkraft ergibt sich durch Einsetzen der Gl. (35) in Gl. (34) zu

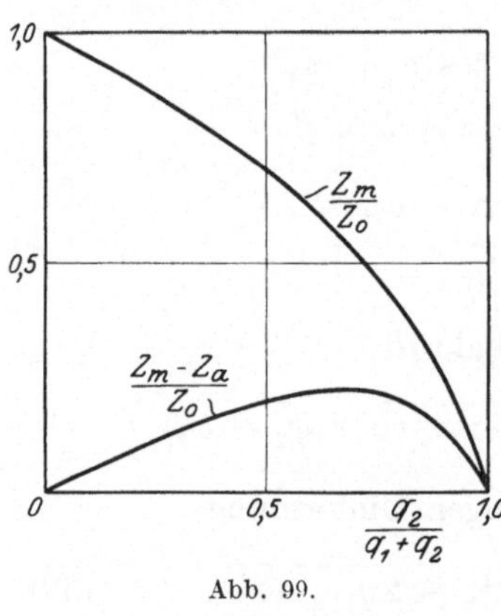

Abb. 99.

$$\left(\frac{Z_m - Z_a}{Z_0}\right)_{\max} = \frac{q_1}{q_1 + q_2} \cdot \frac{2 q_2}{4 q_1 + q_2} . \tag{36}$$

Hat man beispielsweise $q_1 = q_2$, so wird

$$\frac{Z_m - Z_a}{Z_0} = \frac{1}{5} .$$

Die mittlere Zugkraft nimmt mit der Bedingung (35) den Wert an

$$\frac{Z_m}{Z_0} = \frac{q_1}{q_1 + q_2} \cdot \frac{4 q_1 + 3 q_2}{4 q_1 + q_2} , \tag{37}$$

also in dem Falle $q_1 = q_2$ wird $Z_m/Z_0 = \frac{7}{10}$; die mittlere Zugkraft ist um 30% herabgesetzt.

Um den Einfluß der Polfläche zu erkennen, sind in Abb. 99 die beiden Funktionen Gl. (36) und (37) in Kurven dargestellt, wobei als Abszisse das Verhältnis $q_2/(q_1 + q_2)$ gewählt ist. Wir erkennen hieraus sofort, daß die mittlere Zugkraft Z_m sehr schnell mit wachsender Windungsfläche der Kurzschlußwicklung abnimmt. Dagegen steigt der zeitliche Kleinstwert $(Z_m - Z_a)$, bis er bei $q_2 = \frac{2}{3}(q_1 + q_2)$ seinen größten Wert erreicht. Um möglichste Verringerung des Geräusches zu erreichen, wird man sich diesem Punkt soviel wie möglich zu nähern suchen. Es ist nur dabei im Auge zu behalten, welche Verminderung der mittleren Zugkraft Z_m man noch zulassen darf. Im Höchstfalle kann die kleinste Zugkraft $\frac{2}{9}$ der mittleren des ungeschirmten Poles erreichen. Da durch die Abschirmung aber die mittlere Zugkraft auf $\frac{5}{9}$ des ungeschirmten Poles herabgeht, so ist das Verhältnis zu diesem Wert bedeutend günstiger. Dies Verhältnis ist aber das Kennzeichen für das zu erwartende Geräusch. Der Kleinstwert beträgt jetzt $\frac{2}{5}$ oder 40% des mittleren. Dies darf man etwa als die Grenze ansehen, die man nicht überschreiten darf, ohne die Wirksamkeit des Magneten allzusehr herabzusetzen.

Bei dieser ganzen Ableitung ist wohl im Auge zu behalten, daß wir den magnetischen Widerstand des Eisens vernachlässigt haben. Bei der Aufstellung der Stromgleichungen ist dies nicht von Bedeutung, wir brauchen nur den Induktivitäten andere Werte beilegen. Da wir aber bei der Berechnung der Zugkräfte die einfachen Ausdrücke Gl. (5)

verwendet haben, so werden sie und damit die Bedingungen für die günstigsten Abmessungen bei Berücksichtigung des Eisenwiderstandes andere Werte annehmen.

Die Vorgänge in einem solchen Magneten mit Kurzschlußspule sind von N. Anderson (Q. 1) auf graphischem Wege untersucht und die Ergebnisse durch oszillographische Aufnahmen bestätigt worden. Als günstigstes Polflächenverhältnis wird auch hier $q_2 = 2q_1$ empfohlen, welcher Wert durch die Erfahrung sich ergeben habe. Genau dasselbe Ergebnis haben wir aber soeben auf analytischem Wege abgeleitet.

4. Feldstärke, Induktivität, Streuung.

Wer mit eisenlosen Spulen zu tun hat, der kommt häufig in die Lage, daß er das Feld in der Spule zu kennen wünscht. Wir wollen daher hier einen Ausdruck ableiten, der es uns erlaubt, wenigstens die Feldstärke in der Achse der Spule zu berechnen.

Das Biot-Savartsche Gesetz sagt aus, daß die Feldstärke H in der Entfernung r von einem Leiterelement ds, das den Strom i führt, durch den Ausdruck bestimmt ist

$$\mathrm{d}H = \frac{i\,\mathrm{d}s}{r^2} \cdot \sin \alpha , \tag{38}$$

wenn α der Winkel zwischen der Stromrichtung und dem Strahl r ist. Wenn wir nun einen Draht zu einem Kreis mit dem Radius r_0 gebogen denken und einen Punkt in der Achse dieses Ringes in der Entfernung x von der Kreisfläche betrachten, wie in Abb. 100 gezeigt, so ist für einen beliebigen Punkt auf dem Draht der Winkel $\alpha = \pi/2$. Die wirksame Feldstärke in dem betrachteten Punkt der Ringachse hat die Richtung der Achse und da der Abstand r von allen Punkten des Ringes offenbar der gleiche ist, so hat sie nach Gl. (38) den Betrag

$$H = \int_0^{2\pi r_0} \frac{i\,\mathrm{d}s}{r^2} \sin\varphi = 2\pi r_0 \frac{i}{r^2} \sin\varphi .$$

Nun ist $\qquad r^2 = r_0^2 + x^2; \qquad r \sin\varphi = r_0$

und daher $\qquad H = 2\pi \frac{i}{r_0} \sin^3\varphi = 2\pi i \frac{r_0^2}{\sqrt{r_0^2 + x^2}^{\,3}} . \tag{39}$

Hierbei ist vorausgesetzt, daß die Drahtstärke vernachlässigbar klein gegen den Kreisradius ist. Sind n Drähte statt des einen vorhanden und ist der Gesamtquerschnitt dieser Drähte klein gegen den Kreisradius, so können wir diese Gleichung ebenfalls benutzen, wenn wir ni statt i setzen. Wichtig ist für uns vor allem das Feld im Kreismittelpunkt. Dies erhalten wir mit $x = 0$ zu

$$H_0 = 2\pi \frac{n\,i}{r_0} . \tag{39a}$$

Den bei dieser Formel streng genommen in einem Punkt konzentriert gedachten Strom ni wollen wir jetzt in eine Linie von der Länge $2\,l$ ausziehen, wie in Abb. 101 dargestellt. Wir gehen damit zu einer Spule über, welche die axiale Länge $2\,l$ hat und radial sehr dünn gegenüber dem Kreisradius ist. An der Stelle ξ fließt dann durch ein Längenelement $\mathrm{d}\xi$ der Strom $ni\dfrac{\mathrm{d}\xi}{2\,l}$ und daher ist die von diesem Element an der Stelle x erzeugte Feldstärke nach Gl. (39) durch den Ausdruck gegeben

$$\mathrm{d}H = 2\pi ni \cdot \frac{\mathrm{d}\xi}{2\,l} \cdot \frac{r_0^2}{\sqrt{r_0^2 + (x-\xi)^2}^{\,3}} = \pi\,\frac{ni}{l}\sin\varphi \cdot \mathrm{d}\varphi .$$

Diesen Ausdruck müssen wir über ξ von $-l$ bis $+l$ bzw. über φ von φ_1 bis φ_2 integrieren. Es findet sich

$$\left.\begin{aligned}
H &= \pi\,\frac{ni}{l}\left[\cos\varphi_1 - \cos\varphi_2\right]\\[2mm]
&= \pi \cdot \frac{ni}{l}\left|\frac{x+l}{\sqrt{r_0^2 + (x+l)^2}} - \frac{x-l}{\sqrt{r_0^2 + (x-l)^2}}\right| .
\end{aligned}\right\} \qquad (40)$$

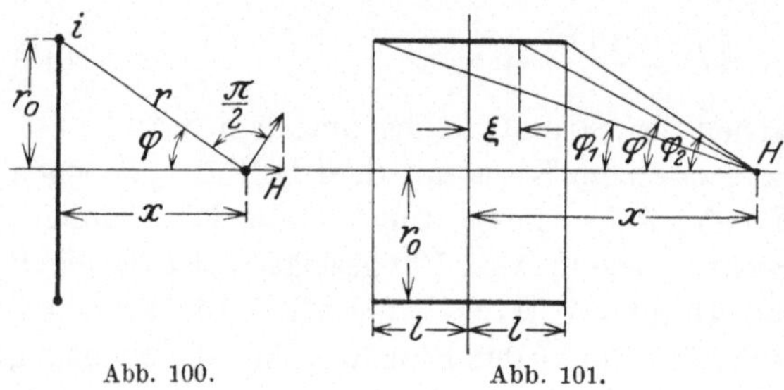

Abb. 100.　　　　Abb. 101.

Von besonderer Wichtigkeit ist auch hier wieder für uns der Punkt in Spulenmitte. Wir erhalten für $\varphi_2 = \pi - \varphi_1$ bzw. $x = 0$ den Wert

$$H_0 = 2\pi\,\frac{ni}{\sqrt{r_0^2 + l^2}} . \quad (40\mathrm{a})$$

Wollen wir jetzt diese linienförmige Spule durch eine punktförmige nach Abb. 100 ersetzen, welche die gleiche Feldstärke in der Mitte hat, so müssen wir der neuen Spule einen Radius r_m geben, welcher den Wert hat

$$r_m = \sqrt{r_0^2 + l^2} . \qquad (41)$$

Dies ist durch Vergleich der Formeln (39a) und (40a) ohne weiteres verständlich. Den Radius r_m wollen wir den Radius des der Spule Abb. 101 gleichwertigen Kreisrings nennen.

Wir können aber auch den punktförmigen Strom ni in radialer Richtung auseinanderzichen, etwa auf eine Länge $2a$, wie in Abb. 102 gezeigt. Durch eine Länge $\mathrm{d}\eta$ fließt dann der Strom $ni \cdot \dfrac{\mathrm{d}\eta}{2a}$ und somit erhalten wir nach Gl. (39) für die Feldstärke in x den Wert

$$\mathrm{d}H = 2\pi ni \cdot \frac{\mathrm{d}\eta}{2a} \cdot \frac{(r_0 + \eta)^2}{\sqrt{(r_0+\eta)^2 + x^2}^{\,3}} = \pi\,\frac{ni}{a} \cdot \frac{\sin^2\varphi}{\cos\varphi}\,\mathrm{d}\varphi ,$$

Die Integration liefert hier mit den Grenzen $-a$ und $+a$ für η den Wert

$$H = \pi \frac{ni}{a} \left[\ln \frac{\sqrt{(r_0 + a)^2 + x^2} + r_0 + a}{\sqrt{(r_0 - a)^2 + x^2} + r_0 - a} - \frac{r_0 + a}{\sqrt{(r_0 + a)^2 + x^2}} + \frac{r_0 - a}{\sqrt{(r_0 - a)^2 + x^2}} \right]. \quad (42)$$

Für die Feldstärke in der Mitte findet sich mit $x = 0$ hier

$$H = \pi \frac{ni}{a} \ln \frac{r_0 + a}{r_0 - a}. \quad (42\,\text{a})$$

Der Radius des gleichwertigen Kreises ergibt sich, wie man leicht erkennt, aus dem Ausdruck

$$\frac{1}{r_m} = \frac{1}{2a} \cdot \ln \frac{r_0 + a}{r_0 - a}. \quad (43)$$

Jetzt wollen wir durch eine ähnliche Überlegung auf die wirkliche Spule übergehen, wie sie in Abb. 103 gezeichnet ist. Wir können entweder von Gl. (40) ausgehen und den dort auf einer axialen Linie verteilten Strom radial auseinanderziehen oder wir legen Gl. 42 zugrunde und dehnen dort den Strom axial aus. Beide Wege führen zum selben Ergebnis. In Abb. 103 sind die Abmessungen etwas anders bezeichnet worden, indem der mittlere Durchmesser $D_0 = 2\,r_0$ eingeführt ist und ferner $2\,l = b$ sowie $2\,a = c$ gesetzt ist. Die Rechnung selbst soll hier nicht durch-

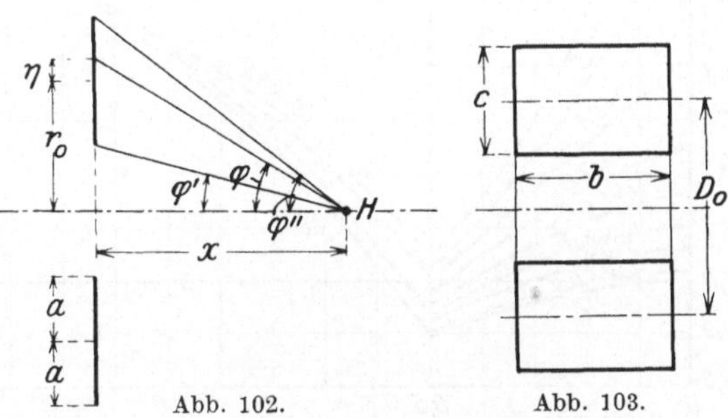

Abb. 102.   Abb. 103.

geführt werden. Man findet für die Feldstärke im Mittelpunkt der Spule den Ausdruck

$$H_0 = 2\pi \frac{ni}{c} \ln \frac{D_0 + c + \sqrt{(D_0 + c)^2 + b^2}}{D_0 - c + \sqrt{(D_0 - c)^2 + b^2}}. \quad (44)$$

Der gleichwertige Radius der Spule ist somit gegeben durch

$$\frac{1}{r_m} = \frac{1}{c} \ln \frac{D_0 + c + \sqrt{(D_0 + c)^2 + b^2}}{D_0 - c + \sqrt{(D_0 - c)^2 + b^2}}. \quad (45)$$

In Abb. 104 ist das Verhältnis $D_0/2r_m$ über b/D_0 und anschließend b/r_m über D_0/b aufgetragen. Die Kurven zeigen, daß für kurze Spulen ($b \lessgtr D_0/2$) der Wert von r_m mit den Spulenabmessungen sehr stark schwankt. Für $b > D_0/2$ wird b/r_m von der Spulendicke c wenig beeinflußt und für $b > D_0$ kann man von diesem Einfluß ganz absehen.

Mit Hilfe der abgeleiteten Formeln sind wir in der Lage, die Feldstärke in der Spulenmitte zu berechnen, und da wir es hier mit eisenlosen Spulen zu tun haben, so hat die Induktion denselben Wert. Wir

wollen jetzt versuchen, durch Überlegung den ungefähren Betrag des
Gesamtflusses zu bestimmen, welcher die Spule durchtritt. Zu diesem
Zweck verfolgen wir, welchen Wert die Induktion auf einem Radius
hat, den wir uns von der Spulenmitte aus gezogen denken. Der betrachtete Punkt möge die Entfernung r von der Achse haben. Ist
$r < (r_0 - a)$, so wird die Induktion sich nicht wesentlich ändern,
sondern den für die Achse bekannten Wert nahezu beibehalten. Für
$r > (r_0 - a)$, also innerhalb des Spulenquerschnittes, wird die Induktion

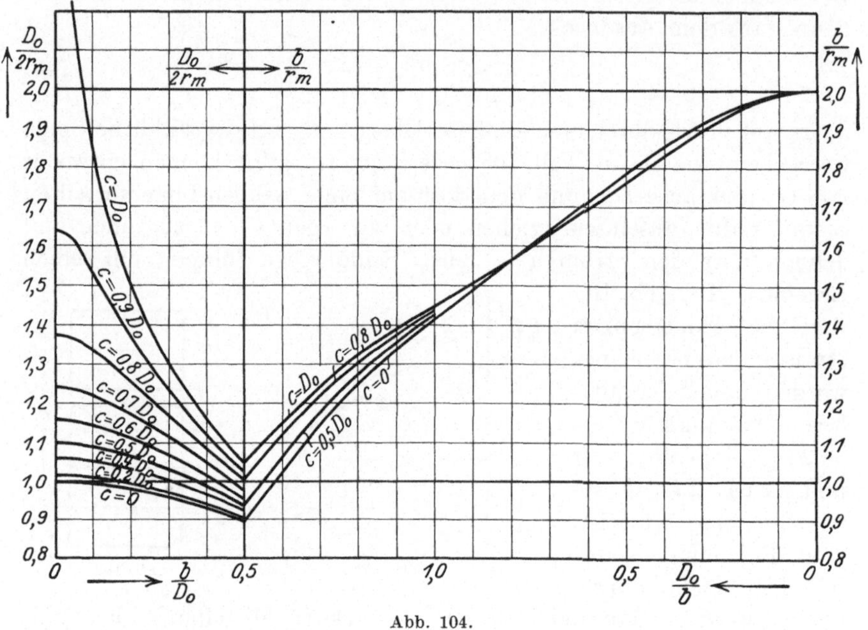

Abb. 104.

schnell abnehmen, da die für den betrachteten Punkt wirksame Durchflutung abnimmt. Es dürfte für unseren Zweck genügen, diese Abnahme der
Induktion linear anzunehmen. In einem bestimmten Punkt des Radius
wird die axiale Komponente der Induktion, die wir ja hierbei im Auge
haben, null werden und dann ihre Richtung umkehren. Bis zu dem
durch diesen Punkt gehenden Kreis müssen wir die Berechnung des
Flusses ausdehnen. Nennen wir r_a den Radius dieses Kreises, so können
wir als angenäherten Wert des Flusses folgenden Ausdruck einsetzen

$$\Phi = B \cdot (r_0 - a + r_a)^2 \frac{\pi}{4}.$$

Die Frage ist nun aber, wo dieser Punkt liegt, also welchen Wert r_a
hat. Hier geben uns zwei Grenzfälle einen Anhalt. Bei einer sehr langen
Spule wird der fragliche Punkt sich offenbar mehr und mehr der äußeren
Grenzfläche der Spule nähern. Für $b \gg r_0$ ist daher $r_a = r_0 + a$ zu

setzen. Als anderen Grenzfall wählen wir eine Spule mit großem Durchmesser und kleinem Wicklungsquerschnitt. Hier wird der Punkt sich immer mehr der Mitte des Wicklungsquerschnitts nähern, so daß wir hier $r_a = r_0$ setzen können. Zwischen diesen beiden Grenzwerten müssen wir uns je nach der Spulenform entscheiden und einen entsprechenden Mittelwert wählen. Mit der hier genügenden Näherung erhalten wir weiter

$$\Psi = Li = n\,\Phi,$$

so daß wir damit die Selbstinduktivität der Spule kennen. Fassen wir jetzt die Formeln zusammen, so erhalten wir die Induktivität zu

$$L = 2\pi n^2 \cdot \frac{\pi}{4} \frac{(r_0 - a + r_a)^2}{r_m}. \tag{46}$$

Für die genauere Berechnung der Induktivität gibt es in der Literatur eine ganze Reihe von Methoden und Formeln. Einige davon sind empirisch aufgestellt und gelten demgemäß nur für einen beschränkten Bereich. Für die unendlich dünne Zylinderspule und ebensolche Scheibenspule sind streng richtige Formeln und Zahlentafeln von Emde (Q. 15) und Spielrein (Q. 42) gegeben. Für die Vollspule

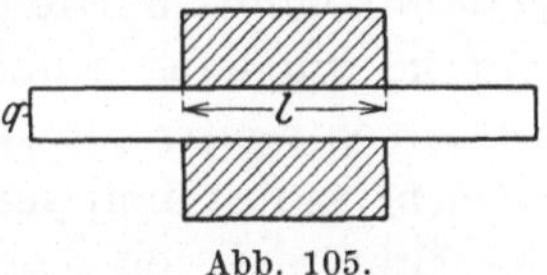

Abb. 105.

ist die vollständigste Arbeit von Hemmeter (Q. 23) durchgeführt. Mit Hilfe von Formeln und Zahlentafeln kann man danach die Rechnung für jede beliebige Spule mit rechteckigem Querschnitt durchführen.

Bei der Berechnung der Elektromagnete, so etwa bei den in Abschnitt III besprochenen Drehmagneten, war die Streuung immer eine Größe, die durch die Rechnung schwer erfaßt werden konnte. Auch die soeben besprochenen Feldberechnungen helfen dabei nicht viel. Die Aufgabe unterscheidet sich von der vorigen dadurch, daß wir es hier mit einer Spule zu tun haben, welche einen Eisenkern enthält. In Abb. 105 ist eine solche Spule gezeigt. Hierdurch ist der Hauptteil des magnetischen Widerstandes, der Luftkern, in Fortfall gekommen. Denn das Gesamtfeld solcher Spulen ergibt im allgemeinen in dem Eisenkern eine solch geringe Induktion, daß man seinen magnetischen Widerstand gegenüber dem des Außenraums vernachlässigen kann. Die Länge des Eisenkerns hat dabei keinen großen Einfluß auf das Gesamtfeld, wenn der Kern an jedem Ende um ein genügendes Stück herausragt; um eine Zahl zu nennen, müßte die Länge des herausstehenden Kernes zum mindesten größer als die Wickelhöhe der Spule sein. Um die Induktivität solcher Spulen wenigstens näherungsweise zu erfassen, hat Herr F. Blanc in einer privaten Mitteilung auf folgendes aufmerksam gemacht. Bei der Aufnahme der Kennlinien solcher Spulen hat sich gezeigt, daß die Anfangstangente dieser Kennlinien einem magnetischen Leitwert entsprach, der in einem fast unveränderlichen Verhältnis zu dem Leitwert des Luftkernes stand. Ist q der Querschnitt des Eisenkernes, l die Länge der Spule, wie in Abb. 105 vermerkt, so ist $\lambda_0 = q/l$ der Leitwert des Luftkernes. Aus der Anfangstangente der Kennlinie errechnen wir in bekannter Weise die entsprechende Induktivität. Aus dieser bestimmen wir dann mit Gl. III (1) den Leitwert λ, den das Luftfeld besitzt. Dann ist nach der erwähnten Beobachtung

$$\lambda = k \cdot \lambda_0 = k \cdot \frac{q}{l} \tag{47}$$

zu setzen. Dieser Faktor k hat sich aus den Messungen von Herrn Blanc zu etwa 23 ergeben. In zwei mir zur Verfügung stehenden Messungen habe ich nicht unbeträchtliche Abweichungen dieses Faktors von dem genannten Zahlenwert nach oben und unten gefunden. Da es jedoch bei der Berechnung der Streuung nicht auf allzu große Genauigkeit ankommt, dürfte die vorgeschlagene Berechnungsart für unsere Zwecke durchaus genügen. Es dürfte sich jedoch empfehlen, diesen Gedanken weiter zu verfolgen und durch Versuche mit verschiedenartigen Spulen und mit verschiedenen Kernlängen die Abhängigkeit des Faktors k von den Abmessungen zu bestimmen.

VII. Der Schaltvorgang beim Elektromagneten.

1. Die magnetische Energie.

In Abschnitt I 4 haben wir gesehen, daß das in einem Magneten ausgebildete Feld eine bestimmte Energie besitzt und daß wir die Größe dieser Energie aus der üblichen Kennlinie ablesen können. Nach Gl. I (11a) und I (13) hat die magnetische Energie den Wert

$$W = \int J \, \mathrm{d}\Psi = \int J n \, \mathrm{d}\Phi . \tag{1}$$

Hierin ist Ψ der Spulenfluß und unter Φ verstehen wir einen Fluß, der mit der Windungszahl der Spule multipliziert den Spulenfluß ergibt. Das Integral ist dabei von null längs der Kennlinie des Magneten bis zu dem Punkte zu nehmen, in welchem der Magnet erregt ist, dem Betriebspunkt. Man pflegt die Kennlinie in verschiedener Form aufzutragen. Ist der Magnet für die Speisung durch Wechselstrom vorgesehen, so kann man für jeden Strom, welchen man durch die Spule schickt, die dazu notwendige Klemmenspannung messen und über dem zugehörigen Strom in einem Koordinatensystem auftragen. Genau genommen dürfte man hierzu nur die induktive Komponente der Spannung verwenden; doch ist die Verlustkomponente der Spannung (die in die Stromrichtung fällt) im allgemeinen so gering, daß man praktisch von deren Berücksichtigung absehen darf.

Etwas umständlicher wird die Messung bei Gleichstrom. Hier pflegt man ein ballistisches Galvanometer zu Hilfe zu nehmen. Man legt etwa um den Kern oder um den Spulengrund oder schließlich außen um die Spule eine Prüfspule, welche aus einer oder mehreren Windungen besteht. Diese Spule wird an das Galvanometer angeschlossen. Solange der Strom und damit der Fluß unverändert ist, fließt kein Strom durch das Galvanometer. Wird nun der Strom der Hauptspule ausgeschaltet, so wird durch den verschwindenden Kraftfluß ein Strom durch das Galvanometer geschickt und dessen Ausschlag ist ein Maßstab für die Größe des Flusses. Um diese Wirkung zu vergrößern, kann man auch den Hauptstrom nicht nur ausschalten oder einschalten, sondern umschalten, d. h. seine Richtung umkehren.

Besitzt das Eisen des Elektromagneten Remanenz, so erhält man beim Ausschalten nicht den ganzen Fluß, sondern einen um die Remanenz verringerten Wert. Beim Einschalten ergibt sich ebenfalls dieser verringerte Wert oder wenn man die Stromrichtung umkehrt ein um denselben Betrag vergrößerter Wert. Um daher einen richtigen Meßwert zu gewinnen, ist man in diesem Falle zum Umschalten gezwungen.

Voraussetzung für die Zulässigkeit dieser Messung ist, daß das Galvanometer eine Schwingungszeit besitzt, welche sehr groß gegen die Dauer ist, in welcher der Strom abklingt. Das Abklingen bzw. Ansteigen des Stromes wird durch die elektrische Zeitkonstante gekennzeichnet. Ist diese nicht mehr sehr klein gegen die Schwingungszeit, so ist eine entsprechende Korrektion anzubringen. Nach dieser Methode wurden die in Abschnitt IV 6 gegebenen Flußmessungen durchgeführt. Den gemessenen Fluß trägt man nun über dem erregenden Strom auf. Um die gleiche Kennlinie für verschieden gewickelte Spulen benutzen zu können, wählt man auch statt des Stromes sein Produkt mit der Windungszahl, also die Durchflutung, als Abszisse.

Eine weitere Möglichkeit, den Fluß eines Gleichstrommagneten und zwar den Spulenfluß zu bestimmen, gibt die folgende Methode. Das Ohmsche Gesetz hat für einen Stromkreis, der den Widerstand r enthält, an eine Spannung U gelegt ist und der den Strom J aufnimmt, wie bekannt die folgende Form

$$U = rJ + \frac{\mathrm{d}\Psi}{\mathrm{d}t}. \tag{2}$$

Durch Umformung erhalten wir hieraus den Spulenfluß

$$\Psi = \int\limits_{0}^{t} (U - Jr)\,\mathrm{d}t. \tag{3}$$

Zeichnen wir also mittels eines Oszillographen den Strom und die Spannung auf und bilden aus den beiden Kurven das Integral, so erhalten wir eine neue Kurve, welche uns den Spulenfluß abhängig von der Zeit gibt. Ist dabei vielleicht die Spannung zuverlässig konstant, was der Fall ist, wenn wir an ein hinreichend starkes Netz anschließen, so können wir uns die Spannungskurve ersparen. Bei dieser Messung ist es auch gleichgültig, ob der Kern sich bewegt oder nicht; auf jeden Fall gibt die Methode den in jedem Augenblick vorhandenen Spulenfluß. Auch bei dieser Messung bringt die Remanenz einen Fehler herein, der in derselben Weise wie oben vermieden werden kann.

Bringen wir außerdem an dem beweglichen Teil des Magneten eine Einrichtung an, welche es erlaubt, gleichzeitig dessen Stellung durch den Oszillographen aufzeichnen zu lassen, so daß wir die Stellung als Funktion der Zeit erhalten, so können wir eine neue Kurve ableiten, welche den Spulenfluß als Funktion der Stellung gibt. Die erwähnte Einrichtung kann etwa darin bestehen, daß man an dem beweglichen Teil (Kern, Anker) eine Kontaktfeder anbringt, welche auf einem Widerstand entlanggleitet und damit einen durch diesen Widerstand geschickten Gleichstrom ändert. Führen wir diese Messungen bei einer Reihe von Strömen durch, so können wir uns die Kennlinien des Magneten $\Psi = f(J, x)$ auftragen, wobei x die Stellung in irgendeiner Weise bezeichnet.

Wir wollen wohl beachten, daß wir mit der zweiten Methode immer nur den durch die jeweilige Prüfspule tretenden Fluß messen, während die erste und dritte Methode den Spulenfluß, also die Kraftflußwindungen der Hauptspule liefert. Der durch eine Prüfspule gemessene Fluß, mit der Windungszahl der Hauptspule multipliziert, wird im allgemeinen um einen gewissen Betrag von dem Spulenfluß verschieden sein. Wir können jedoch unter Umständen die Lage der Prüfspule so wählen, daß der Unterschied vernachlässigbar gering ist.

Haben wir nun auf die eine oder andere Weise die Kennlinie für unser Magnetsystem gewonnen, so können wir die Gl. (1) darauf anwenden. Bei der durch Wechselstrommessung erhaltenen Kennlinie ist die Ordinate die Spannung und diese ist nur durch einen konstanten Faktor von dem Spulenfluß Ψ verschieden, den wir durch die dritte Methode unmittelbar erhalten. Wir können also die erste Form von Gl. (1) benutzen. Bei der zweiten beschriebenen Messung und Auftragung gilt dann die zweite Form. Welche Darstellung wir auch benutzen, auf jeden Fall stellt das Integral der Gl. (1) die Fläche zwischen der Kennlinie, der Ordinatenachse und einer durch den Betriebspunkt gelegten Parallelen zur Abszissenachse dar.

In Abb. 106 ist die magnetische Energie nach Gl. (1) als Funktion der Durchflutung aufgetragen, und zwar ist für die gestrichelten Kurven Abb. 55 und für die anderen Kurven Abb. 66 benutzt worden. Die beiden Magnete zeigen nun einen auffälligen Unterschied in den Energie-

kurven. Beim Graugußmagneten (Melchinger) fallen die Kurven für die
drei Kernstellungen 3, 20 und 60 mm Hub so zusammen, daß ihre
Unterschiede unterhalb der Rechengenauigkeit liegen. Für größeren
Luftspalt als 60 mm wird dann die Energie kleiner. Bei dem Stahlguß-
magneten (Fecker) ist für geringen Strom der Verlauf der Kurven
ähnlich, nur daß schon bei 60 mm Hub die Energie merklich abnimmt.
Bei hoher Erregung werden jedoch die Kurven mit zunehmendem Hub
immer steiler, so
daß bei 50000 AW
und mehr die Kurve
für 120 mm Hub
am höchsten liegt.
Dieser verschieden-
artige Verlauf der
Energiekurven ist
offenbar auf die
Sättigungsverhält-
nisse zurückzufüh-
ren. Dabei ist, wie
schon wiederholt er-
wähnt, der Werk-
stoff von großem
Einfluß.

Diese Kurven
sind für Gleichstrom
bestimmt worden.
Sie gelten jedoch
ebensogut für Wech-
selstrom, wenn man
dafür Sorge trägt,
daß sekundäre Strö-
me vermieden wer-

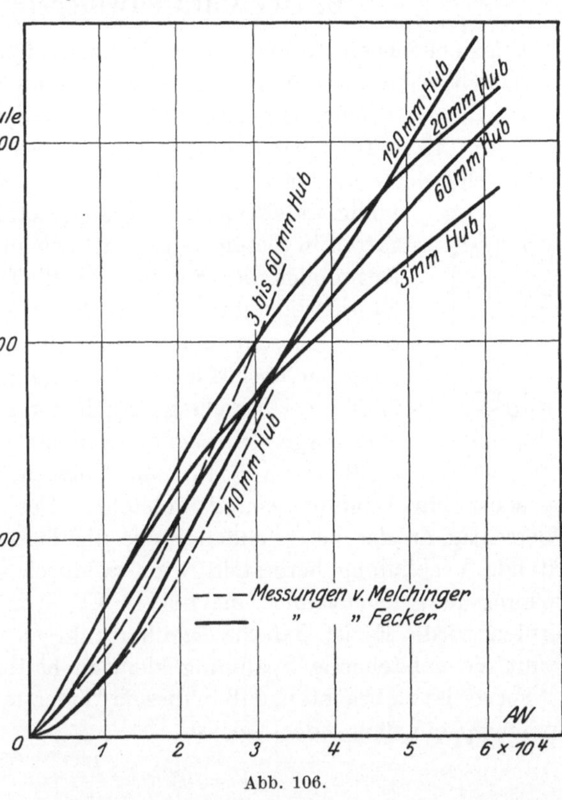

Abb. 106.

den. Dies geschieht, wie bekannt, durch Unterteilung des Eisenkörpers,
also dadurch, daß man ihn aus dünnem Blech aufbaut. Bei Wechselstrom
wird der Schaltvorgang dadurch einfacher, daß der Strom an und für sich
in jeder Halbwelle null wird. Sorgt man daher dafür, daß die Unter-
brechungsstelle genügend groß geworden ist, ehe der Strom merklich
wieder ansteigt, so kann ein Lichtbogen nicht mehr entstehen. Es handelt
sich daher darum, dem Schalter die richtige Geschwindigkeit zu geben.
Bei größeren Leistungen verwendet man Ölschalter, bei welchen durch das
nachströmende Öl zwischen den sich entfernenden Kontaktstellen eine
Isolierschicht geschaffen wird. Bei den im folgenden beschriebenen Schalt-
vorgängen wollen wir daher nur Gleichstrom betrachten, denn in diesem

Falle wird die gesamte im Magneten aufgespeicherte Energie in einem Lichtbogen in Wärme umgesetzt, wenn man nicht dafür Sorge trägt, sie auf andere Weise zu vernichten. Wir wollen daher verschiedene Mittel daraufhin untersuchen, wie sie bemessen sein müssen, um den Lichtbogen zu verhindern oder wenigstens zu vermindern.

2. Der Parallelwiderstand.

Um zu erreichen, daß für die Spule ein geschlossener Stromkreis vorhanden ist, wenn man die Spannung wegnimmt, pflegt man parallel zur Spule nach der Schaltung in Abb. 107 einen induktionsfreien Widerstand zu legen. Es werde angenommen, daß der Strom J durch die Spule fließe, ehe der Schalter S geöffnet wird. Da der Widerstand R als völlig induktionsfrei vorausgesetzt ist, so wird sich der Strom in diesem augenblicklich umkehren und im ersten Augenblick der Strom $-J$ fließen. An den Klemmen dieses Widerstandes und damit auch den Klemmen der Spule herrscht daher die Spannung JR. Ist diese Spannung zu hoch für die Isolierung der Klemmen, so erfolgt ein Überschlag. Auch der auf eine Windung bzw. eine Lage entfallende Teilbetrag der Spannung darf nicht zu groß für die Isolation an dieser Stelle sein, da sonst ein Windungsschluß entsteht. Das bedeutet, daß durch Überschlag an der betreffenden Stelle die Isolation zerstört und eine leitende Verbindung hergestellt wird, wodurch ein Teil der Wicklung wirkungslos gemacht und eine höhere Erwärmung der Spule hervorgerufen wird. Es ist daher vorteilhaft, diesen Nebenwiderstand und damit die entstehende Spannung klein zu halten.

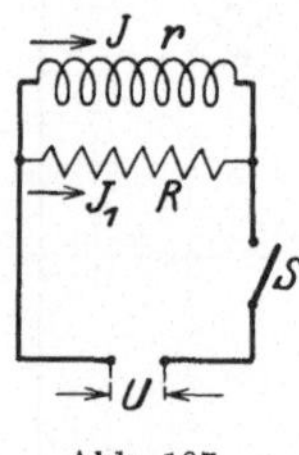
Abb. 107.

Ferner ist zu beachten, daß in diesem Widerstand bei angeschlossener Spannung ein dauernder Verlust

$$V = J_1^2 R = \frac{U^2}{R} \tag{4}$$

auftritt. Diesen Verlust wird man nach Möglichkeit klein zu halten suchen, woraus sich die Wahl eines recht großen Widerstandes ergibt. Um diesen beiden gegensätzlichen Forderungen gerecht zu werden, wird man R so groß wählen, daß man die Isolierung der Wicklung und ihrer Klemmen noch nicht gefährdet. Man wird also um einen gewissen Betrag unterhalb der Prüfspannung des Magneten bleiben.

Für die Bemessung des Widerstandes ist zunächst der Verlust nach Gl. (4) maßgebend sowie die Betriebsart, ob es sich um aussetzenden oder Dauerbetrieb handelt. Ferner ist zu beachten, daß nach dem Abschalten der Spannung die magnetische Energie sich über den Widerstand entlädt. Hierdurch darf der vorher schon erwärmte Widerstand nicht geschädigt werden. Für den aus Spule und Widerstand gebildeten Stromkreis gilt nun die Gleichung

$$i(r + R) + \frac{\mathrm{d}\,\Psi}{\mathrm{d}t} = 0\,,$$

wenn i der zu dem Zeitpunkt t nach dem Öffnen des Schalters vorhandene Strom ist. Wir multiplizieren nun diese Gleichung mit $i\,\mathrm{d}t$ und integrieren von $t = 0$ bis $t = \infty$; dann erhalten wir

$$-\int\limits_{\Psi}^{0} i \cdot \mathrm{d}\,\Psi = \int\limits_{0}^{\infty} i^2 (r + R)\,\mathrm{d}t\,.$$

Die linke Seite dieser Gleichung ist aber nichts anderes als die durch Gl. (1) gegebene magnetische Energie der Spule, die sich in den Widerständen r und R in Wärme umsetzt. Für den Nebenwiderstand kommt aber nur die im Verhältnis R zu $(R + r)$ verkleinerte Energie in Frage, und es folgt somit diese Wärmemenge zu

$$W_R = \frac{R}{R + r} \cdot W\,. \tag{5}$$

Die hierdurch hervorgerufene weitere Erwärmung des Widerstandes darf diesen nicht auf eine Temperatur bringen, bei welcher er Schaden leidet. Da der elektrische Vorgang im Vergleich zur Wärmezeitkonstante des Widerstandes sehr geringe Zeit beansprucht, so ist die zusätzliche Erwärmung des Widerstandes für kurzzeitige Belastung zu berechnen.

3. Der Parallelkondensator.

An Stelle des Nebenwiderstandes kann man auch parallel zur Spule einen Kondensator anschließen, dem man noch einen Widerstand vorschaltet, wie in Abb. 108a gezeigt. Beim Öffnen des Schalters bildet dann die Spule mit dem Kondensator einen geschlossenen Schwingungskreis, in welchem die Energie sich allmählich in Wärme umsetzt. Zuweilen schließt man den Kondensator parallel zum Schalter, wie dies Abb. 108b zeigt; dann ist in dem Schwingungskreis noch die EMK der Stromquelle enthalten. Für den ersten Fall (Abb. 108a) wollen wir den Ausgleichsvorgang nach dem Abschalten rechnerisch verfolgen. Hierbei wollen wir uns jedoch dem meist geübten Brauch anschließen und die Kennlinie des Magneten als gerade voraussetzen, d. h. also konstante Induktivität annehmen. Da nach Abschaltung der Stromquelle in dem betrachteten Stromkreise keine fremden Spannungen mehr vorhanden sind, so muß die Summe der verbrauchten Spannungen verschwinden. Wenn also q die Ladung des Kondensators ist, so muß die Gleichung bestehen

$$L \frac{\mathrm{d}i}{\mathrm{d}t} + (r + r_1)i + \frac{q}{C} = 0\,. \tag{6}$$

Ferner ist
$$i = \frac{dq}{dt}.$$
(6a)

Zur Abkürzung werde gesetzt

$$r + r_1 = 2\eta \cdot L; \quad \frac{1}{CL} = \varkappa^2; \quad \alpha^2 = \varkappa^2 - \eta^2.$$
(7)

Damit ergibt sich die homogene Differentialgleichung

$$\frac{d^2 i}{dt^2} + 2\eta \frac{di}{dt} + \varkappa^2 i = 0.$$
(8)

Als Anfangsbedingung ist zu setzen

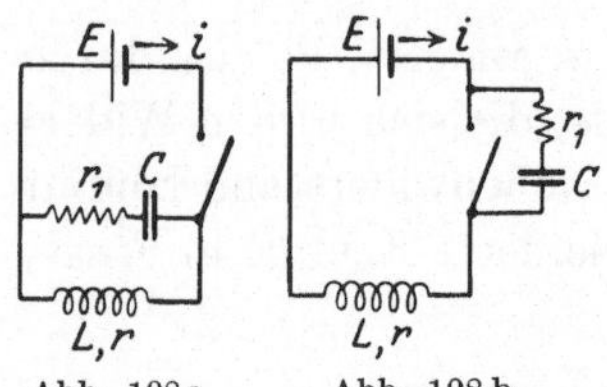

$$t = 0; \quad i = J; \quad q = -EC.$$
(9)

Der Anfangsstrom J ist ferner offenbar dadurch bestimmt, daß er vor dem Schalten den Wert gehabt hat

$$J = \frac{E}{r}$$
(10)

Abb. 108a.   Abb. 108b.

und daß dieser Wert nach dem Öffnen des Kreises im ersten Augenblick noch bestehen muß. Die Lösung von Gl. (8) ist, wie bekannt, durch Exponentialfunktionen gegeben, und zwar sind diese komplex, wenn α reell vorausgesetzt wird. Durch Einführung von Kreisfunktionen erhält man dann eine reelle Lösung. Diese lautet

$$i = J \cdot e^{-\eta t} \cdot \left[\cos \alpha t - \frac{r_1 - r}{2\alpha L} \sin \alpha t\right].$$
(11)

Die Klemmenspannung an der Spule ist

$$U_k = r_1 i + \frac{q}{C},$$

und mit Benutzung von Gl. (11) und (6) erhält man hierfür

$$U_k = J \cdot e^{-\eta t} \left[(r_1 - r) \cos \alpha t + \frac{1}{\alpha}\left(\frac{1}{C} - \frac{r_1^2 + r^2}{2L}\right) \sin \alpha t\right].$$
(12)

Für die Schaltung nach Abb. 108b ist in Gl. (6) auf der rechten Seite E statt 0 zu setzen; in der Anfangsbedingung Gl. (9) ist $q = 0$ zu setzen; der Strom verläuft wieder nach Gl. (11), und die Spannung an den Klemmen des Schalters ist ebenfalls durch Gl. (12) gegeben, vermehrt um die EMK E der Stromquelle. Wir wollen daher nur Schaltung a näher untersuchen und können dann die Ergebnisse sinngemäß auf Schaltung b übertragen.

Jetzt ist die Frage, welche Kapazität man dem Kondensator geben soll und wie groß der Widerstand r_1 zu wählen ist. Es sei zunächst $r = 0$ und $r_1 = 0$ gesetzt; dann tritt in dem Kreise eine ungedämpfte Schwingung auf. Somit wird die magnetische Energie der Spule in elektrische Energie des Kondensators und umgekehrt umgewandelt. Der

Kondensator muß also die magnetische Energie übernehmen können, ohne daß die Spannung unzulässig ansteigt. Es gilt also die Gleichung

$$W = \tfrac{1}{2} J^2 L = \tfrac{1}{2} E^2 C, \tag{13}$$

und mit der Wahl der Spannung ist die Kapazität festgelegt. Wenn man hierin Zahlenwerte einsetzt, so findet man sehr bald, daß mit den gebräuchlichen Kondensatoren nur kleine Magnete versehen werden können. In der Tat ist auch diese Art, den Abschaltfunken zu unterdrücken, nur bei den kleinen in der Telephonie und Telegraphie verwendeten Relaismagneten gebräuchlich.

Für die Größe des Widerstandes, d. h. für seine Materialmenge ist das Integral maßgebend

$$W_r = \int_0^\infty r_1 \, i^2 \, dt,$$

und wenn man dies mit Benutzung von Gl. (11) ausrechnet, findet man

$$W_r = \frac{r_1}{r + r_1} \left[\frac{1}{2} E^2 C + \frac{1}{2} J^2 L \right] = \frac{r_1}{r + r_1} \cdot 2W. \tag{14}$$

Dies Ergebnis bedeutet also, daß die doppelte Energie des Magneten sich in dem Gesamtwiderstand $(r + r_1)$ des Kreises in Wärme umsetzt.

Der Spannungsanstieg im Anfang $(t = 0)$ ergibt sich durch Differentiation von Gl. (12) zu

$$\frac{d U_k}{d t}_{(t=0)} = J \left[\frac{1}{C} - \frac{r_1^2}{L} \right]. \tag{15}$$

Verlangt man nun, daß die Spannung nicht ansteigt, so bestimmt sich hieraus der Widerstand zu

$$r_1 = \sqrt{\frac{L}{C}}, \tag{16}$$

und eine weitere Untersuchung zeigt, daß dies in der Tat ein Maximum ergibt, solange $r_1 > r$ ist. Ist nun Gl. (16) erfüllt und außerdem gerade $r_1 = r$, so wird $\alpha = 0$, und der Strom nimmt nach einer einfachen Exponentialfunktion ab:

$$i = J e^{-\eta t} = J e^{-rt/L}. \tag{11a}$$

Die Spannung U_k an den Spulenklemmen bleibt in diesem Falle dauernd null.

4. Die Dämpferwicklung.

Da die Eisenkörper von Gleichstrommagneten aus Ersparnisgründen massiv hergestellt werden, so werden sich darin Wirbelströme ausbilden, sobald der Fluß des Magneten sich ändert, und zwar werden diese Ströme so fließen, daß sie der Änderung entgegenwirken; sie suchen den vorhandenen Zustand aufrechtzuerhalten. In gleicher Weise wirken auch metallene Spulenkästen, die man als kurzgeschlossene Sekundärwicklung eines Transformators ansehen kann. Wir wollen jetzt untersuchen, welchen Einfluß eine solche Kurzschlußwicklung bei Gleichstrom hat. Zu diesem Zweck sollen die erwähnten Wirbelstromkreise mit einem etwa vorhandenen Metallspulenkasten zu einer kurzgeschlossenen Sekundärwicklung vereinigt gedacht werden, die einen Widerstand r_2 und eine Selbstinduktivität L_2 haben möge. Von Sättigungserscheinungen werde abgesehen, d. h. die Kennlinie des Magneten sei gerade; dann können wir mit konstanten Induktivitäten rechnen, was die rechnerische Untersuchung erleichtert. Die eigentliche Wicklung habe einen Widerstand r_1, eine Selbstinduktivität L_1 und eine Gegeninduktivität M mit Bezug auf die erwähnte Sekundärwicklung. Das Ohmsche Gesetz liefert uns für die beiden Wicklungen die bekannten Transformatorgleichungen

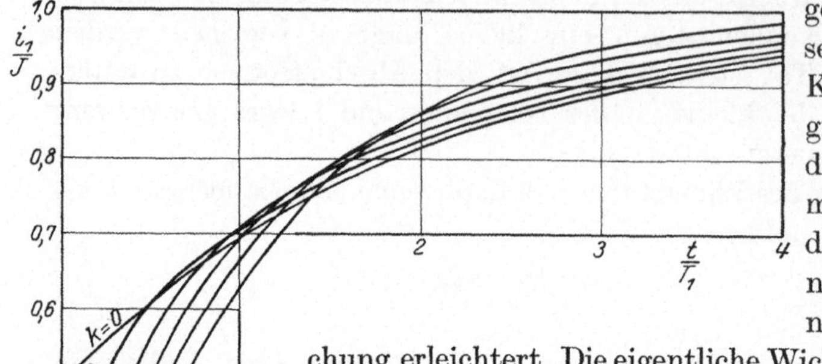

Abb. 109.

$$U = r_1 i_1 + L_1 \frac{\mathrm{d}i_1}{\mathrm{d}t} + M \frac{\mathrm{d}i_2}{\mathrm{d}t}, \qquad (17\,\text{a})$$

$$0 = r_2 i_2 + L_2 \frac{\mathrm{d}i_2}{\mathrm{d}t} + M \frac{\mathrm{d}i_1}{\mathrm{d}t}. \qquad (17\,\text{b})$$

Zur Vereinfachung der Schreibweise sollen folgende Größen eingeführt werden:

$$\left. \begin{array}{l} T_1 = \dfrac{L_1}{r_1}\,; \qquad T_2 = \dfrac{L_2}{r_2}\,; \qquad k = 1 - \dfrac{M^2}{L_1 L_2}\,, \\[2mm] T_0 = 2k\,\dfrac{T_1 T_2}{T_1 + T_2}\,; \qquad \varepsilon^2 = 1 - 4k\,\dfrac{T_1 T_2}{(T_1 + T_2)^2} = 1 - \dfrac{1}{k}\,\dfrac{T_0^2}{T_1 T_2}\,. \end{array} \right\} (18)$$

Ferner ist der Endwert des Stromes in der Hauptspule durch

$$U = J \cdot r_1 . \qquad (19)$$

gegeben. Die Größen T_1 und T_2 sind die elektrischen Zeitkonstanten der beiden Stromkreise, wenn diese unabhängig voneinander sind; k ist der Streufaktor der Wicklungen. Die Lösung soll wiederum nicht abgeleitet werden; es genüge, sie fertig hinzuschreiben. Eine Bestätigung für ihre Richtigkeit findet sich leicht durch Einsetzen in Gl. (17). Mit der Bedingung, daß zur Zeit $t = 0$ kein Strom vorhanden ist, findet sich

$$i_1 = J \left[1 - \frac{1}{2}\left(1 + \frac{1}{\varepsilon}\frac{T_1 - T_2}{T_1 + T_2}\right) e^{-(1-\varepsilon)\frac{t}{T_0}} - \frac{1}{2}\left(1 - \frac{1}{\varepsilon}\frac{T_1 - T_2}{T_1 + T_2}\right) e^{-(1+\varepsilon)\frac{t}{T_0}} \right], \quad (20\,\text{a})$$

$$i_2 = -J\,\frac{L_1}{M}\cdot\frac{1-k}{2k}\cdot\frac{T_0}{\varepsilon T_1}\left[e^{-(1-\varepsilon)\frac{t}{T_0}} - e^{-(1+\varepsilon)\frac{t}{T_0}} \right]. \qquad (20\,\text{b})$$

Der durch diese Gleichungen dargestellte Stromverlauf ist in Abb. 109
und 110 gezeigt, wobei auch der Sekundärstrom auf den Primärkreis
umgerechnet ist. Als Parameter ist dabei der Streufaktor k benutzt.
Die Zeitkonstanten der beiden Stromkreise sind als gleich angenommen,
d. h. es ist $T_1 = T_2$ gesetzt. Dies entspricht nicht ganz dem vorliegenden
Fall, da diese Annahme gleichen Wicklungsquerschnitt und gleiche
mittlere Windungslänge oder mindestens gleiches Verhältnis dieser
Größen für beide Spulen voraussetzt. Wie die Kurven zeigen, übt der
Streufaktor entscheidenden Einfluß auf den Stromverlauf aus. Wir
wollen daher die beiden Grenzfälle gesondert betrachten.

a) $k = 0$; die beiden Stromkreise sind vollkommen gekoppelt, es ist
keine Streuung vorhanden. Hierfür wird

$$T_0 = 0, \qquad \varepsilon = 1, \qquad \frac{T_0}{1 - \varepsilon} = T_1 + T_2, \qquad M^2 = L_1 L_2$$

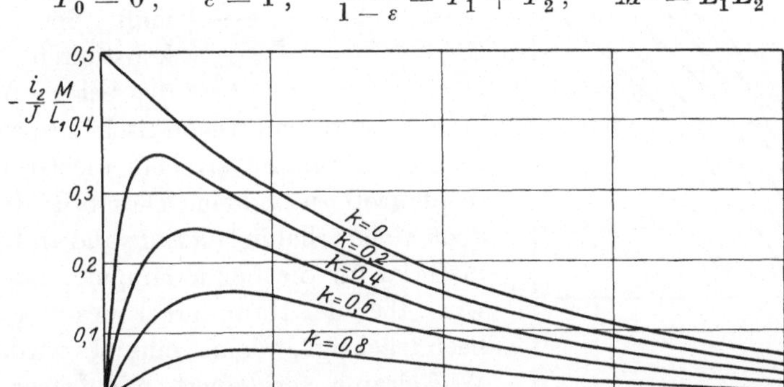

Abb. 110.

und daher

$$i_1 = J \left[1 - \frac{T_1}{T_1 + T_2} e^{-t/(T_1 + T_2)} \right], \tag{21 a}$$

$$i_2 = -J \sqrt{\frac{L_1}{L_2}} \cdot \frac{T_2}{T_1 + T_2} e^{-t/(T_1 + T_2)}. \tag{21 b}$$

Der Primärstrom springt also im Zeitpunkt des Schaltens ($t = 0$) plötzlich auf den Wert $i_1 = J \dfrac{T_2}{T_1 + T_2}$ und steigt von hier aus stetig auf seinen
Endwert an. Der Sekundärstrom nimmt ebenso plötzlich den gleich
großen (auf die Primärwicklung bezogen), aber entgegengerichteten Wert
an, denn der Fluß ist zu dieser Zeit null.

Wir wollen gleich noch den Abschaltvorgang untersuchen. Für diesen
müßte in Gl. (17a) $U = 0$ gesetzt werden, und als Anfangsbedingung
gilt hier $i_1 = J$ und $i_2 = 0$. Wie man leicht erkennt, kann man auch
die neuen Veränderlichen $i_1' = J - i_1$ und $i_2' = -i_2$ in Gl. (17) einführen
und erhält damit die gewünschte Differentialgleichung. Dasselbe können
wir daher auch mit den Lösungen in Gl. (20) machen. Die Kurven in

Abb. 109 können wir ebenfalls benutzen, müssen jedoch als Strom ihren Abstand von der Asymptote $i_1/J = 1$ ansehen. Der Sekundärstrom i_2 ändert nur sein Vorzeichen, alles andere bleibt.

Wir erkennen nun, daß wir die Abschaltenergie, d. h. den Betrag, der beim Schalten im Lichtbogen in Wärme umgesetzt wird, stark vermindern können, wenn wir für möglichst geringe Streuung zwischen den beiden Spulen sorgen. Die magnetische Energie verteilt sich gemäß den Zeitkonstanten auf die beiden Wicklungen, und rein theoretisch gesprochen müßten wir dahin streben, die Größe T_2 recht groß zu wählen. Dies bedeutet jedoch einen erheblichen Aufwand an Leitermaterial für die Sekundärspule. Dadurch wird aber der Hauptzweck des Magneten beeinträchtigt, denn einmal wird der Wickelraum verkleinert, und ferner wird bei bewegtem Kern die Zugkraft vermindert, da durch die vergrößerte Stromaufnahme der Spulenfluß während der Bewegung kleiner ist. Man wird daher dieses Mittel der Dämpferwicklung nur in beschränktem Maße anwenden.

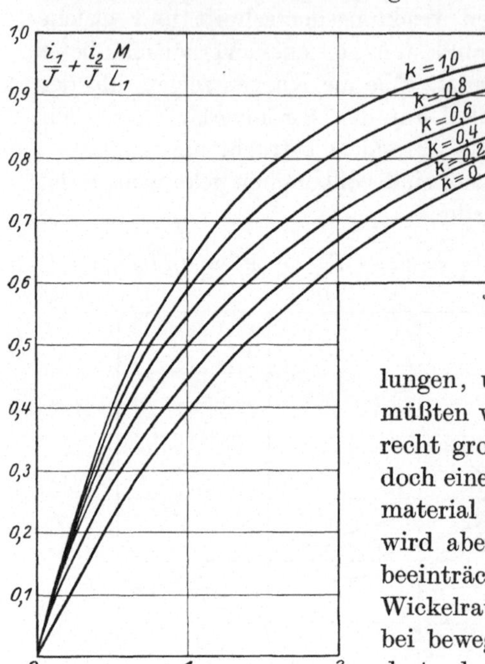

Abb. 111.

Als zweiten Grenzwert erhalten wir:

b) $k = 1$; die Stromkreise sind völlig unabhängig voneinander. Es wird jetzt $M = 0$, und man erhält die bekannte Gleichung für den abklingenden Strom ·in einem Kreise, der die Zeitkonstante T_1 hat,

$$i_1 = J\,[1 - e^{-t/T_1}]. \tag{22}$$

Von großer Wichtigkeit ist ferner die Frage, wie groß der Fluß ist und in welcher Weise er von den Abmessungen abhängt. Nach Gl. (17a) ist offenbar der Spulenfluß der Hauptspule

$$\Psi = L_1 i_1 + M i_2, \tag{23}$$

also mit Benutzung von Gl. (20) erhält man

$$\frac{\Psi}{J L_1} = \frac{i_1}{J} + \frac{i_2}{J}\frac{M}{L_1}$$

$$= 1 - \frac{1}{2\varepsilon}\left(1 + \varepsilon - \frac{T_0}{T_1}\right)e^{-(1-\varepsilon)\frac{t}{T_0}} - \frac{1}{2\varepsilon}\left(1 - \varepsilon + \frac{T_0}{T_1}\right)e^{-(1+\varepsilon)\frac{t}{T_0}}. \tag{24}$$

Dieser Wert ist in gleicher Weise und für dieselben Streufaktoren wie die Ströme in Abb. 111 in Kurven aufgetragen. Wir erkennen nun hier deutlich, daß der Fluß um so mehr geschwächt wird, je besser die Kopplung zwischen den beiden Wicklungen ist. Für $k = 0$, also vollkommene Kopplung, wird der Fluß zu Beginn genau auf die Hälfte desjenigen Wertes herabgedrückt, den er bei offenem Sekundärkreis ($k = 1$) hat. Aber selbst zu einer Zeit, die gleich der 4fachen Zeitkonstante ist, beträgt die Verminderung immer noch etwa 12%. Dies bezieht sich natürlich auf das berechnete Beispiel mit $T_2 = T_1$. Da für unseren Fall des Magneten T_2 wesentlich kleiner als T_1 einzusetzen ist, so wird die Verminderung des Flusses nicht in so starkem Maße auftreten, wie eben festgestellt.

Derartige kurzgeschlossene Windungen werden auch verwendet, um die Betätigungszeit vom Relais in gewissen Grenzen zu verlängern. Ein solcher Magnet wird von O. R. Schurig (Q. 41) beschrieben. Wie wir aus Abb. 111 ohne weiteres erkennen, ist die Zeit, bis zu welcher ein bestimmter Fluß und damit eine gewisse Zugkraft sowohl beim Einschalten als auch beim Ausschalten erreicht wird, größer als wenn die Kurzzschlußspule fehlt. Durch geeignete Ausführung des Magneten wurde in dem erwähnten Fall eine Zeit von 2 bis 8 Sekunden zwischen dem Ausschalten des Stromes und dem Loslassen des Ankers erreicht.

VIII. Die Erwärmungsberechnung.
1. Die Erzeugung der Wärme.

Der elektrische Strom, den wir durch die Spule des Elektromagneten schicken, um die beabsichtigten Kräfte zu erzeugen, bringt aber auch unerwünschte Wirkungen hervor. Die auffälligste von diesen ist die Erwärmung der Spule und des Eisenkörpers. Der Strom muß den Leitungswiderstand überwinden, den wir mit Gleichstrom messen, und erzeugt dadurch Wärme. Ist i der Strom, ϱ der spez. Widerstand des Leiterstoffes in Ohm mm²/m, l_m die mittlere Windungslänge der Spule in m, n ihre Windungszahl, q der Drahtquerschnitt in mm², so beträgt der Verlust

$$V = i^2 r = i^2 \frac{\varrho\, l_m\, n}{q}. \tag{1}$$

Dieser Gleichung kann man noch einige andere Formen geben, die unter Umständen von Vorteil sind. Es sei

$$\varphi = \frac{nq}{Q} \tag{2}$$

der Füllfaktor der Spule, Q ihr Wicklungsquerschnitt; dann wird

$$V = \frac{\varrho\, l_m\, \vartheta^2}{\varphi Q}, \tag{1a}$$

wenn wieder $\vartheta = in$ die Durchflutung bezeichnet. Bei gegebener Durchflutung und gegebenen Spulenabmessungen liegt also der auftretende Verlust fest. Ferner ist das Leitergewicht der Spule

$$G = \gamma q n l_m = \gamma \varphi Q l_m. \tag{3}$$

Führen wir dann noch die Stromdichte $s = i/q$ ein, so können wir Gl. (1) auch schreiben

$$V = s^2 \varrho l_m q n = \frac{\varrho}{\gamma} s^2 G. \tag{1b}$$

Es lassen sich auch noch einige andere Darstellungen für diesen Verlust bilden, doch werden sie selten gebraucht und sollen deshalb hier fortbleiben.

Speisen wir die Spule mit Wechselstrom, so tritt zwar diese eben besprochene Leitungswärme auch auf, aber außerdem werden noch durch das wechselnde magnetische Feld Ströme in allen metallischen Teilen erzeugt, die wir als Wirbelströme kennen. Diese bringen durch den elektrischen Widerstand des betreffenden Metalles ebenfalls Wärme hervor. Zunächst ist der Eisenkern selbst zu nennen, in dem solche Wirbelströme erzeugt werden. Um diese möglichst gering zu halten, macht man den Querschnitt des Eisens klein, d. h. man unterteilt den Eisenquerschnitt und setzt den Kern aus lauter dünnen Blechen zusammen. Im allgemeinen verwendet man Blech von 0,5 mm Stärke, nur in ganz besonderen Fällen, die für Magnete kaum in Betracht kommen, werden auch dünnere oder dickere Bleche gewählt. Im Eisen treten infolge der Ummagnetisierung noch weitere Verluste auf, die unter dem Namen Hysteresisverluste bekannt sind.

Die gesamten im Eisen auftretenden Verluste, die sich also aus Wirbelstromverlusten und Hysteresisverlusten zusammensetzen, werden meist unter dem Namen Eisenverluste zusammengefaßt. Man kennzeichnet das verwendete Eisenblech durch die Verlustziffer v_{10}, welche angibt, wieviel Watt in 1 kg Blech bei einer Induktion von 10000 Gauß in Wärme umgewandelt wird. Die Wirbelstromverluste wachsen proportional dem Quadrate der Induktion; auch bei den Hysteresisverlusten trifft dies angenähert zu. Bezeichnen wir nun mit B die Induktion, mit G das Gewicht des Eisens, in welchem die Induktion B herrscht, so erhalten wir die Eisenverluste

$$V = v_{10} \cdot \left(\frac{B}{10000}\right)^2 G. \tag{4}$$

Wir haben hier G in Kilogramm einzusetzen und erhalten dann V in Watt; handelt es sich um größere Apparate, so kann man auch G in Tonnen einsetzen und erhält dann V in Kilowatt, wobei v_{10} denselben Zahlenwert beibehält. Für normales Dynamoblech ist

$$v_{10} = 3,6 \text{ W/kg} \quad (\text{oder kW/t}).$$

Wo es auf besonders kleine Verluste ankommt, werden Blecharten verwendet, bei welchen das Eisen mit Silizium legiert ist. Es gibt solche Bleche mit $v_{10} = 3$, $v_{10} = 2{,}3$ ja sogar $v_{10} = 1{,}5$; das letztere wird fast nur für größere Transformatoren verwendet oder Apparate, die ganz besonders geringe Verluste haben sollen.

Wie schon kurz erwähnt, treten aber Wirbelstromverluste in allen Metallteilen auf, die von veränderlichen magnetischen Feldern getroffen werden. Sind die Teile aus Eisen, wie etwa Bolzen oder Muttern, so werden die magnetischen Kraftlinien sich hier zusammendrängen und die Verluste ganz besonders hoch sein. Die Vorausberechnung dieser Verluste stößt auf Schwierigkeiten, auch bei unmagnetischen Stoffen, da es meist schwer ist, den Feldverlauf durch diese Metallteile rechnerisch festzulegen. Nur in besonders einfachen Fällen gelingt es, Formeln für diese Verluste zu entwickeln, welche praktisch verwendbar sind. Für einige solcher einfachen Fälle wollen wir die Formeln hier geben.

1. Der Leiter habe rechteckigen Querschnitt mit der Abmessung h senkrecht zum Feld, welches die Induktion B (zeitlicher Höchstwert) besitzt. Die Leiterachse sei senkrecht zum Feld (siehe Abb. 112). Dann ist der Verlust in der Volumeneinheit

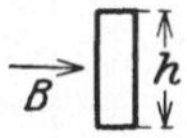

$$\sigma = \frac{\pi^2}{6\varrho}\,[h f B]^2 \cdot 10^{-7}\,\text{Watt/cm}^3. \qquad (5)$$

Abb. 112.　　　Abb. 113.

Hierin ist der spez. Widerstand des Leiters ϱ in cgs-Einheiten, h in Zentimetern, B in Gauß einzusetzen (für Kupfer ist $\varrho = \frac{10^5}{56} = 1780$ bei $20\,^\circ\text{C}$); f ist die Frequenz.

2. Der Leiter habe kreisrunden Querschnitt mit dem Durchmesser h, sonst wie vorher (siehe Abb. 113). Dann ist

$$\sigma = \frac{\pi^2}{8\varrho}\,[h f B]^2 \cdot 10^{-7}\,\text{Watt/cm}^3. \qquad (6)$$

In beiden Fällen ist der Leiter unmagnetisch vorausgesetzt, d. h. er soll nicht aus Eisen sein.

2. Die Messung der Erwärmung.

Wenn wir den Strom genügend lange Zeit durch die Spule geschickt haben, so wird diese eine bestimmte Temperatur annehmen, desgl. der Eisenkern und die Konstruktionsteile. Die an der Oberfläche herrschende Temperatur können wir durch angelegte Thermometer messen. Im Innern der Spule wird die Temperatur eine höhere sein, denn es muß sich hier ein Temperaturgefälle nach der Oberfläche bilden, damit die Wärme herausströmen kann. Es gibt nun eine Möglichkeit, die mittlere Temperatur der Spule zu messen, und zwar ist diese durch die unter dem Namen „Widerstandsmethode“ bekannte Meßart gegeben. Als Leiterstoff wird meist Kupfer verwandt und dieses hat die Eigenschaft, daß sein Widerstand in dem für Wicklungen in Betracht kommenden Temperaturbereich praktisch vollständig linear mit der Temperatur ansteigt. Bezeichnen wir mit ϱ den spez. Widerstand bei einer Temperatur t, gerechnet vom Nullpunkt der Celsiusskala, und mit ϱ_0 den Widerstand, wenn der Leiter die Temperatur $0°$ hat, so können wir schreiben

$$\varrho = \varrho_0[1 + \alpha t], \tag{7}$$

wobei α als Temperaturkoeffizient bezeichnet wird. In den vom V.D.E. herausgegebenen deutschen Kupfernormen ist $1/\alpha = 235°\,C$ festgesetzt. Meist wird der Widerstand für eine Temperatur von $20°\,C$ angegeben und man erhält den Temperaturkoeffizienten hierfür, indem man diese $20°\,C$ zu dem eben gegebenen Werte hinzufügt. Es ist also $1/\alpha_{20} = 255°\,C$ zu setzen und wir erhalten

$$\varrho = \varrho_{20}\left[1 + \frac{\tau}{255}\right] = \varrho_{20}\,\frac{255 + \tau}{255}, \tag{7a}$$

wenn τ die Erwärmung über $20°\,C$ bezeichnet.

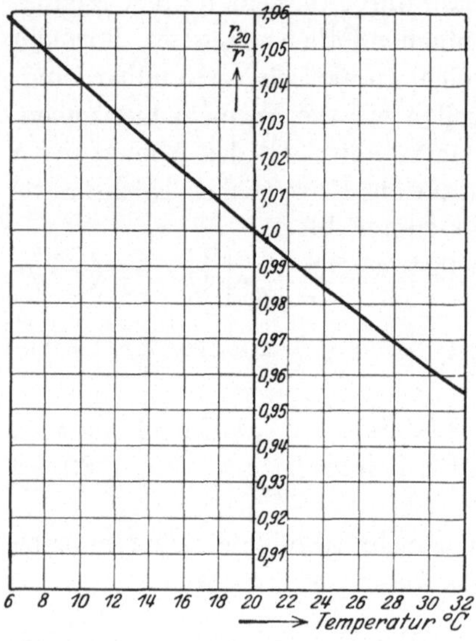

Abb. 114.

Diese Formeln gelten natürlich ebenso, wenn wir statt der spez. Widerstände die Gesamtwiderstände der betrachteten Leiter oder Spulen einsetzen, denn diese erhalten wir, wenn wir auf beiden Seiten den gleichen Faktor hinzufügen. Wir haben also die Möglichkeit gewonnen, durch Messung des Widerstandes einmal an der kalten Spule, zum andern im warmen Zustande die mittlere Temperatur bzw. ihre mittlere Erwärmung zu errechnen. Um diese Rechnung zu vereinfachen, ist in Abb. 114 und 115 die Gl. (7) unter Verwendung der Widerstände selbst an Stelle der spezifischen in zweifacher Art dargestellt. Haben wir einen Widerstand bei einer bestimmten Temperatur gemessen und wollen wir ihn auf den Wert bei $20°\,C$ umrechnen, so entnehmen wir der Abb. 114 den entsprechenden Umrechnungsfaktor. Wenn wir jetzt den Widerstand derselben Wicklung im warmen Zustande bei beliebiger Raumtemperatur wieder messen, so berechnen wir zunächst die Zunahme des Widerstandes in Prozent des Wertes bei $20°\,C$. Dann schneidet eine in Abb. 115 durch den Punkt der gemessenen Raumtemperatur und den der Widerstandszunahme gelegte Gerade auf der dritten Achse den Betrag der Erwärmung ab. In Abb. 115 ist die Widerstandszunahme in zwei verschiedenen Maßstäben eingetragen, zu denen je eine Achse für die Erwärmung gehört. Durch römische Ziffern ist die Zugehörigkeit kenntlich gemacht, so daß damit die Art, in welcher die Funktionstafel zu benutzen ist, geklärt sein dürfte.

Wollen wir die höchste Erwärmung der Spule nun wirklich messen, so müssen wir zu anderen Mitteln greifen, und zwar haben sich die Thermoelemente hierfür als sehr geeignet erwiesen. Ein Thermoelement besteht bekanntlich aus zwei verschiedenartigen Metallen, die an einem Ende zusammengelötet sind und deren andere Enden zu einem Meßinstrument (Millivoltmeter) geführt sind. Hat die Lötstelle eine andere Temperatur als die Klemmen des Instruments, so zeigt dieses einen Ausschlag an; das Thermoelement besitzt eine EMK, die eine Funktion der Temperaturdifferenz zwischen der Lötstelle und den Klemmen ist. Wir müssen daher die Lötstelle an den Ort der vermuteten höchsten Temperatur bringen und können dann die Erwärmung dieses Ortes gegenüber der Temperatur des Raumes messen, in welchem sich das Meßinstrument befindet. In gleicher Weise lassen sich auch die Erwärmungen des Eisenkörpers oder anderer Teile messen, die mit einem Thermometer nicht erreichbar sind. Es gibt eine ganze Reihe verschiedener Thermoelemente in der Praxis, deren EMKe sich nicht unbeträchtlich voneinander unterscheiden und die verschiedene Meßbereiche haben. Für unsere Zwecke der Messung der Erwärmung von Spulen haben sich im allgemeinen Thermoelemente aus Kupfer und Widerstandsdraht als geeignet erwiesen, die eine Thermokraft von etwa 0,04 mV/°C besitzen oder umgekehrt bei einer Temperaturdifferenz von 25° C einen Ausschlag von etwa 1 mV ergeben.

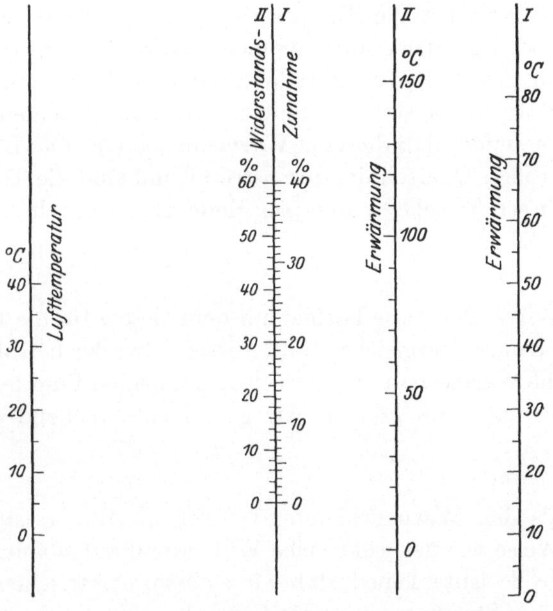

Abb. 115.

3. Die Fortleitung und Abgabe der Wärme.

Die an irgendeiner Stelle erzeugte Wärme wird innerhalb des Körpers fortgeleitet, und zwar geschieht dies nach ähnlichen Gesetzen wie die Leitung des elektrischen Stromes. Nennen wir λ die Wärmeleitfähigkeit des Stoffes, um den es sich gerade handelt und betrachten wir den Fall der ebenen Wärmeströmung in Richtung einer Koordinate x, so beträgt die durch einen Querschnitt q fortgeleitete Wärmemenge

$$Q = -\lambda q \frac{\mathrm{d}\tau}{\mathrm{d}x}. \tag{8}$$

Hierin ist τ die Temperatur dieser Stelle oder auch ihre Erwärmung über irgendeine angenommene Ausgangstemperatur. Das Minuszeichen auf der rechten Seite bedeutet, daß die Wärme in Richtung abnehmender Temperatur strömt. Denken wir uns, um einen einfachen Fall herauszugreifen, daß dieselbe Wärmemenge auf eine Länge l einen stets gleich großen Querschnitt durchströmt und sind die Temperaturen am Anfang dieser Strecke τ_1 und am Ende τ_2, so erhält man aus Gl. (8)

$$Q = \lambda q \frac{\tau_1 - \tau_2}{l}. \tag{9}$$

Wir wollen diese Formel mit dem Gesetz für die Leitung des elektrischen Stromes vergleichen. Zu diesem Zwecke betrachten wir $(\tau_1 - \tau_2)$ als die Wärmespannung zwischen den beiden Punkten und Q als den Wärmestrom, dann können wir genau entsprechend dem Ohmschen Gesetz

$$R = \frac{l}{\lambda q} \tag{10}$$

als den Wärmewiderstand ansehen. Dieser ist auch in ganz gleicher Weise wie der elektrische Widerstand aufgebaut. Es besteht jedoch der große Unterschied, daß wir es beim elektrischen Leiter fast immer mit einer Strömung in einem Leiter konstanten Querschnittes zu tun haben, so daß die Rechnung einfach wird. Bei der Wärme erfolgt dagegen die Strömung meist in mehreren Richtungen, sie ist mehrdimensional, so daß wir mit der einfachen Gl. (8) nicht mehr auskommen. Haben wir es aber ausnahmsweise mit einem Wärmeleiter konstanten Querschnitts, also einem Stab, zu tun, so ist dieser von Luft oder einem anderen Mittel umgeben und dann erfolgt gleichzeitig auf der ganzen Länge des Stabes ein seitlicher Austritt der Wärme. Auch in diesem Falle genügt nicht mehr die Gl. (8) und noch weniger die Gl. (9), um den wirklichen Vorgang zu beschreiben.

Wie wir schon erwähnten, tritt an der Oberfläche eines Körpers Wärme in die umgebende Luft aus. Diese Wärmeabgabe erfolgt zunächst durch Strahlung. Ferner wird in den den Körper unmittelbar berührenden Luftschichten die Wärme durch Leitung abgeführt. Sie strömt den entfernter liegenden Luftschichten zu und hier setzt jetzt ein neuer Vorgang ein. Die erwärmte Luft dehnt sich aus, wird dadurch leichter und steigt deshalb hoch, indem die angrenzenden kalten Luftmassen ihren Platz einnehmen. Auf diese Weise kommt eine dauernde Luftströmung zustande, die man als Schornsteinwirkung bezeichnet. Diese eben beschriebenen Erscheinungen sind an und für sich einzeln durchforscht. Es hat sich jedoch bei den verhältnismäßig geringen Erwärmungen, die für Elektromagnete in Betracht kommen, praktisch als durchaus genügende Näherung erwiesen, wenn man die genannten Vorgänge einschließlich der Strahlung dahin zusammenfaßt, daß man sagt, die Wärmeabgabe an der Oberfläche der Körper sei proportional der Temperaturdifferenz zwischen der Oberfläche und dem umgebenden Mittel und ferner proportional der Größe der Oberfläche selbst. Bezeichnen wir daher die erwähnte Temperaturdifferenz mit τ und ist F die Größe der Oberfläche, so können wir danach die Wärmeabgabe durch den Ausdruck darstellen

$$Q = \mu \cdot F \cdot \tau. \tag{11}$$

Die hier benutzte Proportionalitätszahl μ, die wir also als Konstante für einen gegebenen Körper und die Art seines Aufbaues ansehen wollen, nennen wir seine Kühlziffer. Es hat sich gezeigt, daß für rauhe Oberflächen, wie sie praktisch vorkommen, die Größe μ fast unveränderlich ist, und zwar beträgt sie etwa 12 bis 14 $\frac{\text{Watt}}{\text{m}^2{}^\circ\text{C}}$. Bei besonders ungünstiger Wärmeabgabe sinkt sie auch darunter. Ist der Körper einem fremden Luftstrom ausgesetzt, so steigt die Wärmeabgabe. Doch kann man auch hier mit einer konstanten Kühlziffer rechnen, und zwar kann man hier je nach der Luftgeschwindigkeit mit einem μ rechnen, das bis zum doppelten der obengenannten Werte beträgt, in besonders günstigen Fällen allerdings auch noch höhere Werte hat.

Wie schon erwähnt, ist die Bauart des Körpers von wesentlichem Einfluß auf die Größe der Kühlziffer. Für die erste Abschätzung der Erwärmung dürften in den meisten Fällen die genannten Zahlenwerte genügen. Ist einmal ein solcher Körper gebaut, so wird man einen Versuch machen und daraus die für die Bauart in Betracht kommende Kühlziffer genauer berechnen.

Wenn es sich darum handelt, in einem bestimmten Falle besonders viel Wärme abzuführen, so kann man die Kühlziffer vergrößern; dies kann man, wie schon kurz erwähnt, durch künstliche Kühlung, also etwa durch Anblasen mittels eines Lüfters erreichen. Auch kann man durch die Wahl eines anderen Kühlmittels, das eine größere Wärmeaufnahmefähigkeit besitzt, eine höhere Kühlziffer erreichen. Solche Kühlmittel, die vielfach angewendet werden, sind Öl und Wasser. Verschiedene der beschriebenen Zugmagnete waren beispielsweise mit Ölkühlung versehen, wie aus den Zeichnungen ersichtlich ist.

Nun enthält die rechte Seite von Gl. (11) aber noch einen Faktor, nämlich die Oberfläche F und wenn wir diese vergrößern, so ist die Wirkung dieselbe. Eine solche Vergrößerung der Oberfläche läßt sich durch Anbringen von Rippen erreichen und tatsächlich wird dieses Mittel bei den verschiedensten Apparaten und Maschinen angewendet. Um solche Rippen beurteilen zu können, wollen wir hier kurz ihre Wirkungsweise untersuchen und eine Regel für ihre Anwendung ableiten.

Wir nehmen an, daß die Wärme aus dem Körper in die Rippe hinein, also in Richtung zunehmender x ströme (siehe Abb. 116) und daß die Temperatur quer zur Rippe, also senkrecht zu x, über den ganzen Querschnitt denselben Wert habe. Dann beträgt die in den Rippenquerschnitt bei x eintretende Wärmemenge

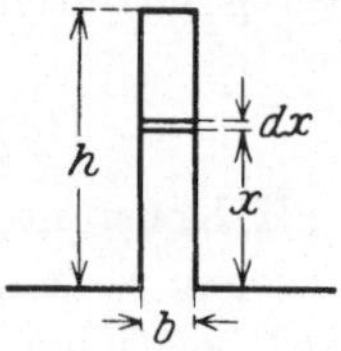

$$Q_1 = -\lambda b l \frac{d\tau}{dx},$$

wobei l die Abmessung senkrecht zur Zeichenfläche ist.

An der Stelle $(x + dx)$ hat sich diese Wärmemenge offenbar um einen geringen Betrag geändert. Wir setzen also

$$Q_2 = Q_1 + \frac{dQ_1}{dx} \cdot dx.$$

Abb. 116.

Das betrachtete Rippenelement gibt aber noch an seinen Seitenflächen Wärme an die Luft ab und wenn wir deren Temperatur als null annehmen, so erhalten wir hierfür den Betrag

$$Q_3 = \mu l \cdot 2 \, dx \cdot \tau.$$

Da wir den stationären Zustand im Auge haben, so muß ebenso viel Wärme aus dem betrachteten Element heraustreten, wie hineinströmt. Es muß also die Gleichung bestehen

$$Q_1 = Q_2 + Q_3,$$

und mit Einsetzung der oben gegebenen Werte erhalten wir die Differentialgleichung

$$\lambda b \frac{d^2\tau}{dx^2} = 2\mu\tau, \tag{12}$$

da $l\,dx$ herausfällt. Als Grenzbedingung wollen wir die folgenden einführen

$$x = 0; \quad \tau = \tau_0 \quad \text{und} \quad x = h; \quad -\lambda \frac{d\tau}{dx} = \mu\tau. \tag{13}$$

Die zweite Bedingung bedeutet, daß die aus der Endfläche austretende Wärme ebenfalls an die Luft abgegeben wird. Zur Vereinfachung der Schreibweise sollen folgende Abkürzungen eingeführt werden

$$\alpha^2 = \frac{2 h^2 \mu}{b \lambda}; \quad \varkappa^2 = \frac{b \mu}{2 \lambda} \tag{14}$$

Es soll hier davon abgesehen werden, die Lösung Schritt für Schritt zu entwickeln. Wie man sich leicht überzeugen kann, genügt die Gleichung

$$\tau = \tau_a \left[\mathfrak{Cof}\,\alpha\,\frac{h-x}{h} + \varkappa\,\mathfrak{Sin}\,\alpha\,\frac{h-x}{h} \right], \tag{15}$$

der Differentialgleichung (12) sowie den Grenzbedingungen Gl. (13). Dabei ist τ_a, die Temperatur der Endfläche, durch die Gleichung bestimmt

$$\tau_0 = \tau_a [\mathfrak{Cof}\,\alpha + \varkappa\,\mathfrak{Sin}\,\alpha]. \tag{15a}$$

Wir berechnen jetzt die Wärmemenge, welche in die Rippe hineinströmt. Diese beträgt $Q = -\lambda\,b\,l\,\dfrac{d\tau}{dx}$ für $x = 0$ und mit Einsetzung der Gl. (15) wird

$$Q = \lambda b l \frac{\alpha}{h}\,\tau_a [\mathfrak{Sin}\,\alpha + \varkappa\,\mathfrak{Cof}\,\alpha].$$

Um bei derselben Kühlziffer diese Wärmemenge von einem glatten Flächenstreifen abzuführen, müßte dieser die vergrößerte Breite kb besitzen, d. h. wir setzen

$$Q = \mu \cdot kbl \cdot \tau_0.$$

Durch Gleichsetzung dieser beiden Ausdrücke für Q und Beachtung der Gl. (14) und (15a) ergibt sich nach kurzer Umformung

$$k = \frac{1 + \dfrac{1}{\varkappa}\cdot \mathfrak{Tg}\,\alpha}{1 + \varkappa \cdot \mathfrak{Tg}\,\alpha}. \tag{16}$$

Diese Formel wollen wir noch für einen Grenzfall kontrollieren. Wäre die Leitfähigkeit unendlich groß, so müßte offenbar die Vergrößerung der gekühlten Fläche von b auf $(2\,h + b)$ erfolgen. Für $\lambda = \infty$ wird aber $\alpha = 0$ und $\varkappa = 0$; ferner wird

$$\lim_{\lambda\,=\,\infty} \frac{1}{\varkappa}\cdot \mathfrak{Tg}\,\alpha \to \frac{\alpha}{\varkappa} = \frac{2h}{b}.$$

Setzen wir diese Werte in Gl. (16) ein, so erhalten wir tatsächlich das vorausgesagte Vergrößerungsverhältnis.

4. Die zeitliche Änderung der Erwärmung.

Wir wollen uns einmal vorstellen, daß wir in einem Körper dauernd Wärme erzeugen, ohne daß diese irgendwie wieder entweichen kann. Dann muß die Temperatur dauernd ansteigen. Die in der Zeiteinheit erzeugte Wärme sei wieder Q und der Körper von dem Gewicht G habe eine spez. Wärme c; dann wird der Körper nach Ablauf einer Zeit T eine Erwärmung τ_m über seine Anfangstemperatur erreicht haben. Diese können wir aus der Gleichung

$$Q \cdot T = cG\tau_m, \tag{17}$$

berechnen. Wird ein andermal dem Körper gerade nur soviel Wärme zugeführt, wie seine Oberfläche bei einer Erwärmung τ_m über die Umgebung abgibt, so können wir Gl. (11) anwenden unter Einführung von τ_m. Sind in beiden Fällen die Wärmemengen die gleichen, so können wir aus den beiden Gleichungen die neue ableiten

$$T = \frac{cG}{\mu F}.\tag{18}$$

Welche Bedeutung dieser Zeit zukommt, werden wir sogleich kennenlernen.

Jetzt wollen wir annehmen, daß der betrachtete Körper die Temperatur seiner Umgebung besitzt und daß in ihm von einem bestimmten Zeitpunkte ab, von dem wir die Zeit zählen, eine bestimmte Wärmemenge Q in der Zeiteinheit erzeugt wird. Nach einer Zeit t wird der Körper dann die Erwärmung τ über seine Umgebung erreicht haben. Die in dem Zeitelement dt erzeugte Wärme $Q\,dt$ wird zum Teil dazu verbraucht, um die Temperatur zu erhöhen; dieser Betrag hat daher den Wert $cG\,d\tau$. Zum anderen Teil wird die Wärme an die Umgebung abgeführt, und zwar hat dieser nach Gl. (11) den Wert $\mu F\tau\,dt$. Es besteht daher die Gleichung

$$Q\,dt = cG\,d\tau + \mu F\tau\,dt.$$

Wir dividieren durch dt und führen aus Gl. (17) und (18) die Größen τ_m und T ein. Damit erhalten wir

$$\tau_m = T\frac{d\tau}{dt} + \tau\tag{19}$$

Dies ist die Differentialgleichung für die Erwärmung des Körpers. Als Lösung erhalten wir

$$\tau = \tau_m - Ce^{-t/T},$$

und müssen hier noch die Konstante C bestimmen. Wir hatten vorhin angenommen, daß der Körper zu Beginn die Temperatur seiner Umgebung besitzt. Es hindert jedoch nichts, wenn wir dem Körper eine gewisse anfängliche Erwärmung zuschreiben. Wir setzen also $\tau = \tau_a$ für $t = 0$ und erhalten damit als Lösung

$$\tau = \tau_m - (\tau_m - \tau_a)e^{-t/T}.\tag{20}$$

Für $t = \infty$, also im Endzustand wird die Erwärmung gleich τ_m, wie wir vorausgesetzt hatten. Als Sonderfall wird für $\tau_a = 0$:

$$\tau = \tau_m[1 - e^{-t/T}].\tag{20a}$$

Die vorhin eingeführte Zeit T tritt also hier im Exponenten auf und ist die Größe, proportional welcher die Zeit ansteigt. Sie wird die **Zeitkonstante des Erwärmungsvorganges** genannt und wird am besten nach Gl. (17) als diejenige Zeit definiert, in welcher der

Körper seinen Endzustand erreicht, wenn keine Wärmeabgabe nach außen stattfindet.

In der Wahl der Anfangserwärmung τ_a sind wir in keiner Weise beschränkt. Wir können beispielsweise auch $\tau_a > \tau_m$ annehmen. Dann
stellt Gl. (20) die Abkühlung von τ_a auf τ_m dar. Als Grenzfall wird hier
für $\tau_m = 0$ die einfache Abkühlungsgleichung

$$\tau = \tau_a e^{-t/T}. \tag{20b}$$

In Abb. 117 ist die einfache Erwärmungs- und Abkühlungskurve nach
Gl. (20a) und (b) dargestellt, wobei der Anfangswert für die Abkühlung
gleich dem Endwert für die Erwärmung gesetzt ist. Wie leicht aus
Gl. (19) abzuleiten und in Abb. 117 auch gezeigt, ist die Zeitkonstante T
durch die für jeden beliebigen Kurvenpunkt gleichgroße Projektion
der Kurventangente
auf die jeweilige
Asymptote darge-
stellt.

Diesen eben ge-
zeigten idealen Ver-
lauf der Erwärmungs-
kurve nach Gl. (20)
wird man bei Kurven,
die durch Messung
bestimmt sind, nur
sehr selten beobach-

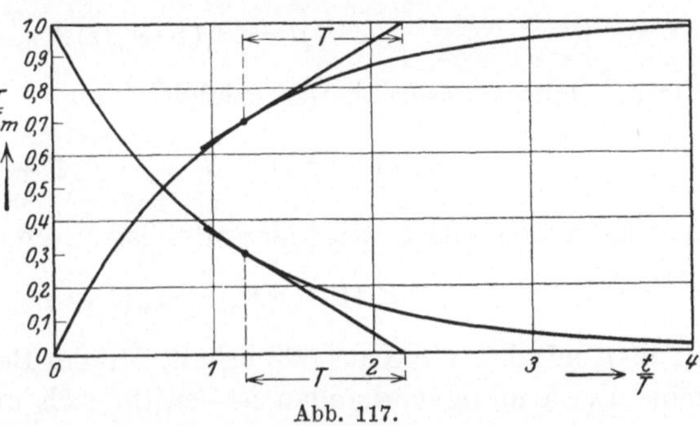

Abb. 117.

ten, nämlich nur dann, wenn in dem Körper in allen Teilen die gleiche
Wärme erzeugt wird und die Wärmeleitfähigkeit des Stoffes sehr
groß ist. Diese Bedingungen treffen für einen elektrischen Leiter zu,
der nicht isoliert, also blank ist und durch den Strom geheizt wird.
In den meisten praktischen Fällen ist dagegen der geheizte Körper
von einem andern umgeben, so daß die Wärme erst durch diese Hülle
hindurch muß, ehe sie an der Oberfläche wahrgenommen werden kann.
Auch die Wärmeleitung im Innern des Körpers, sowie eine stetige Änderung der erzeugten oder abgegebenen Wärme und andere Gründe be-
beeinflussen die Form der Erwärmungskurve und die Größe der Zeitkonstanten. Von dem Einfluß der Wärmeleitung auf die Erwärmungskurve wollen wir absehen, da dies zu weit führen würde. Um die anderen
Einflüsse genauer kennenzulernen, wollen wir einige Sonderfälle mit
möglichster Kürze untersuchen.

Wir nehmen an, daß die Wärme durch den elektrischen Strom in
einer Spule erzeugt wird und daß dieser Strom konstant gehalten wird.
Infolge der Erwärmung wird der Widerstand des Leiters zunehmen
und somit die erzeugte Wärme. Dies können wir dadurch berücksich-

tigen, daß wir auf der linken Seite von Gl. (19) den Faktor $(1 + \alpha\tau)$ hinzufügen, wobei α der Widerstandskoeffizient des Leiterstoffes ist. Wir schreiben also

$$\tau'_m(1 + \alpha\tau) = T'\frac{d\tau}{dt} + \tau. \tag{21}$$

Durch Umformung können wir hieraus leicht erhalten

$$\frac{\tau'_m}{1 - \alpha\tau'_m} = \frac{T'}{1 - \alpha\tau'_m}\cdot\frac{d\tau}{dt} + \tau. \tag{21a}$$

Wir erhalten also wieder dieselbe Gleichungsform, nur daß die Enderwärmung und die Zeitkonstante entsprechend größer sind, da sie einen Nenner haben, der < 1 ist.

Nun ist aber auch die Kühlziffer nicht ganz konstant und man kann in vielen Fällen mit genügender Näherung setzen

$$\mu = \mu_0(1 + \beta\tau). \tag{22}$$

Hiermit lautet unsere Differentialgleichung

$$\tau'_m(1 + \alpha\tau) = T'\frac{d\tau}{dt} + \tau(1 + \beta\tau). \tag{23}[1]$$

Die Enderwärmung τ_m wird hier offenbar durch die Gleichung bestimmt

$$\tau'_m(1 + \alpha\tau_m) = \tau_m(1 + \beta\tau_m), \tag{24}$$

die man mit $d\tau/dt = 0$ aus (23) erhält. Mit der Bedingung, daß zu Beginn keine Erwärmung vorhanden ist, ergibt sich die Lösung

$$\tau = \tau_m\frac{1 - e^{-t/T}}{1 + \dfrac{\beta\tau_m}{\varkappa}e^{-t/T}}, \tag{25}$$

wobei die wirksame Zeitkonstante jetzt den Wert hat

$$T = \frac{T'}{\varkappa + \beta\tau_m}. \tag{26}$$

Die Größe $\varkappa$ ist zur Abkürzung eingeführt; es ist

$$\tau'_m = \varkappa\cdot\tau_m. \tag{24a}$$

Daß die Gl. (25) die Lösung ist, kann man leicht durch Einsetzen in die Differentialgleichung (23) nachprüfen. In praktischen Fällen ist β nicht allzu sehr von α verschieden. Setzen wir $\beta = \alpha$, so wird $\varkappa = 1$; die Enderwärmung ändert sich gegenüber dem einfachen Fall Gl. (19) nicht, aber die Zeitkonstante wird verkleinert.

Einen weiteren Fall wollen wir noch kurz erwähnen. Wird eine Spule an eine Gleichspannung geschlossen, so nimmt wegen der Zunahme des Widerstandes der Strom und die erzeugte Wärme mit fortschreiten-

---

[1] E. u. M. 1911 Heft 21.

der Erwärmung ab. Wie leicht zu sehen, lautet jetzt unsere Differentialgleichung

$$\frac{\tau'_m}{1 + \alpha\tau} = T' \frac{d\tau}{dt} + \tau. \tag{27}$$

Von einer Ableitung der Lösung wollen wir auch hier absehen und diese
unmittelbar hinschreiben. Zunächst erkennen wir, daß die Enderwärmung ($d\tau/dt = 0$) durch die Gleichung gegeben ist

$$\tau'_m = \tau_m(1 + \alpha\tau_m). \tag{28}$$

Die Lösung wollen wir mit der Bedingung, daß der Körper zu Beginn
die Erwärmung τ_a besitzt, in der folgenden Form schreiben

$$\tau = \tau_m - (\tau_m - \tau_a) \cdot v \cdot e^{-t/T}. \tag{29}$$

Die Zeitkonstante hat hier den Wert

$$T = T' \cdot \frac{1 + \alpha\tau_m}{1 + 2\alpha\tau_m}. \tag{30}$$

Sie ist etwas kleiner als im einfachen Fall Gl. (20). Ferner zeigt aber die
Lösung im Gegensatz zu dem einfachen Fall den Faktor v auf der rechten
Seite, der den Wert hat

$$v = \left[\frac{1 + \alpha\tau_m + \alpha\tau_a}{1 + \alpha\tau_m + \alpha\tau}\right]^{\frac{\alpha\tau_m}{1 + \alpha\tau_m}}. \tag{31}$$

Dieser Ausdruck enthält noch die Erwärmung τ, also ist die Lösung
nicht ohne weiteres zu verwenden. Wir wollen jedoch folgendes be-
achten. Zunächst hat τ den Faktor α und $\alpha\tau$ ist in praktischen Fällen
stets eine gegen „eins" kleine Größe. Der Klammerausdruck wird daher
nicht allzusehr von „eins" abweichen. Außerdem hat er einen Exponenten, der $\ll 1$ ist und daher den ganzen Ausdruck v sehr nahe an 1
heranbringt. Nehmen wir einen besonders ungünstigen Fall an. Es
sei $\tau_a = 0$, $\tau = \tau_m$ und $\alpha\tau_m = \frac{1}{4}$; dann wird $v = (\frac{5}{6})^{\frac{1}{5}} = 0{,}964$. Für
kleinere Werte von τ und $\alpha\tau_m$ rückt v dem Werte 1 noch näher und
wir können ruhig $v = 1$ setzen. Damit haben wir aber unseren einfachen
Ausdruck (20), nur daß die Zeitkonstante ein klein wenig anders ist.
Die Abweichungen der Zeitkonstanten von dem Grundwert Gl. (18)
sind nie sehr groß und es wird in den meisten Fällen nicht auf große
Genauigkeit hierfür ankommen. Auch ergeben die durch Versuch aufgenommenen Kurven im allgemeinen unter sonst gleichen Bedingungen
Abweichungen in der Zeitkonstanten, die größer als die obenerwähnten
sind. Da außerdem angrenzende Konstruktionsteile unter Umständen
die Erwärmungskurven erheblich beeinflussen, so ist es im allgemeinen
vorzuziehen, die Zeitkonstante sowie die Kühlziffer aus einem Versuch
zu bestimmen. Die Frage ist nun, wie gewinnt man die Zeitkonstante
aus einer aufgenommenen Kurve?

Folgt die Erwärmung dem einfachen Exponentialgesetz, so muß der Differentialquotient als Funktion der Erwärmung eine Gerade bilden. Wir differenzieren also die gemessene Kurve und tragen $d\tau/dt$ als Abszisse zu der schon vorhandenen Ordinate τ auf. Es zeigt sich nun meist, daß wenigstens im oberen Teile die so gewonnenen Punkte sich gut durch eine Gerade interpolieren lassen. Das bedeutet, daß wir für diesen Teil mindestens mit dem einfachen Exponentialgesetz Gl. (20) rechnen dürfen. Der Anfang der Kurve weicht mehr cder weniger von diesem Gesetz ab, da bei den meisten Körpern die Wärmeleitung auf diesen Teil der Kurve großen Einfluß hat. Wenn wir nun durch den oberen Teil der Differentialkurve die erwähnte Gerade legen, so gibt uns diese in ihrem Schnittpunkt mit der Ordinatenachse die Enderwärmung und das Verhältnis des Abschnitts auf der Ordinatenachse zu dem auf der Abszissenachse ergibt die Zeitkonstante.

5. Die aussetzende Erwärmung.

In manchen Fällen wird ein Magnet eine gewisse Zeit hindurch eingeschaltet, dann wieder der Stromkreis unterbrochen und nach einer weiteren Zeit das Spiel wiederholt. Man spricht in diesem Falle von aussetzendem Betrieb, und in den Vorschriften des VDE ist die Spieldauer sowie verschiedene Belastungszeiten als Norm festgelegt. Solange der Magnet eingeschaltet ist, erwärmt er sich infolge des darin auftretenden Verlustes; ist er abgeschaltet, so kühlt er sich wieder ab. Wollen wir also den Temperaturzustand des Körpers in einem beliebigen Zeitpunkt kennenlernen, so müssen wir zwei der vorhin untersuchten Vorgänge aneinander setzen. Hierbei wollen wir folgende Voraussetzungen machen:

1. die Wärmeerzeugung sei konstant und ebenso die Wärmeabgabe; es gilt also die Gl. (20) mit konstantem τ_m und T.

2. Der Vorgang bestehe aus einer Erwärmungszeit (Arbeitszeit) a und einer Abkühlungszeit (Ruhezeit) b und wiederhole sich in gleicher Weise dauernd, so daß ein stationärer Zustand vorhanden ist.

In diesem Falle wird die Temperatur des Körpers zu Anfang und zu Ende des Vorganges dieselbe sein. Während der Zeit a möge sich die Erwärmung des Körpers von τ_1 auf τ_2 vergrößern; dann besteht die Gleichung

$$\tau_2 = \tau_m - (\tau_m - \tau_1)\, e^{-a/T}. \tag{32a}$$

Ferner soll sich die Erwärmung in der Zeitspanne b von τ_2 wieder auf τ_1 vermindern, wobei keine Wärme erzeugt wird, also $\tau_m = 0$ zu setzen ist. Daher wird

$$\tau_1 = \tau_2\, e^{-b/T}. \tag{32b}$$

Der kleinere Wert τ_1 hat für uns keine besondere Bedeutung; der höhere Wert τ_2 dagegen gibt uns die höchste überhaupt erreichte Erwärmung an. Diese ist mit Rücksicht auf die Lebensdauer des Magneten von größter Bedeutung und darf gewisse Grenzwerte nicht überschreiten. Die Größe τ_m gibt uns die Erwärmung, welche der Körper im Dauerzustand erreichen würde. Wir können sie aber auch auf Grund unserer Gl. (11) als Maßstab für die Belastung ansehen, da sie die entwickelte Wärme, also die hineingesteckten Verluste enthält. In gleicher Weise können wir die Größe τ_2 als einen Maßstab dafür ansehen, welche Verluste wir hineinstecken, also welche Belastung wir wählen dürfen, wenn die zulässigen Grenzwerte im Dauerbetrieb nicht überschritten werden sollen. Dann gibt uns ferner das Verhältnis τ_m/τ_2 an, wieviel mal so groß man die Belastung wegen des aussetzenden Betriebes gegenüber dem Dauerbetrieb wählen darf. Dies Verhältnis bezeichnen wir mit p und nennen es Überlastungsverhältnis. Nun erhalten wir aus den beiden Gl. (32) nach Ausscheidung von τ_1 und Umformung

$$p = \frac{1 - e^{-a/(\alpha T)}}{1 - e^{-a/T}}, \tag{33}$$

worin $\alpha = a/(a + b)$ die Art des aussetzenden Betriebes kennzeichnet und Belastungsfaktor genannt wird. Hierbei ist ein Sonderfall von besonderem Interesse, nämlich der, daß dem Magneten Zeit gelassen wird, sich vollständig abzukühlen, ehe eine neue Belastung erfolgt. Diesen Fall können wir aus Gl. (33) ableiten, indem wir $b = \infty$ setzen. Dann wird $\alpha = 0$ und das zweite Glied im Zähler verschwindet. Wir haben also

$$p = \frac{1}{1 - e^{-a/T}}. \tag{33a}$$

In manchen Fällen, besonders bei Gleichstromzugmagneten, sind recht erhebliche Massen vorhanden, die auf einen kleinen Raum zusammengedrängt sind und infolgedessen eine geringe Oberfläche besitzen. Dies wirkt sich dahin aus, daß die Zeitkonstante große Werte annimmt. Man hat hier Zeitkonstanten von einer und mehreren Stunden. Die Belastungszeit ist aber häufig dabei eine sehr kurze. Denken wir nur an den Betätigungsmagneten für einen großen Ölschalter. Wir haben also den Fall, daß $a/T \ll 1$ wird und daher die Exponentialfunktion sich der Einheit sehr stark nähert. Um diesen Fall nachrechnen zu können, entwickeln wir die rechte Seite von Gl. (33a) in eine Reihe und benutzen die ersten Glieder davon. Wir erhalten als gute Näherung

$$p = \frac{T}{a} \left[1 + \frac{a}{2T} + \frac{1}{12} \frac{a^2}{T^2} \right]. \tag{33b}$$

Die Näherung ist gut, da das Glied dritten Grades von selbst verschwindet. Kann man das zweite und dritte Glied der Klammer vernachlässigen, so erhält man die einfache Formel

$$p = \frac{T}{a}. \tag{33c}$$

Die Bedeutung dieser Formel wollen wir uns etwas näher ansehen. Unter p haben wir das Verhältnis τ_m/τ verstanden, worin τ die erreichte Erwärmung ist und τ_m diejenige, die sich im Dauerbetrieb einstellen würde. Für diese letztere setzen wir nach Gl. (11) den Betrag $Q/\mu F$ ein und für die Zeitkonstante den Betrag aus Gl. (18). Damit erhalten wir dann

$$\frac{Q}{\tau} = \frac{cG}{a},$$

und diese Gleichung ist identisch mit Gl. (17), nur daß die Belastungszeit jetzt a genannt ist. Die Näherungsgleichung (33c) bedeutet also nichts weiter, als daß wir die Wärmeabgabe wegen der Kürze der Belastungszeit vernachlässigt haben.

Die letzte Formel wollen wir noch für einen Sonderfall etwas umformen. In einer durch Gleichstrom erregten Spule wird nur in dem Leiter Wärme erzeugt und diese können wir aus dem Strom und dem Widerstand berechnen. Es ist also

$$Q = J^2 r = J^2 \frac{\varrho\, l}{q},$$

wenn q der Leiterquerschnitt in mm^2 und l seine Länge in m ist. Ferner beträgt das Gewicht dieses selben Leiters

$$G = \gamma \cdot 100\, l \cdot \frac{q}{100},$$

wobei dieselben Einheiten benutzt sind und γ das spez. Gewicht in g/cm^3 bedeutet. Setzt man dies oben ein, so wird

$$J^2 \frac{\varrho\, l}{q\tau} = \frac{c\gamma}{a}\, lq,$$

wobei c in $\dfrac{W}{g\,^\circ\mathrm{C}}$ einzusetzen ist. Nun ist die Stromdichte im Leiter $s = \dfrac{J}{q}$, und damit wird schließlich

$$\tau = s^2 a\, \frac{\varrho}{c\gamma}. \tag{34}$$

Nimmt man eine mittlere Temperatur des Kupfers von 50° C an, so kann man $\dfrac{1}{\varrho} = 50$ m/Ohm mm^2 und $c\gamma = 3{,}5$ Joule/cm^3 °C setzen, so daß man erhält

$$\tau = \frac{s^2 a}{175}. \tag{34a}$$

Dies ist eine sehr bequeme Formel, um die Erwärmung bei sehr kurzzeitiger Belastung oder die zulässige Belastungszeit a bei vorgeschriebener Erwärmung abzuschätzen. Hierbei ist vorausgesetzt, daß während der Belastungszeit keine Wärme aus dem Leiter herausströmt. Für dicht gewickelte Spulen aus baumwollisoliertem Draht, bei welchen $a/2\,\mathrm{T} \ll 1$ ist (siehe Gl. 33b), kann man diese Voraussetzung ohne weiteres gelten lassen.

Quellenverzeichnis.

1. **Andersen, N.**: Experimental data on the shaded magnetic field of alternating-current magnets; Electric Journ. Bd. 26, Nr. 2, S. 82. 1929.
2. **Bähler, W. Th.**: Die Theorie des Telephonrelais. ETZ 1928, S. 1780 u. 1810.
3. **Batcheller, B. G.**: Versuche zur Bestimmung der dynamischen Zugkraft, d. h. der Zugkraft während der Bewegung des Kolbens von Zugmagneten. El. World Bd. 65, S. 1037.
4. **Beneke, W.**: Über den Einfluß der Polform von Magneten auf die Zugkraft derselben. ETZ 1901, S. 542.
5. **du Bois, H.**: Theorie der Polarmaturen. Ann. Physik. Bd. 42, S. 903. 1913.
6. **du Bois, H.**: Theorie der Zugarmaturen und Zugspulen. Ann. Physik Bd. 51, S. 577. 1916.
7. **du Bois, H.**: Elektromagnete für Heilzwecke. ETZ 1918, S. 173.
8. **Breisig, F.**: Theoretische Telegraphie. Braunschweig 1910.
9. **Cohn, Emil**: Das elektromagnetische Feld. 2. Aufl. Berlin 1927.
10. **Cohn, Emil**: Zur Elektrodynamik der Eisenkörper. Z. f. Phys. Bd. 13, S. 48. 1923.
11. **Doherty, R. E.**, u. **Park, R. H.**: Mechanical force between electric circuits. Vortrag vor „Midwinter Convention of the A.J.E.E.“. New York 1926.
12. **Emde, F.**: Zur Berechnung der Elektromagnete. El. u. Maschinenb. 1906, S. 945, 973, 993.
13. **Emde, F.**: Über die Beziehungen der mechanischen Arbeit von Elektromagneten zu ihrer magnetischen Energie bei veränderlicher Permeabilität. ETZ 1908, S. 817.
14. **Emde, F.**: Die mechanischen Kräfte magnetischen Ursprungs. El. Kraftbetr. 1910, H. 27.
15. **Emde, F.**: Die Berechnung eisenfreier Drosselspulen für Starkstrom. El. u. Maschinenb. 1912, H. 11, 12, 13, S. 221, 246, 267.
16. **Emde, F.**: Auszüge aus James Clerk Maxwells Elektrizität und Magnetismus. § 643, S. 125—132. Braunschweig 1915.
17. **Euler, K.**: Untersuchung eines Zugmagneten für Gleichstrom. Berlin. Diss. 1911 (siehe hierzu Bericht von F. Emde in der ETZ 1911, S. 1269).
18. **Flad, A.**: Untersuchung der Arbeitsweise eines Elektromagneten. Z. Fernmeldetechn. 1920, S. 139.
19. **Guilbert, A.**: Etude théorique et expérimentale du circuit magnétique déformable. Paris: E. Chiron 1925.
20. **Hedges, G. L.**: Proc. A.J.E.E. 1915, S. 2595 (Formeln zur Spulenberechnung).
21. **Hedges, G. L.**: El. World Bd. 70, S. 754. 1917 (Formeln und Kurven für die Beziehung zwischen Zugkraft, Spulenlänge, Kerndurchmesser u. AW an Zugmagneten und Solenoiden).
22. **Hellmund, R.**: Beitrag zur Konstruktion von Mantelmagneten für Bremszwecke. ETZ 1903, S. 713.
23. **Hemmeter, H.**: Die Induktivität einzelner Drosselspulen. Arch. Elektrot. Bd. 13, S. 460. 1924.
24. **Jasse, E.**: Über Elektromagnete I. El. u. Maschinenb. 1910, S. 833, 863, 889.
25. **Jasse, E.**: Über Elektromagnete II. El. u. Maschinenb. 1914, S. 241, 268.
26. **Kalisch, P.**: Beiträge zur Berechnung der Zugkraft von Elektromagneten. Breslau. Diss. 1912 (siehe auch Arch. Elektrot. Bd. 1, S. 394, 458, 476. 1913).

27. **Karapetoff, V.**: Mechanical forces between electric currents and saturated magnetic fields. Am. Inst. El. Eng. Trans. Bd. 46, S. 563, 1927, auch Journ. AIEE Bd. 46, S. 897, Sept. 1927.

28. **Kaufmann, W.**: Magnetismus und Elektrizität. Müller-Pouillets Lehrbuch der Physik. 10. Aufl., 4. Bd., 1. Abt., S. 87. Braunschweig 1909.

29. **Keinath, G.**: Die Technik elektrischer Meßgeräte. 3. Aufl. Berlin u. München 1928.

30. **Kenyon, C. A.**: El. World Bd. 74, S. 11. 1919 (Verwendung von Zugmagneten für verschiedene Ausführungen; Berechnung vom Standpunkt der kleinsten Verschiebungen).

31. **Kraus, F.**: Über die Berechnung der Gleichstrom-Elektromagnete. El. u. Maschinenb. 1914, S. 157.

32. **Lindequist, L.**: Wechselstrommagnete. El. World Bd. 47, S. 1295. 1906 (Bericht in ETZ 1907, S. 16).

33. **Liska, J.**: Zur Berechnung von Wechselstrom-Hubmagneten. ETZ 1910, S. 985, 1020.

34. **Metzler, K.**: Die Dimensionierung von glockenförmigen Lasthebe-Magneten mit Rücksicht auf Erwärmung und geringste Materialkosten. El. u. Maschinenb. 1914, S. 157.

35. **Nachod, C. P.**: The design of plunger magnets. El. World Bd. 50, Nr. 12. 1907.

36. **Nikonow, J.**: Design of electromagnetic brakes. El. World Bd. 51, S. 811. 1908.

37. **Pfiffner, E.**: Die Berechnung von Lasthebemagneten. ETZ 1912, S. 29, 57.

38. **Schiemann, P.**: Die mechanische Arbeitsleistung von Hubmagneten nach dem Gesetz von der Erhaltung der Energie. Z. Elektrot. 1905, S. 483.

39 **Schüler, L.**: Der Wirkungsgrad des Elektromagneten. ETZ 1913, S. 611, 652.

40. **Schüler, L.**: Ein neuer elektromagnetischer Niet- und Meißelhammer. ETZ 1914, S. 563, 589.

41. **Schurig, O. R.**: Short-circuit windings in D. C.-solenoids. Gen. El. Rev. 1918, S. 560.

42. **Spielrein, J.**: Die Induktivität eisenfreier Kreisringspulen. Arch. Elektrot. Bd. 3, S. 187. 1915.

43. **Steil, E.**: Untersuchungen über Solenoide und über ihre praktische Verwendbarkeit für Straßenbahnbremsen. Mitt. Forschungsarb. d. Ingenieurwes. H. 121. Berlin 1912.

44. **Steinmetz, C. P.**: Mechanical forces in magnetic fields. Proc. Am. Inst. El. Eng. Bd. 29, 1910, S. 1899.

45. **Thomälen, A.**: Der Hub des Wechselstrommagnets. ETZ 1917, S. 473.

46. **Thompson, S. P.**: The electromagnet and electromagnetic mechanisme. London 1892.

47. **Underhill, C. R.**: Solenoids, electromagnets and electromagnetic windings. London 1910. 2. Aufl. New York 1921.

48. **Vaschy, A.**: Traité d'Electricité et de Magnétisme. 2. Bd., § 200, S. 35. Paris 1890.

49. **Wagner, K. W.**: Über die Wirkungsweise von Dämpferwicklungen auf Gleichstrommagneten. El. u. Maschinenb. 1909, S. 804. 829.

50. **Wikander, R.**: The economical design of direct current electromagnets. Proc. Am. Inst. El. Eng. Bd. 30, 1911, S. 1045.

Anlaß- und Regelwiderstände

Grundlagen und Anleitung zur Berechnung von elektrischen Widerständen

Von **Erich Jasse**

Zweite, verbesserte und erweiterte Auflage

Mit 69 Abbildungen im Text. VII, 177 Seiten. 1924. RM 6.—; gebunden RM 7.20

Inhaltsübersicht:

Die Erwärmung eines Körpers. — Der Aufbau des Widerstandes. — Allgemeines über Anlasser. — Das stetige Anlassen. — Grobstufiges Anlassen bei Gleichstrommotoren. — Grobstufiges Anlassen bei Drehstrommotoren. — Bremswiderstände. — Feldregler für gegebene Erregerspannung. — Feldregler fur gegebenen Erregerstrom. — Feldregler für Motoren. — Hauptstromregler fur Motoren. — Lichtregler. — Besondere Regleranordnungen. — Der Feldunterbrecher. — Materialkonstanten. — Quellenverzeichnis.

Das elektromagnetische Feld. Ein Lehrbuch von **Emil Cohn**, ehem.

Professor der theoretischen Physik an der Universität Straßburg. Zweite, völlig neu bearbeitete Auflage. Mit 41 Abbildungen im Text. VI, 366 Seiten. 1927. Gebunden RM 24.—

Magnetismus. Elektromagnetisches Feld. Redigiert von **W. West-**

phal. (Bildet Band XV vom „Handbuch der Physik".) Mit 291 Abbildungen im Text. VII, 532 Seiten. 1927. RM 43.50; gebunden RM 45.60

Inhaltsübersicht:

A. Magnetismus: Magnetostatik. — Magnetische Felder von Strömen. Von Professor Dr. P. Hertz, Göttingen. — Die magnetischen Eigenschaften der Körper. Von Dr. W. Steinhaus, Berlin. — Ferromagnetische Stoffe. Von Professor Dr. E. Gumlich, Berlin. — Erdmagnetismus. Von Professor Dr. G. Angenheister, Potsdam. — B. Das elektromagnetische Feld: Elektromagnetische Induktion. Von Professor Dr. S. Valentiner, Clausthal. — Wechselströme. Von Dr. R. Schmidt, Berlin. — Elektrische Schwingungen. Von Dr. E. Alberti, Berlin. — Die Dispersion und Absorption elektrischer Wellen. Von Professor Dr. W. Romanoff, Moskau.

Apparate und Meßmethoden für Elektrizität und Magnetismus. Redigiert von **W. Westphal.** (Bildet Band XVI vom „Handbuch

der Physik".) Mit 623 Abbildungen im Text. IX, 801 Seiten. 1927. RM 66.—; gebunden RM 68.40

Inhaltsübersicht:

Die elektrischen Maßsysteme und Normalien. Von Professor Dr. W. Jaeger, Berlin. — Allgemeines und Technisches über elektrische Messungen. Von Professor Dr. W. Jaeger, Berlin. — Auf Influenz- und Reibungs-Elektrizität beruhende Apparate und Geräte. Von Dr. G. Michel, Berlin. — Auf der Induktion beruhende Apparate. Von Professor Dr. S. Valentiner, Clausthal. — Elektrische Ventile, Gleichrichter, Verstärkerröhren, Relais. Von Professor Dr. A. Güntherschulze, Berlin. — Telephon und Mikrophon. Von Dr. W. Meißner, Berlin. — Schwingung und Dämpfung in Meßgeräten und elektrischen Stromkreisen. Von Professor Dr. W. Jaeger, Berlin. — Elektrostatische Meßinstrumente. Von Professor Dr. F. Kottler, Wien. — Elektrodynamische Meßinstrumente. Von Dr. R. Schmidt, Berlin. — Schwingungsinstrumente. Von Professor Dr. H. Schering, Charlottenburg. — Auf thermischer Grundlage beruhende Meßinstrumente. — Auf elektrolytischer Wirkung beruhende Meßinstrumente. Von Professor Dr. A. Güntherschulze, Berlin. — Meßwandler. Von Professor Dr. H. Schering, Charlottenburg. — Messung des Stromes, der Spannung, der Elektrizitätsmenge, der Leistung und der Arbeit. Von Dr. R. Schmidt, Berlin, Professor Dr. H. Schering, Charlottenburg, Professor Dr. A. Güntherschulze, Berlin. — Elektrometrie. Von Professor Dr. A. Güntherschulze, Berlin. — Widerstände und Widerstandsapparate. — Methoden zur Messung des elektrischen Widerstands. Von Professor Dr. H. v. Steinwehr, Berlin. — Kondensatoren und Induktivitätsspulen. — Messung von Kapazitäten und Induktivitäten. Von Professor Dr. Erich Giebe, Berlin. — Messung der Dielektrizitätskonstanten und des Dipolmomentes. Von Professor Dr. A. Güntherschulze, Berlin. — Erzeugung elektrischer Schwingungen. — Wellenmesser und Frequenznormale. — Meßmethoden bei elektrischen Schwingungen. Von Dr. E. Alberti, Berlin. — Elektrochemische Messungen. Von Dr. E. Baars, Marburg a. L. — Messungen an para- und diamagnetischen Stoffen. Von Dr. W. Steinhaus, Berlin. — Messungen an ferromagnetischen Stoffen. — Herstellung und Ausmessung magnetischer Felder. Von Professor Dr. E. Gumlich, Berlin. — Erdmagnetische Messungen. Von Professor Dr. G. Angenheister, Potsdam.

V e r l a g   v o n   J u l i u s   S p r i n g e r / B e r l i n

Die wissenschaftlichen Grundlagen der Elektrotechnik.

Von Professor Dr. **Gustav Benischke**. Sechste, vermehrte Auflage. Mit 633 Abbildungen im Text. XVI, 682 Seiten. 1922.   Gebunden RM 18.—

Vorlesungen über die wissenschaftlichen Grundlagen der Elektrotechnik. Von Professor Dr. techn. **Milan Vidmar,** Ljubljana.

Mit 352 Abbildungen im Text. X, 451 Seiten. 1928.

RM 15.—; gebunden RM 16.50

Kurzes Lehrbuch der Elektrotechnik. Von Professor Dr. **Adolf**

Thomälen. Zehnte, stark umgearbeitete Auflage. Mit 581 Textbildern. VIII, 359 Seiten. 1929.   Gebunden RM 14.50

Einführung in die Elektrizitätslehre. Von Professor Dr.-Ing.

R. W. Pohl, Göttingen. Zweite, verbesserte Auflage. Mit 393 Abbildungen im Text, darunter 20 entlehnte. VII, 259 Seiten. 1929.

Gebunden RM 13.80

Vorlesungen über Elektrizität. Von Professor A. Eichenwald, Dipl.-Ing.

(Petersburg), Dr. phil. nat. (Straßburg), Dr. phys. (Moskau). Mit 640 Abbildungen im Text. VIII, 664 Seiten. 1928. RM 36.—; gebunden RM 37.50

Herzog-Feldmann, Die Berechnung elektrischer Leitungs- netze in Theorie und Praxis. Vierte, völlig umgearbeitete Auf-

lage. Von Professor **Clarence Feldmann,** Delft. Mit 485 Abbildungen im Text. X, 554 Seiten. 1927.   Gebunden RM 38.—

Elektrische Ausgleichsvorgänge und Operatorenrechnung.

Von **John R. Carson,** American Telephone and Telegraph Company. Erweiterte deutsche Bearbeitung von F. Ollendorff und K. Pohlhausen. Mit 39 Abbildungen im Text und einer Tafel. IX, 186 Seiten. 1929.

RM 16.50; gebunden RM 18.—

Elektrische Gleichrichter und Ventile. Von Professor Dr.-Ing.

A. Güntherschulze. Zweite, erweiterte und verbesserte Auflage. Mit 305 Abbildungen im Text. IV, 330 Seiten. 1929.   Gebunden RM 29.—

Die Stromwendung großer Gleichstrommaschinen. Von Dr.-Ing. **Ludwig Dreyfus**, Vorstand des Versuchsfeldes der Allmänna Svenska Elektriska Aktiebolaget (ASEA) in Västerås, Schweden. Mit 101 Abbildungen im Text. XII, 191 Seiten. 1929.   RM 16.—; gebunden RM 17.50

Ankerwicklungen für Gleich- und Wechselstrommaschinen. Ein Lehrbuch von Professor **Rudolf Richter**, Karlsruhe. Mit 377 Abbildungen im Text. XI, 423 Seiten. 1920. Berichtigter Neudruck 1922.

Gebunden RM 20.—

Die Gleichstrom-Querfeldmaschine. Von Ingenieur Dr. **E. Rosenberg.** Mit 102 Abbildungen im Text. V, 97 Seiten. 1928.   RM 11.—

Die asynchronen Drehstrommaschinen mit und ohne Stromwender. Darstellung ihrer Wirkungsweise und Verwendungsmöglichkeiten. Von Professor Dipl.-Ing. **Franz Sallinger**, Eßlingen. Mit 159 Abbildungen im Text. VI, 197 Seiten. 1928.   RM 8.—; gebunden RM 9.20

Hochspannungstechnik. Von Dr.-Ing. **Arnold Roth**, Technischer Direktor der Ateliers de Constructions Electriques de Delle in Villeurbanne (Rhône), früher Leiter der Apparaten- und Transformatoren-Versuchs-Abteilung von Brown, Boveri & Cie. in Baden (Schweiz). Mit 437 Abbildungen im Text und auf 3 Tafeln sowie 75 Tabellen. VIII, 534 Seiten. 1927. Gebunden RM 31.50

Überströme in Hochspannungsanlagen. Von **J. Biermanns**, Chefelektriker der AEG-Fabriken für Transformatoren und Hochspannungsmaterial. Mit 322 Abbildungen im Text. VIII, 452 Seiten. 1926. Gebunden RM 30.—

Hilfsbuch für die Elektrotechnik. Unter Mitwirkung namhafter Fachgenossen bearbeitet und herausgegeben von Dr. **Karl Strecker.** Zehnte, umgearbeitete Auflage.

Starkstromausgabe. Mit 560 Abbildungen im Text. XII, 739 Seiten. 1925.

Gebunden RM 20.—

Schwachstromausgabe (Fernmeldetechnik). Mit 1057 Abbildungen im Text. XXII, 1137 Seiten. 1928.   Gebunden RM 42.—

Die Grundlagen der Hochfrequenztechnik. Eine Einführung in die Theorie von Dr.-Ing. **Franz Ollendorff,** Charlottenburg. Mit 379 Abbildungen im Text und 3 Tafeln. XVI, 640 Seiten. 1926.

Gebunden RM 36.—

Hochfrequenzmeßtechnik. Ihre wissenschaftlichen und praktischen Grundlagen. Von Dr.-Ing. **August Hund.** Zweite, vermehrte und verbesserte Auflage. Mit 287 Abbildungen im Text. XIX, 526 Seiten. 1928.

Gebunden RM 39.—

Die Grundlagen der Hochvakuumtechnik. Von Dr. **Saul Dushman.** Deutsch von Dr. phil. **R. G. Berthold** und Dipl.-Ing. **E. Reimann.** Mit 110 Abbildungen im Text und 52 Tabellen. XII, 298 Seiten. 1926.

Gebunden RM 22.50

Taschenbuch der drahtlosen Telegraphie und Telephonie. Unter Mitarbeit von zahlreichen Fachgelehrten herausgegeben von Dr. **F. Banneitz.** Mit 1190 Abbildungen und 131 Tabellen. XVI, 1253 Seiten. 1927.

Gebunden RM 64.50

Die Stromversorgung von Fernmelde-Anlagen. Ein Handbuch von Ingenieur **G. Harms.** Mit 190 Abbildungen im Text. VI, 137 Seiten. 1927.

RM 10.20; gebunden RM 11.40

Verstärkermeßtechnik. Instrumente und Methoden. Von **Manfred von Ardenne.** Unter Mitarbeit von Wolfgang Stoff und Fritz Gabriel. Mit einem Geleitwort von Professor Dr. M. Pirani. Mit 246 Abbildungen im Text. VII, 235 Seiten. 1929. RM 22.50; gebunden RM 24.—

Erdströme. Grundlagen der Erdschluß- und Erdungsfragen von Dr.-Ing. **Franz Ollendorff,** Charlottenburg. Mit 164 Abbildungen im Text. VIII, 260 Seiten. 1928.

Gebunden RM 20.—

Der Erdschluß und seine Bekämpfung. Von Dr.-Ing. **G. Oberdorfer,** Privatdozent an der Technischen Hochschule in Wien. Mit 115 Abbildungen im Text und 2 Tafeln. VI, 165 Seiten. 1930. RM 12.50

Die Wanderwellenvorgänge auf experimenteller Grundlage. Aus Anlaß der Jahrhundertfeier der Technischen Hochschule Dresden nach den Arbeiten des Institutes für Elektromaschinenbau und elektrische Anlagen dargestellt von Professor Dr.-Ing. **Ludwig Binder,** Dresden. Mit 257 Abbildungen im Text. VII, 201 Seiten. 1928. RM 22.—; gebunden RM 23.50